수학 좀 한다면

디딤돌 초등수학 기본+유형 2-2

펴낸날 [초판 1쇄] 2024년 4월 30일 | **펴낸이** 이기열 | **펴낸곳** (주)디딤돌 교육 | **주소** (03972) 서울특별시 마포구 월드컵북로 122 청원선와이즈타워 | **대표전화** 02-3142-9000 | **구입문의** 02-322-8451 | **내용문의** 02-323-9166 | **팩시밀리** 02-338-3231 | **홈페이지** www.didimdol.co.kr | **등록번호** 제10-718호 | 구입한 후에는 철회되지 않으며 잘못 인쇄된 책은 바꾸어 드립니다.

내 실력에 딱!
최상위로 가는 '맞춤 학습 플랜'

STEP 1 On-line

나에게 맞는 공부법은?
맞춤 학습 가이드를 만나요.

교재 선택부터 공부법까지! 디딤돌에서 제공하는 시기별 맞춤 학습 가이드를 통해 아이에게 맞는 학습 계획을 세워 주세요.
(학습 가이드는 디딤돌 학부모카페 '맘이가'를 통해 상시 공지합니다.
cafe.naver.com/didimdolmom)

STEP 2 Book

맞춤 학습 스케줄표
계획에 따라 공부해요.

교재에 첨부된 '맞춤 학습 스케줄표'에 맞춰 공부 목표를 달성합니다.

STEP 3 On-line

이럴 땐 이렇게!
'맞춤 Q&A'로 해결해요.

궁금하거나 모르는 문제가 있다면,
'맘이가' 카페를 통해 질문을 남겨 주세요.
디딤돌 수학쌤 및 선배맘님들이 친절히 답변해 드립니다.

STEP 4 Book

다음에는 뭐 풀지?
다음 교재를 추천받아요.

학습 결과에 따라 후속 학습에 사용할 교재를 제시해 드립니다.
(교재 마지막 페이지 수록)

★ 디딤돌 플래너 만나러 가기

2 곱셈구구		
☐ 월 일 36~41쪽	☐ 월 일 42~47쪽	☐ 월 일 48~53쪽

☐ 월 일 88~93쪽	☐ 월 일 94~97쪽	☐ 월 일 98~100쪽

	5 표와 그래프	
☐ 월 일 131~133쪽	☐ 월 일 136~141쪽	☐ 월 일 142~144쪽

☐ 월 일 175~178쪽	☐ 월 일 179~181쪽	☐ 월 일 182~184쪽

효과적인 수학 공부 비법

X 시켜서 억지로 | O 내가 스스로

억지로 하는 일과 즐겁게 하는 일은 결과가 달라요.
목표를 가지고 스스로 즐기면 능률이 배가 돼요.

X 가끔 한꺼번에 | O 매일매일 꾸준히

급하게 쌓은 실력은 무너지기 쉬워요.
조금씩이라도 매일매일 단단하게 실력을 쌓아가요.

X 정답을 몰래 | O 개념을 꼼꼼히

모든 문제는 개념을 바탕으로 출제돼요.
쉽게 풀리지 않을 땐, 개념을 펼쳐 봐요.

X 채점하면 끝 | O 틀린 문제는 다시

왜 틀렸는지 알아야 다시 틀리지 않겠죠?
틀린 문제와 어림짐작으로 맞힌 문제는
꼭 다시 풀어 봐요.

디딤돌 초등수학 기본+유형 2-2

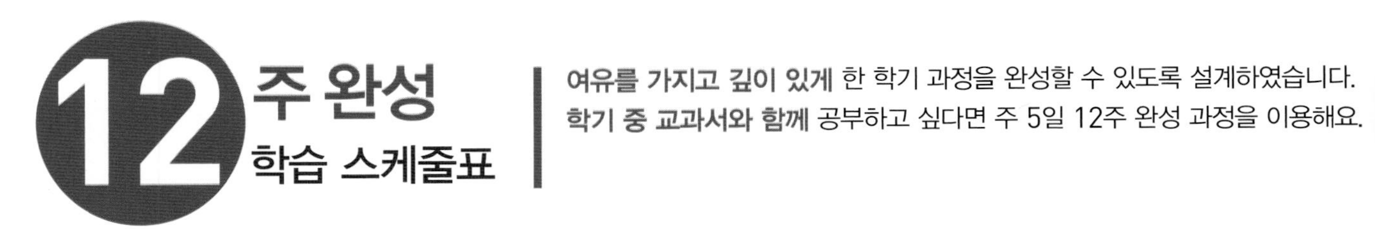

12주 완성 학습 스케줄표

여유를 가지고 깊이 있게 한 학기 과정을 완성할 수 있도록 설계하였습니다.
학기 중 교과서와 함께 공부하고 싶다면 주 5일 12주 완성 과정을 이용해요.

공부한 날짜를 쓰고 하루 분량 학습을 마친 후, 부모님께 확인 check ☑를 받으세요.

1 네 자리 수						
1주					2주	
☐	☐	☐	☐	☐	☐	☐
월 일	월 일	월 일	월 일	월 일	월 일	월 일
6~9쪽	10~11쪽	12~13쪽	14~15쪽	16~18쪽	19~22쪽	23~25쪽

2 곱셈구구						
3주					4주	
☐	☐	☐	☐	☐	☐	☐
월 일	월 일	월 일	월 일	월 일	월 일	월 일
36~39쪽	40~41쪽	42~43쪽	44~45쪽	46~47쪽	48~49쪽	50~53쪽

					3 길이 재기	
5주					6주	
☐	☐	☐	☐	☐	☐	☐
월 일	월 일	월 일	월 일	월 일	월 일	월 일
65~66쪽	67~69쪽	70~72쪽	73~75쪽	78~81쪽	82~83쪽	84~87쪽

			4 시각과 시간			
7주					8주	
☐	☐	☐	☐	☐	☐	☐
월 일	월 일	월 일	월 일	월 일	월 일	월 일
96~97쪽	98~100쪽	101~103쪽	106~109쪽	110~111쪽	112~113쪽	114~115쪽

			5 표와 그래프			
9주					10주	
☐	☐	☐	☐	☐	☐	☐
월 일	월 일	월 일	월 일	월 일	월 일	월 일
125~127쪽	128~130쪽	131~133쪽	136~139쪽	140~141쪽	142~144쪽	145~147쪽

	6 규칙 찾기					
11주					12주	
☐	☐	☐	☐	☐	☐	☐
월 일	월 일	월 일	월 일	월 일	월 일	월 일
155~157쪽	160~163쪽	164~167쪽	168~169쪽	170~172쪽	173~174쪽	175~176쪽

월 일	월 일	월 일
26~27쪽	28~30쪽	31~33쪽
월 일	월 일	월 일
54~57쪽	58~61쪽	62~64쪽
월 일	월 일	월 일
88~90쪽	91~93쪽	94~95쪽
월 일	월 일	월 일
116~118쪽	119~121쪽	122~124쪽
월 일	월 일	월 일
148~149쪽	150~151쪽	152~154쪽
월 일	월 일	월 일
177~178쪽	179~181쪽	182~184쪽

효과적인 수학 공부 비법

X 시켜서 억지로

O 내가 스스로

억지로 하는 일과 즐겁게 하는 일은 결과가 달라요.
목표를 가지고 스스로 즐기면 능률이 배가 돼요.

X 가끔 한꺼번에

O 매일매일 꾸준히

급하게 쌓은 실력은 무너지기 쉬워요.
조금씩이라도 매일매일 단단하게 실력을 쌓아가요.

X 정답을 몰래

O 개념을 꼼꼼히

모든 문제는 개념을 바탕으로 출제돼요.
쉽게 풀리지 않을 땐, 개념을 펼쳐 봐요.

X 채점하면 끝

O 틀린 문제는 다시

왜 틀렸는지 알아야 다시 틀리지 않겠죠?
틀린 문제와 어림짐작으로 맞힌 문제는
꼭 다시 풀어 봐요.

디딤돌 초등수학 기본+유형 2-2

짧은 기간에 집중력 있게 한 학기 과정을 완성할 수 있도록 설계하였습니다.
방학 때 미리 공부하고 싶다면 주 5일 8주 완성 과정을 이용해요.

공부한 날짜를 쓰고 하루 분량 학습을 마친 후, 부모님께 확인 check ☑를 받으세요.

1 네 자리 수

1주					2주	
월 일	월 일	월 일	월 일	월 일	월 일	월 일
6~9쪽	10~15쪽	16~19쪽	20~22쪽	23~27쪽	28~30쪽	31~33쪽

3 길이 재기

3주					4주	
월 일	월 일	월 일	월 일	월 일	월 일	월 일
54~58쪽	59~64쪽	65~69쪽	70~72쪽	73~75쪽	78~83쪽	84~87쪽

4 시각과 시간

5주					6주	
월 일	월 일	월 일	월 일	월 일	월 일	월 일
101~103쪽	106~111쪽	112~115쪽	116~121쪽	122~124쪽	125~127쪽	128~130쪽

6 규칙 찾기

7주					8주	
월 일	월 일	월 일	월 일	월 일	월 일	월 일
145~147쪽	148~151쪽	152~154쪽	155~157쪽	160~163쪽	164~169쪽	170~174쪽

MEMO

자르는 선

수학 좀 한다면

초등수학
기본+유형

상위권으로 가는 유형반복 학습서

2-2

1 단계

교과서 **핵심 개념**을
자세히 살펴보고

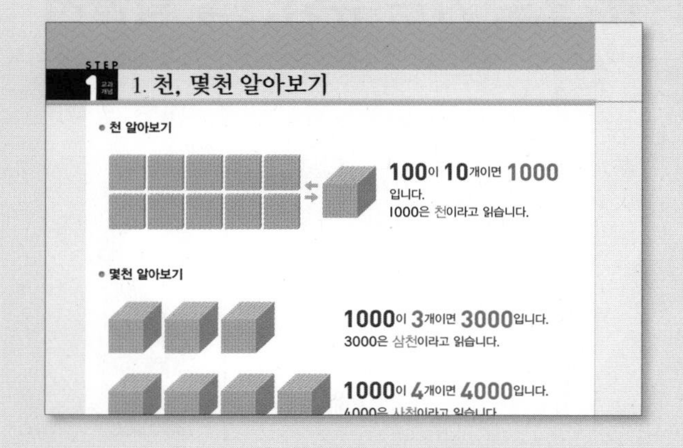
STEP 1 교과 개념 1. 천, 몇천 알아보기

• 천 알아보기

100이 10개이면 1000입니다.
1000은 천이라고 읽습니다.

• 몇천 알아보기

1000이 3개이면 3000입니다.
3000은 삼천이라고 읽습니다.

1000이 4개이면 4000입니다.

필수 문제를
반복 연습합니다.

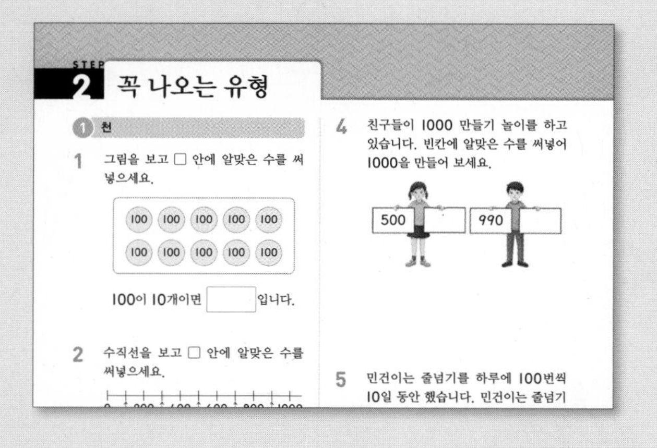
STEP 2 꼭 나오는 유형

1 천

1 그림을 보고 □ 안에 알맞은 수를 써넣으세요.

100 100 100 100 100
100 100 100 100 100

100이 10개이면 □입니다.

2 수직선을 보고 □ 안에 알맞은 수를 써넣으세요.

4 친구들이 1000 만들기 놀이를 하고 있습니다. 빈칸에 알맞은 수를 써넣어 1000을 만들어 보세요.

500 □ 990 □

5 민건이는 줄넘기를 하루에 100번씩 10일 동안 했습니다. 민건이는 줄넘기

2 단계

문제를 이해하고
실수를 줄이는 연습을 통해

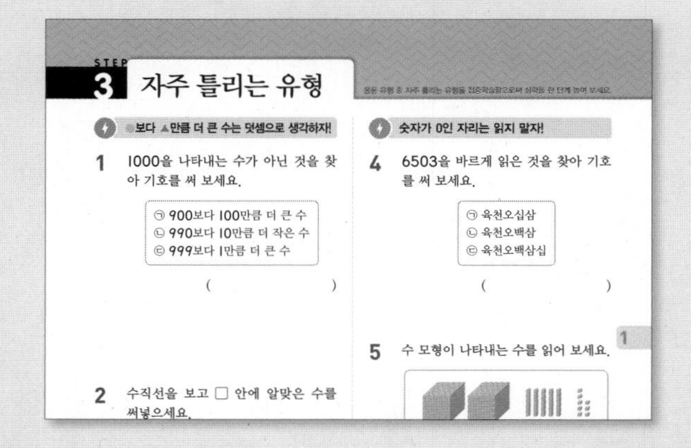
STEP 3 자주 틀리는 유형

●보다 ▲만큼 더 큰 수는 덧셈으로 생각하자!

1 1000을 나타내는 수가 아닌 것을 찾아 기호를 써 보세요.

㉠ 900보다 100만큼 더 큰 수
㉡ 990보다 10만큼 더 작은 수
㉢ 999보다 1만큼 더 큰 수

( )

2 수직선을 보고 □ 안에 알맞은 수를 써넣으세요.

숫자가 0인 자리는 읽지 말자!

4 6503을 바르게 읽은 것을 찾아 기호를 써 보세요.

㉠ 육천오십삼
㉡ 육천오백삼
㉢ 육천오백삼십

( )

5 수 모형이 나타내는 수를 읽어 보세요.

3 단계

문제해결력과 사고력을 높일 수 있습니다.

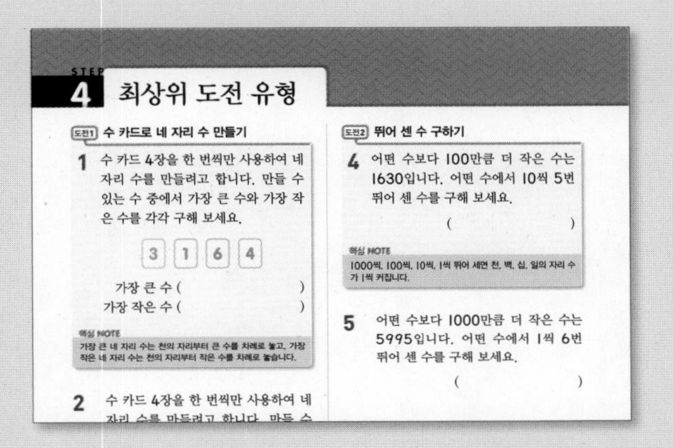
STEP 4 최상위 도전 유형

도전1 수 카드로 네 자리 수 만들기

1 수 카드 4장을 한 번씩만 사용하여 네 자리 수를 만들려고 합니다. 만들 수 있는 수 중에서 가장 큰 수와 가장 작은 수를 각각 구해 보세요.

3 1 6 4

가장 큰 수 (　　　)
가장 작은 수 (　　　)

핵심 NOTE
가장 큰 네 자리 수는 천의 자리부터 큰 수를 차례로 놓고, 가장 작은 네 자리 수는 천의 자리부터 작은 수를 차례로 놓습니다.

2 수 카드 4장을 한 번씩만 사용하여 네 자리 수를 만들려고 합니다. 만들 수

도전2 뛰어 센 수 구하기

4 어떤 수보다 100만큼 더 작은 수는 1630입니다. 어떤 수에서 10씩 5번 뛰어 센 수를 구해 보세요.

(　　　)

핵심 NOTE
1000씩, 100씩, 10씩, 1씩 뛰어 세면 천, 백, 십, 일의 자리 수가 1씩 커집니다.

5 어떤 수보다 1000만큼 더 작은 수는 5995입니다. 어떤 수에서 1씩 6번 뛰어 센 수를 구해 보세요.

(　　　)

4 단계

수시평가를 완벽하게 대비합니다.

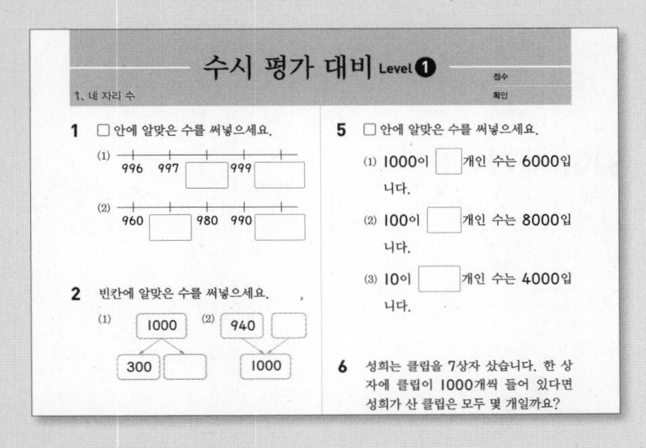
수시 평가 대비 Level ❶

1. 네 자리 수 　점수 확인

1 □ 안에 알맞은 수를 써넣으세요.
(1) 996 997 □ 999 □
(2) 960 □ 980 990 □

2 빈칸에 알맞은 수를 써넣으세요.
(1) 1000 — 300, □
(2) 940, □ — 1000

5 □ 안에 알맞은 수를 써넣으세요.
(1) 1000이 □개인 수는 6000입니다.
(2) 100이 □개인 수는 8000입니다.
(3) 10이 □개인 수는 4000입니다.

6 성희는 클립을 7상자 샀습니다. 한 상자에 클립이 1000개씩 들어 있다면 성희가 산 클립은 모두 몇 개일까요?

수시 평가 대비 Level ❷

1. 네 자리 수 　점수 확인

1 다음에서 설명하는 수를 써 보세요.
• 999보다 1만큼 더 큰 수입니다.
• 10이 100개인 수입니다.
(　　　)

2 □ 안에 알맞은 수를 써넣으세요.
4923은 1000이 □개, 100이 □개, 10이 □개

4 알맞은 것끼리 이어 보세요.
2700 · · 이천칠
7020 · · 칠천이십
2007 · · 이천칠백

5 거꾸로 뛰어 세어 보세요.
2149 — 2049 — □ — 1849 — □ — □

이 책의 **차례**

1 네 자리 수

이번 단원에서
꼭 짚어야 할
핵심 개념을 알아보자.

핵심 1 천, 몇천 알아보기

- 100이 10개이면 ☐이다.
- 900보다 100만큼 더 큰 수는 ☐이다.
- 1000이 2개이면 ☐이다.

핵심 2 네 자리 수 알아보기

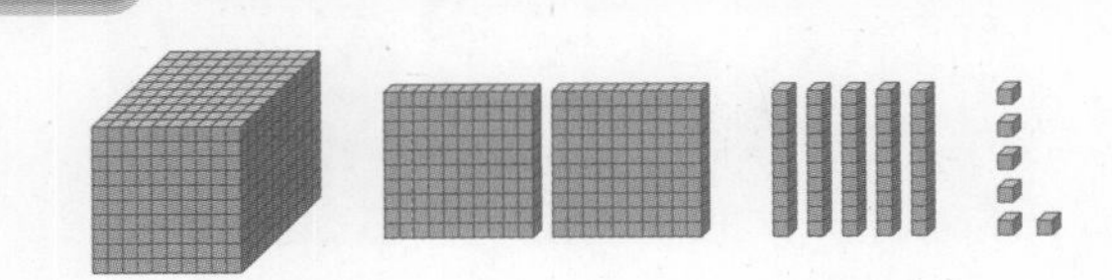

1000이 1개, 100이 2개, 10이 5개, 1이 6개이면 ☐(이)라 쓰고 ☐(이)라고 읽는다.

핵심 3 각 자리의 숫자가 나타내는 수 알아보기

3125에서

천의 자리	백의 자리	십의 자리	일의 자리
3	1	2	5
↓	↓	↓	↓
3000	100	20	5

$3125 = 3000 + ☐ + ☐ + 5$

핵심 4 뛰어 세기

10씩 뛰어 세면 십의 자리 수가 1씩 커진다.

8230 — 8240 — 8250 — ☐

핵심 5 수의 크기 비교하기

높은 자리 수부터 차례로 비교한다.

1542 ○ 1267

└ 5>2 ┘

답 1. 1000, 1000, 2000 2. 1256, 천이백오십육 3. 100, 20 4. 8260 5. >

1. 천, 몇천 알아보기

● 천 알아보기

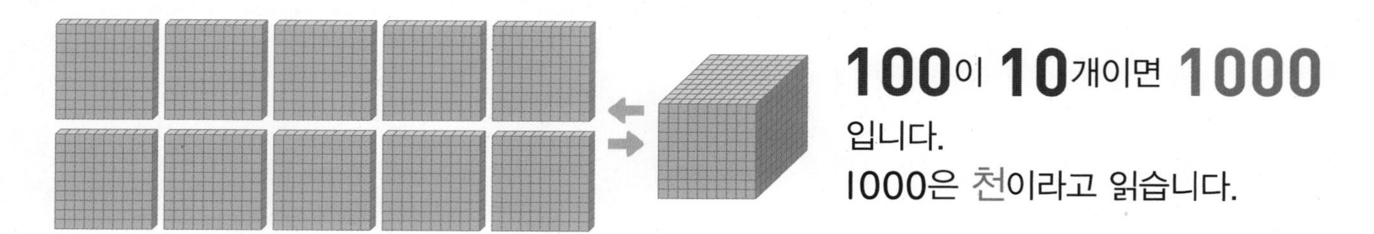

100이 10개이면 1000입니다.
1000은 천이라고 읽습니다.

● 몇천 알아보기

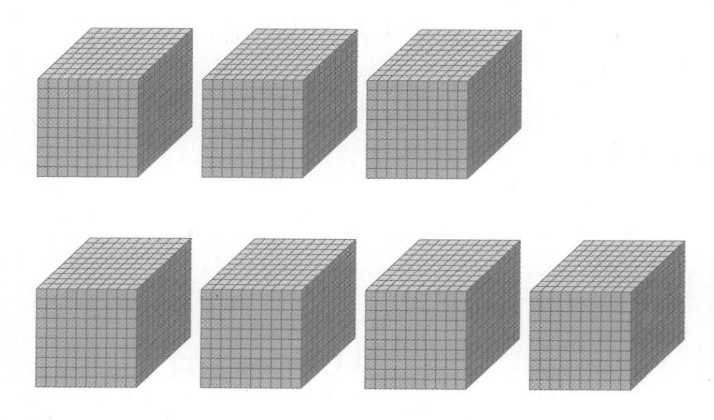

1000이 3개이면 3000입니다.
3000은 삼천이라고 읽습니다.

1000이 4개이면 4000입니다.
4000은 사천이라고 읽습니다.

개념 자세히 보기

● 1000을 여러 가지로 나타내 보아요!

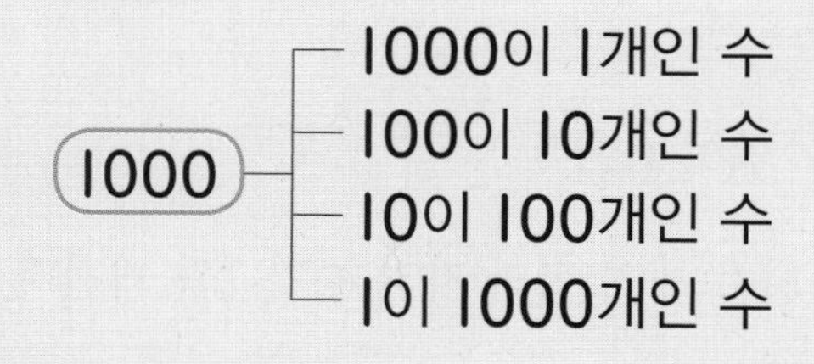

1000
- 999보다 1만큼 더 큰 수
- 990보다 10만큼 더 큰 수
- 900보다 100만큼 더 큰 수

● 몇백과 몇천 사이의 관계를 알아보아요!

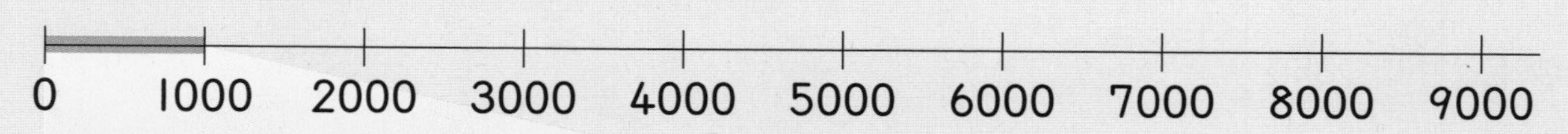

0 100 200 300 400 500 600 700 800 900 1000

• 3000은 100이 30개인 수, 300이 10개인 수 등 몇백을 이용하여 여러 가지로 나타낼 수 있습니다.

정답과 풀이 1쪽

1

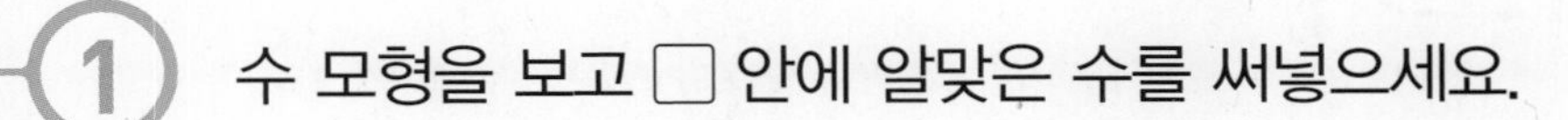
수 모형을 보고 □ 안에 알맞은 수를 써넣으세요.

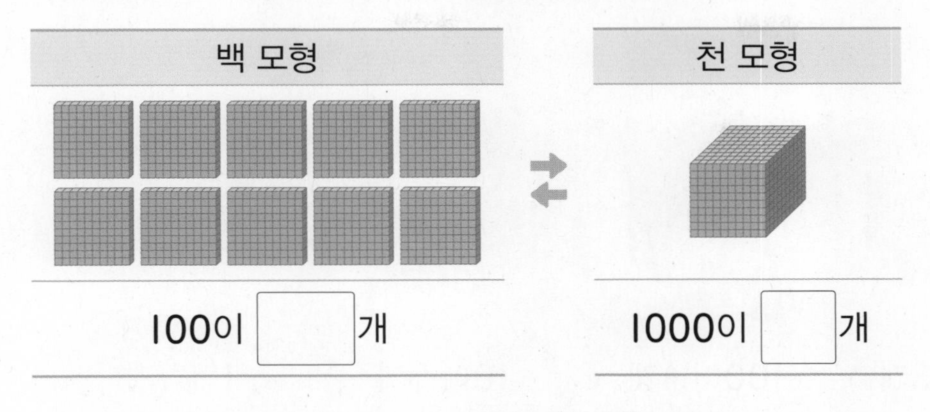

100이 □개 　　 1000이 □개

백 모형 10개가 모이면 천 모형 □개와 같습니다.

2

주어진 수만큼 묶어 보고 □ 안에 알맞은 수를 써넣으세요.

①

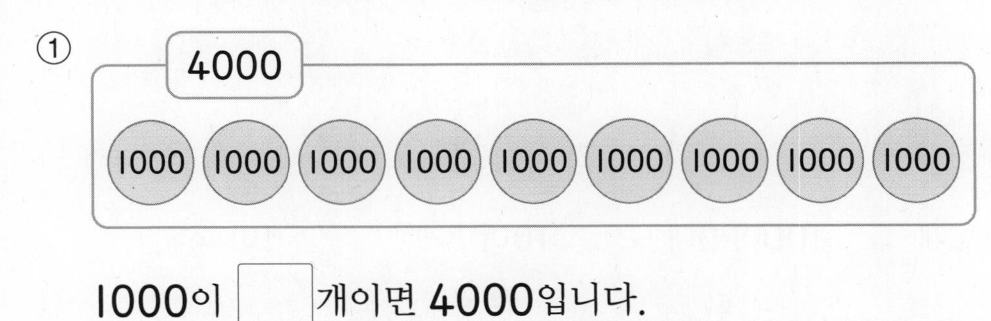

1000이 □개이면 4000입니다.

②

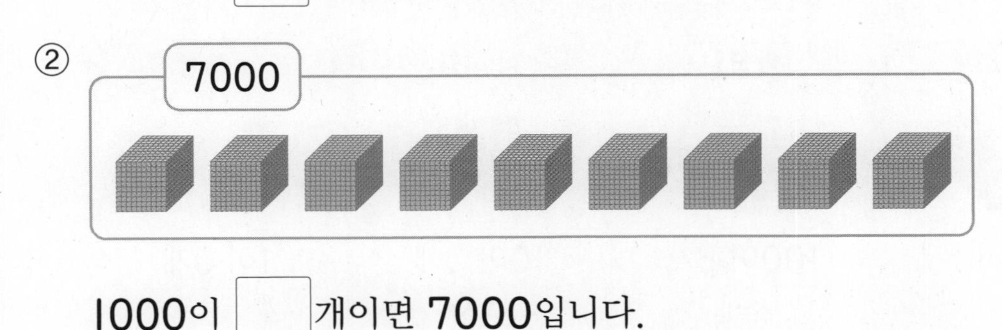

1000이 □개이면 7000입니다.

3

나타내는 수를 쓰고 읽어 보세요.

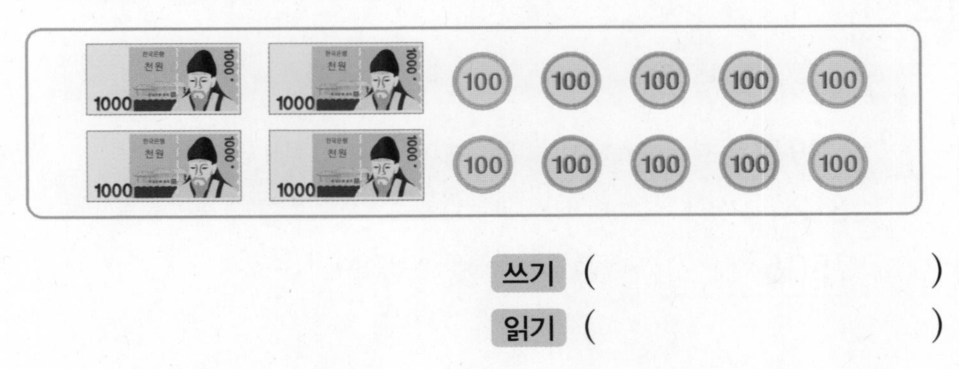

쓰기 (　　　　　　　　　　)

읽기 (　　　　　　　　　　)

2. 네 자리 수 알아보기

● 네 자리 수 알아보기

3457 ➡

천 모형	백 모형	십 모형	일 모형
1000이 3개	100이 4개	10이 5개	1이 7개
삼천	사백	오십	칠

• 일의 자리는 숫자만 읽습니다.

● 0이 있는 네 자리 수 알아보기

2034 ➡

천 모형	백 모형	십 모형	일 모형
1000이 2개	100이 0개	10이 3개	1이 4개
이천		삼십	사

• 숫자가 0인 자리는 읽지 않습니다.

1350 ➡

천 모형	백 모형	십 모형	일 모형
1000이 1개	100이 3개	10이 5개	1이 0개
천	삼백	오십	

개념 자세히 보기

● 네 자리 수를 써 보아요!

읽기	쓰기
오천이백구십팔	5298
삼천백이십사	3124
칠천오백육	7506

➡ 천, 백, 십, 일이 몇 개인지 숫자만 차례로 씁니다.

➡ 천, 백, 십, 일로만 읽는 경우에는 그 자리에 숫자 1을 씁니다.

➡ 읽지 않은 자리에는 숫자 0을 씁니다.

➔ 정답과 풀이 1쪽

① 수 모형을 보고 □ 안에 알맞은 수나 말을 써넣으세요.

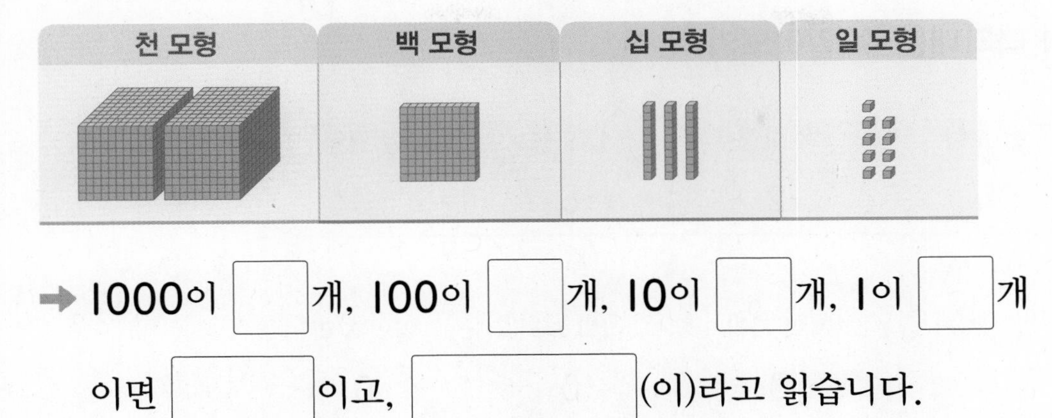

➔ 1000이 □개, 100이 □개, 10이 □개, 1이 □개

이면 □이고, □(이)라고 읽습니다.

1

② 그림을 보고 □ 안에 알맞은 수나 말을 써넣으세요.

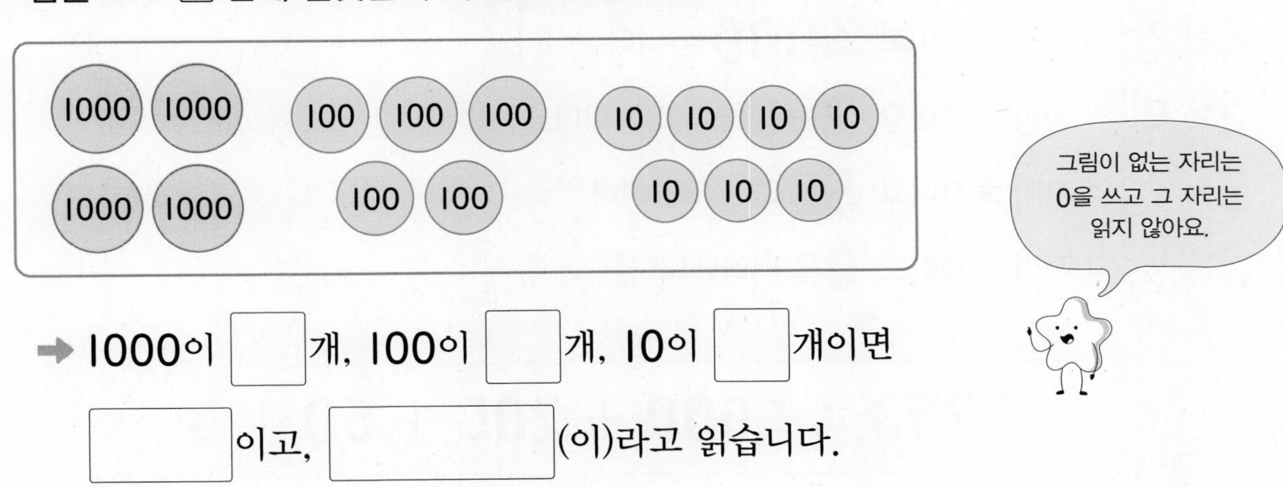

➔ 1000이 □개, 100이 □개, 10이 □개이면

□이고, □(이)라고 읽습니다.

③ □ 안에 알맞은 수를 써넣으세요.

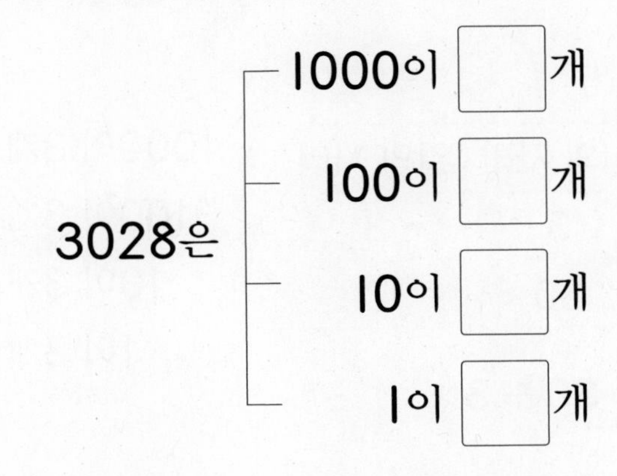

STEP 1 교과 개념

3. 각 자리의 숫자가 나타내는 수

● 각 자리의 숫자가 나타내는 수 알아보기

4253 →

천 모형	백 모형	십 모형	일 모형
4	2	5	3

↓

천의 자리	백의 자리	십의 자리	일의 자리
4	0	0	0
	2	0	0
		5	0
			3

4는 천의 자리 숫자이고, 4000을 나타냅니다.
2는 백의 자리 숫자이고, 200을 나타냅니다.
5는 십의 자리 숫자이고, 50을 나타냅니다.
3은 일의 자리 숫자이고, 3을 나타냅니다.

$$4253 = 4000 + 200 + 50 + 3$$

개념 자세히 보기

● 숫자가 같더라도 자리에 따라 나타내는 수가 달라요!

3333

↓

자리	천의 자리	백의 자리	십의 자리	일의 자리
숫자	3	3	3	3
나타내는 수	3000	300	30	3

$3333 = 3000 + 300 + 30 + 3$

1000이 3개 →	3	0	0	0
100이 3개 →		3	0	0
10이 3개 →			3	0
1이 3개 →				3
	3	3	3	3

➔ 정답과 풀이 1쪽

1 □ 안에 알맞은 수를 써넣으세요.

2972 ➔

1000이 2개	100이 9개	10이 7개	1이 2개
2000	□	□	□

2972 = 2000 + □ + □ + □

숫자가 같더라도
자리에 따라 나타내는
수가 달라요.

2 □ 안에 알맞은 수를 써넣으세요.

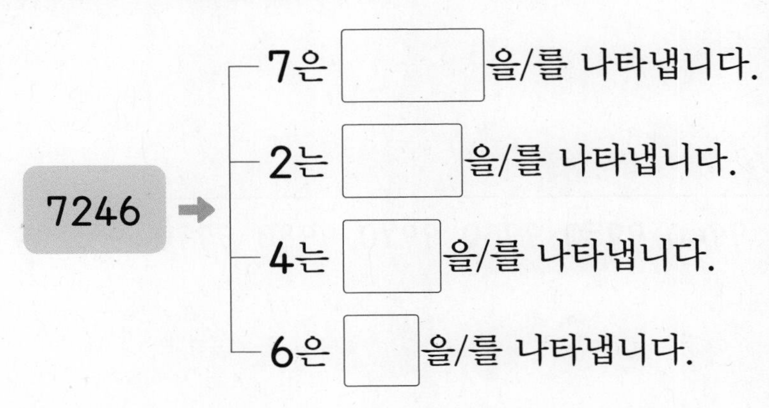

3 밑줄 친 숫자는 얼마를 나타내는지 써 보세요.

① 5703 (밑줄: 5)　　　　(　　　　　　　　)

② 3085 (밑줄: 8)　　　　(　　　　　　　　)

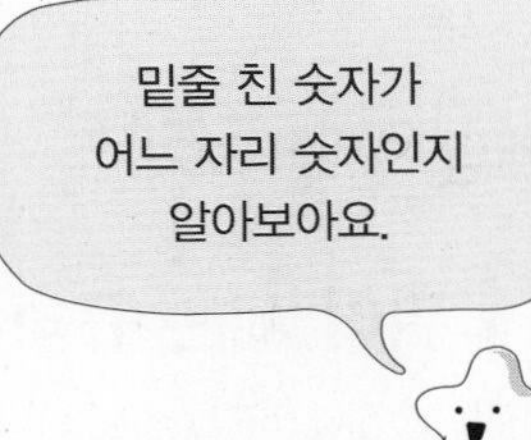

4 각 자리의 숫자가 나타내는 수를 이용하여 □ 안에 알맞은 수를 써넣으세요.

① 4092 = □ + 0 + □ + 2

② 8507 = 8000 + □ + 0 + □

1

STEP 1 교과 개념

4. 뛰어 세기

● 뛰어 세기

• 1000씩 뛰어 세기

0 1000 2000 3000 4000 5000 6000 7000 8000 9000

➡ 천의 자리 수가 1씩 커집니다.

• 100씩 뛰어 세기

9000 9100 9200 9300 9400 9500 9600 9700 9800 9900

➡ 백의 자리 수가 1씩 커집니다.

• 10씩 뛰어 세기

9900 9910 9920 9930 9940 9950 9960 9970 9980 9990

➡ 십의 자리 수가 1씩 커집니다.

• 1씩 뛰어 세기

9990 9991 9992 9993 9994 9995 9996 9997 9998 9999

➡ 일의 자리 수가 1씩 커집니다.

9999 다음의 수는 10000입니다.

개념 자세히 보기

● 뛰어 세는 규칙을 찾아보아요!

• 어느 자리 수가 몇씩 커지는지 알아봅니다.

➡ 백의 자리 수가 1씩 커지므로 100씩 뛰어 센 것입니다.

➡ 십의 자리 수가 1씩 커지므로 10씩 뛰어 센 것입니다.

1 1000씩 뛰어 세어 보세요.

①

②
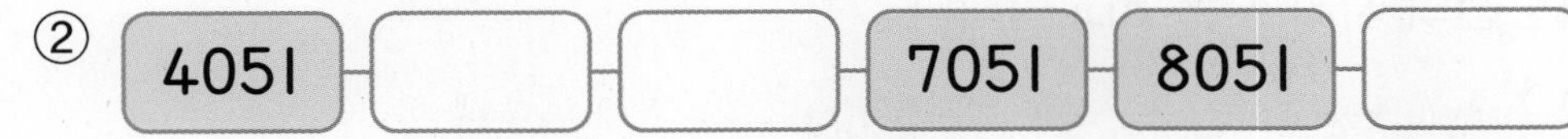

2 10씩 뛰어 세어 보세요.

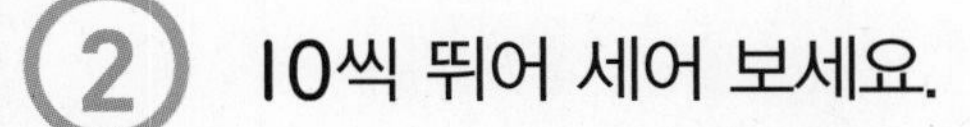

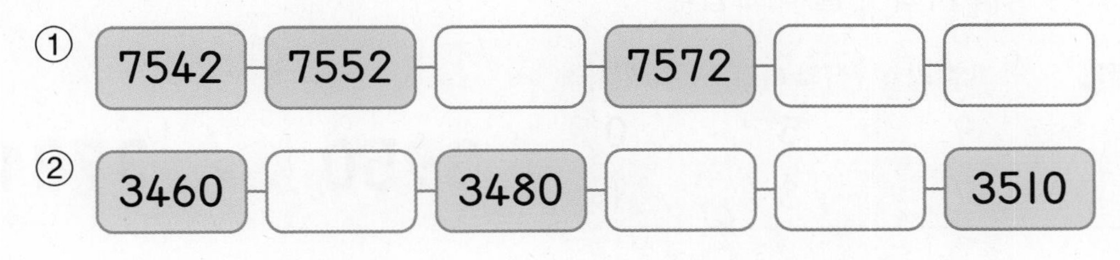

10씩 뛰어 셀 때 십의 자리 수가 9이면 다음 수는 십의 자리 수가 0이 되고 백의 자리 수가 1 커져요.

3 뛰어 센 것을 보고 □ 안에 알맞은 수나 말을 써넣으세요.

①

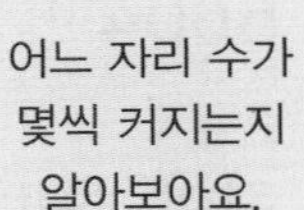

어느 자리 수가 몇씩 커지는지 알아보아요.

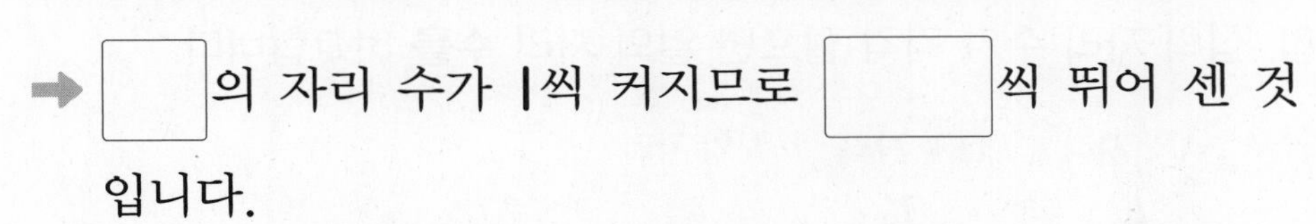

➔ □의 자리 수가 1씩 커지므로 □씩 뛰어 센 것입니다.

②

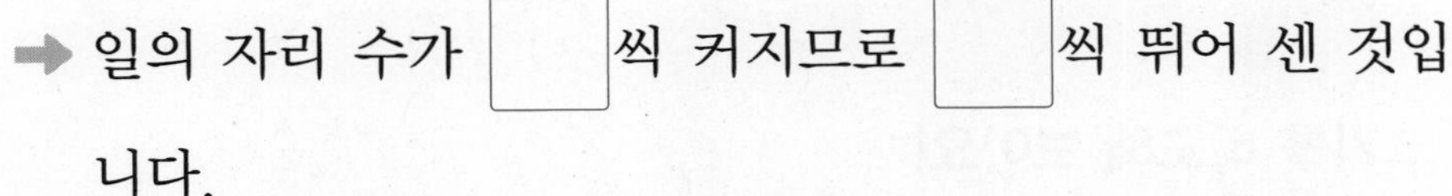

➔ 일의 자리 수가 □씩 커지므로 □씩 뛰어 센 것입니다.

4 거꾸로 뛰어 세어 보세요.

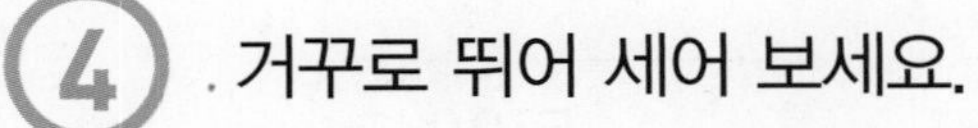

어느 자리 수가 몇씩 작아지는지 알아보아요.

5. 수의 크기 비교하기

수의 크기 비교하기

• 천의 자리 수가 다르면 천의 자리 수를 비교합니다.

	천의 자리	백의 자리	십의 자리	일의 자리
2574 ➡	2	5	7	4
4269 ➡	4	2	6	9

2574  4269

• 천의 자리 수가 같으면 백의 자리 수를 비교합니다.

	천의 자리	백의 자리	십의 자리	일의 자리
3950 ➡	3	9	5	0
3781 ➡	3	7	8	1

3950 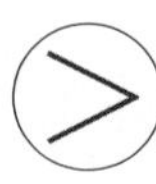 3781

• 천의 자리, 백의 자리 수가 각각 같으면 십의 자리 수를 비교합니다.

	천의 자리	백의 자리	십의 자리	일의 자리
5612 ➡	5	6	1	2
5604 ➡	5	6	0	4

5612 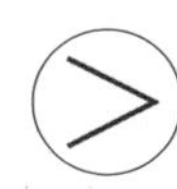 5604

• 천의 자리, 백의 자리, 십의 자리 수가 각각 같으면 일의 자리 수를 비교합니다.

	천의 자리	백의 자리	십의 자리	일의 자리
9476 ➡	9	4	7	6
9478 ➡	9	4	7	8

9476  9478

개념 자세히 보기

수직선으로 두 수의 크기를 비교해 보아요!

수직선에서는 오른쪽에 있는 수가 더 큽니다.

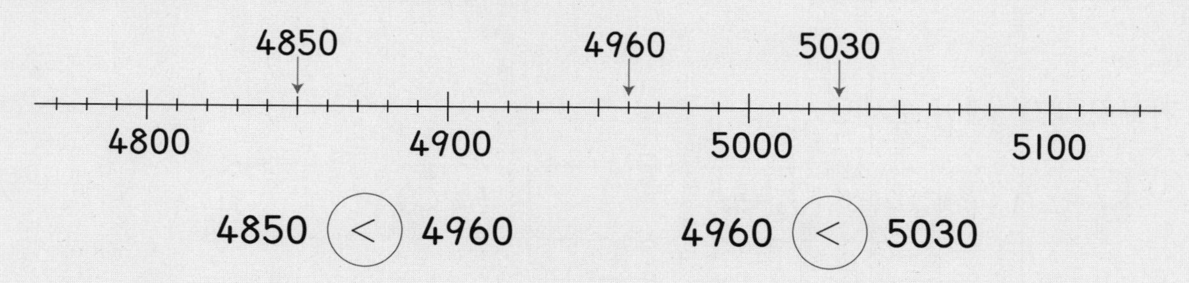

➔ 정답과 풀이 2쪽

① 수 모형을 보고 두 수의 크기를 비교하여 ○ 안에 > 또는 <를 알맞게 써넣으세요.

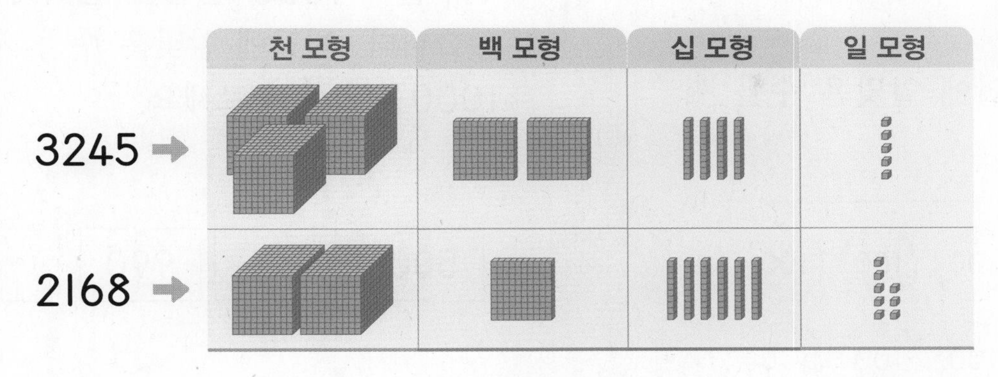

천 모형의 수부터 차례로 비교해 보아요.

3245 ○ 2168

1

② 빈칸에 알맞은 수를 써넣고 두 수의 크기를 비교하여 ○ 안에 > 또는 <를 알맞게 써넣으세요.

	천의 자리	백의 자리	십의 자리	일의 자리
4876 ➔	4	8	7	6
4892 ➔				

천의 자리 수부터 차례로 비교해 보아요.

4876 ○ 4892

③ 주어진 수를 수직선에 표시하고 두 수의 크기를 비교하여 ○ 안에 > 또는 <를 알맞게 써넣으세요.

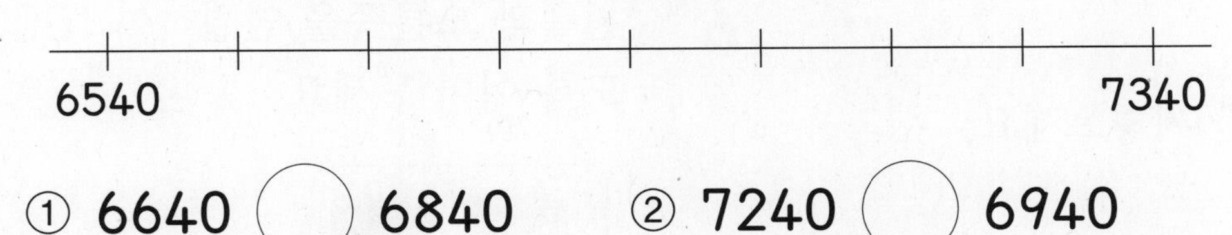

① 6640 ○ 6840 ② 7240 ○ 6940

④ 알맞은 말에 ○표 하세요.

① 3007은 2999보다 (큽니다 , 작습니다).

② 5363은 5365보다 (큽니다 , 작습니다).

STEP 2

꼭 나오는 유형

1 천

1 그림을 보고 □ 안에 알맞은 수를 써넣으세요.

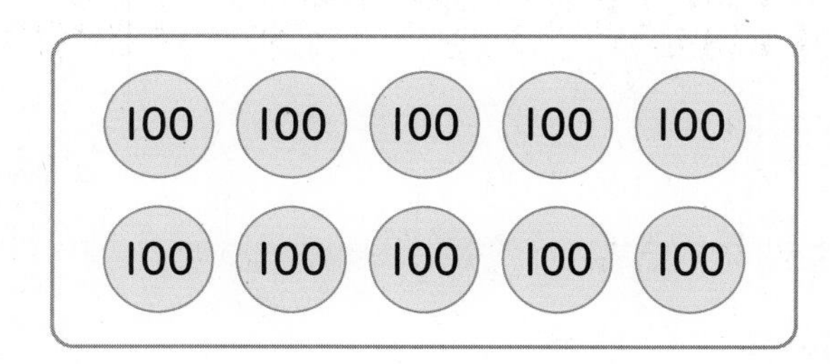

100이 10개이면 □입니다.

2 수직선을 보고 □ 안에 알맞은 수를 써넣으세요.

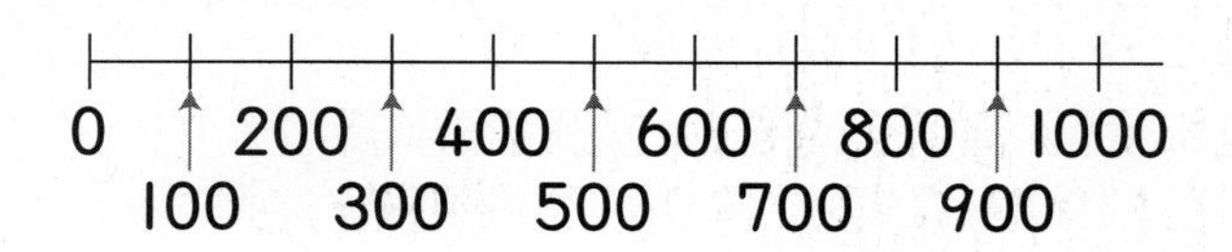

(1) 1000은 900보다 □만큼 더 큰 수입니다.

(2) 700보다 □만큼 더 큰 수는 1000입니다.

3 □ 안에 알맞은 수를 써넣으세요.

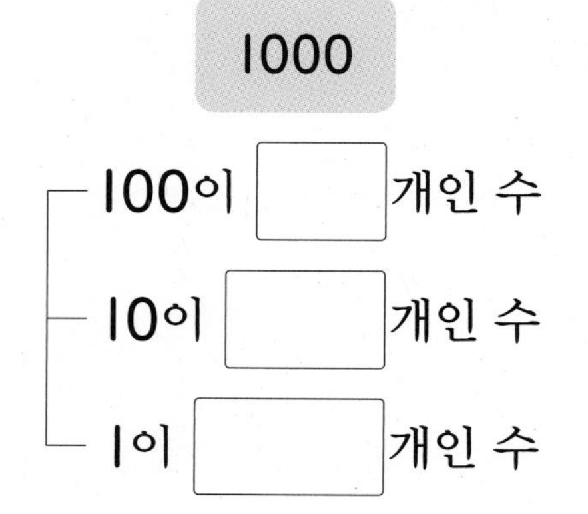

4 친구들이 1000 만들기 놀이를 하고 있습니다. 빈칸에 알맞은 수를 써넣어 1000을 만들어 보세요.

5 민건이는 줄넘기를 하루에 100번씩 10일 동안 했습니다. 민건이는 줄넘기를 모두 몇 번 했을까요?

(　　　　　　)

6 왼쪽과 오른쪽을 연결하여 1000이 되도록 이어 보세요.

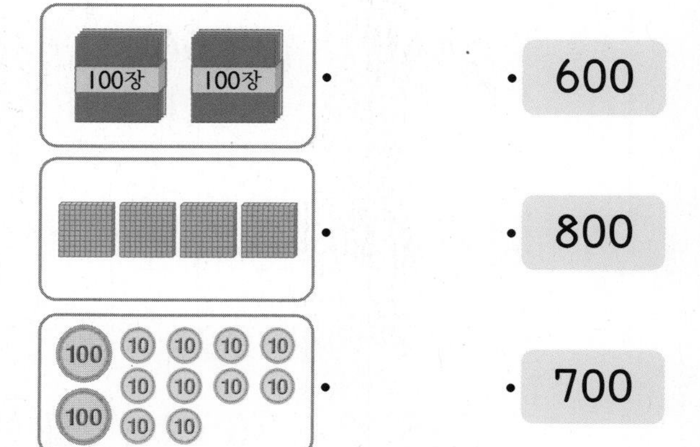

2 몇천

7 다음이 나타내는 수를 쓰고 읽어 보세요.

1000이 4개인 수

쓰기 (　　　　　　　　)
읽기 (　　　　　　　　)

내가 만드는 문제

8 내가 나타내고 싶은 수만큼 색칠하고, 색칠한 수를 쓰고 읽어 보세요.

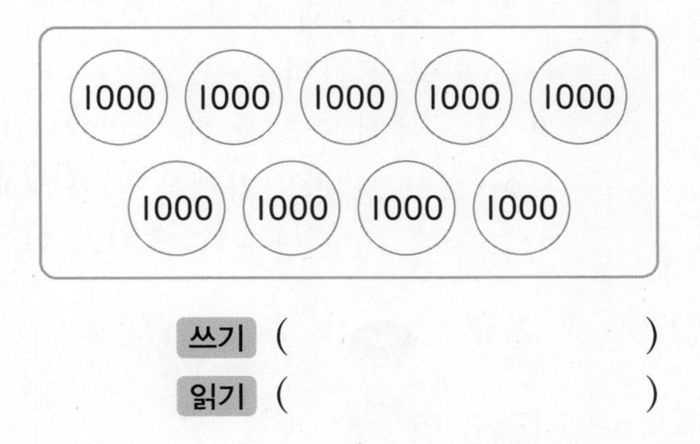

쓰기 (　　　　　　　　)
읽기 (　　　　　　　　)

9 □ 안에 알맞은 수를 써넣으세요.

(1) 1000이 □개이면 5000입니다.

(2) 7000은 1000이 □개입니다.

10 □ 안에 알맞은 수를 써넣으세요.

11 □ 안에 알맞은 수를 써넣으세요.

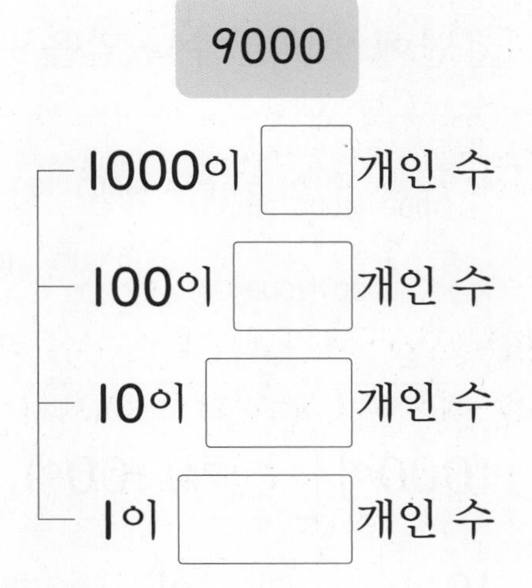

12 종이컵이 한 상자에 1000개씩 들어 있습니다. 3상자에 들어 있는 종이컵은 모두 몇 개일까요?

(　　　　　　　　)

서술형

13 문구점에서 1000원짜리 지폐 3장과 100원짜리 동전 20개를 내고 필통을 샀습니다. 필통의 가격은 얼마인지 풀이 과정을 쓰고 답을 구해 보세요.

풀이

답

3 네 자리 수

14 □ 안에 알맞은 수나 말을 써넣으세요.

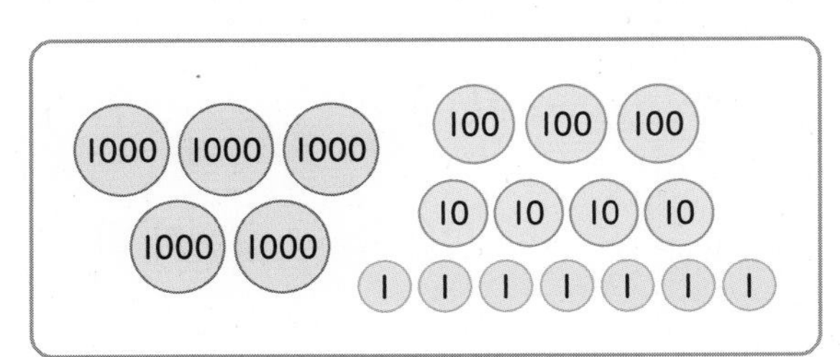

1000이 □개, 100이 □개,

10이 □개, 1이 □개이면

□이고, □(이)

라고 읽습니다.

15 수를 읽거나 수로 써 보세요.

(1) 2564

(　　　　　　　　)

(2) 오천이십구

(　　　　　　　　)

16 은호가 고른 수 카드를 찾아 색칠해 보세요.

내가 만드는 문제

17 네 자리 수를 만든 후 (1000), (100), (10), (1)을 이용하여 그림으로 나타내 보세요.

만든 네 자리 수: □

서술형

18 민호는 소라빵과 도넛을 각각 한 개씩 사고 다음과 같이 돈을 냈습니다. 민호가 낸 돈에서 소라빵 한 개의 가격만큼 묶어 보고 도넛의 가격은 얼마인지 풀이 과정을 쓰고 답을 구해 보세요.

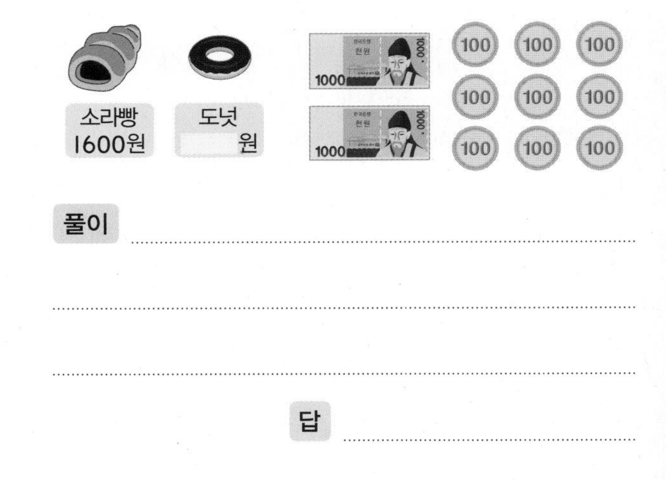

풀이

답

19 □ 안에 알맞은 수를 써넣으세요.

- $1736 = 1730 + \square$
- $1736 = 1700 + \square$
- $1736 = 1000 + \square$

4 각 자리의 숫자가 나타내는 수

20 □ 안에 알맞은 수나 말을 써넣으세요.

5268

(1) 5는 천의 자리 숫자이고 □ 을/를 나타냅니다.

(2) 2는 □의 자리 숫자이고 □을/를 나타냅니다.

(3) 6은 □의 자리 숫자이고 □ 을/를 나타냅니다.

(4) 8은 □의 자리 숫자이고 □ 을/를 나타냅니다.

21 백의 자리 숫자가 7인 수는 어느 것일까요? (　　　)

① 1578　② 7328　③ 6720
④ 5147　⑤ 7809

22 수로 썼을 때 십의 자리 숫자가 0인 것에 ○표 하세요.

삼천백팔십　이천구십오　칠천구백이

(　　　)　(　　　)　(　　　)

23 보기 와 같이 빈칸에 알맞은 수를 써넣으세요.

보기

4 6 1 7
= 4000 + 600 + 10 + 7

(1) 3 2 9 4
= □ + □ + □ + 4

(2) 1 0 4 5
= 1000 + □ + □ + □

24 숫자 8이 80을 나타내는 수를 찾아 기호를 써 보세요.

㉠ 6817　㉡ 9248
㉢ 8430　㉣ 5086

(　　　　　)

25 숫자 3이 나타내는 수가 가장 큰 수에 ○표, 가장 작은 수에 △표 하세요.

6530　5273　4381　3529

26 ㉠이 나타내는 수와 ㉡이 나타내는 수의 합을 구해 보세요.

7525 (㉠: 둘째 자리 5, ㉡: 넷째 자리 5)

(　　　　　)

1

27 수 카드를 한 번씩만 사용하여 백의 자리 숫자가 600을 나타내는 네 자리 수를 2개 만들어 보세요.

(　　　　　　　　　)

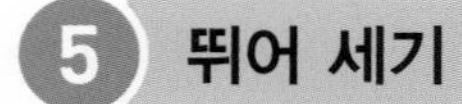

5 뛰어 세기

28 1000씩 뛰어 세어 보세요.

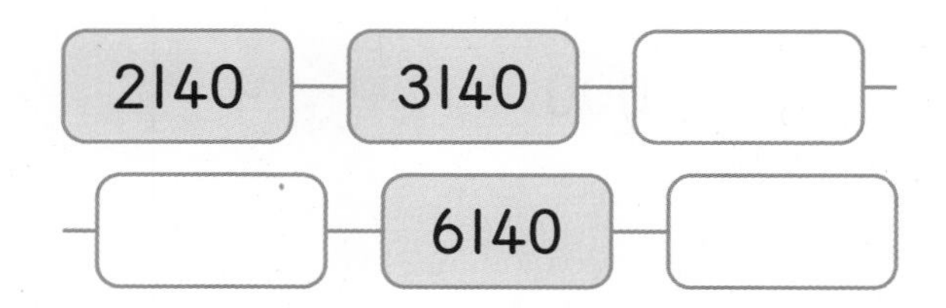

29 대화를 읽고 물음에 답하세요.

영호: 9800에서 출발하여 10씩 뛰어 세었어.
선미: 9800에서 출발하여 100씩 거꾸로 뛰어 세었어.

(1) 영호의 방법으로 뛰어 세어 보세요.

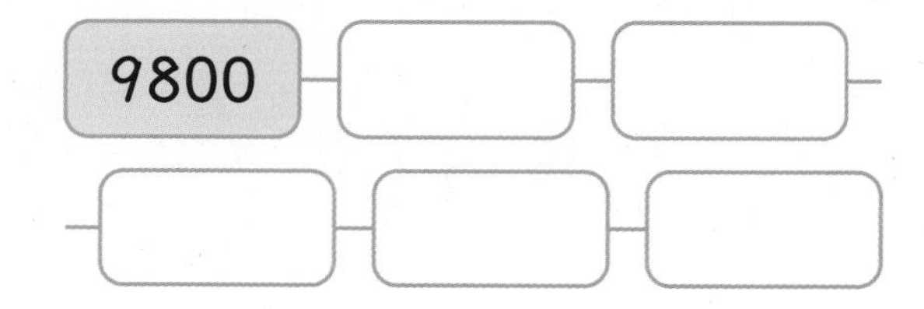

(2) 선미의 방법으로 뛰어 세어 보세요.

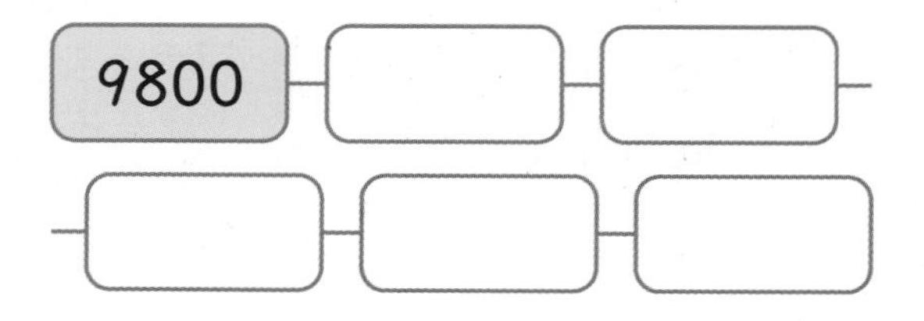

30 수 배열표를 보고 물음에 답하세요.

6300	6400	6500	6600	6700
7300	7400	7500	7600	★
8300	8400	8500	8600	8700
9300	9400	9500	9600	9700

(1) ↓, →는 각각 몇씩 뛰어 센 것일까요?

↓ (　　　　　　　　　)
→ (　　　　　　　　　)

(2) ★에 들어갈 수는 얼마일까요?

(　　　　　　　　　)

31 2158에서 시작하여 10씩 거꾸로 뛰어 센 수들을 차례로 이어 보세요.

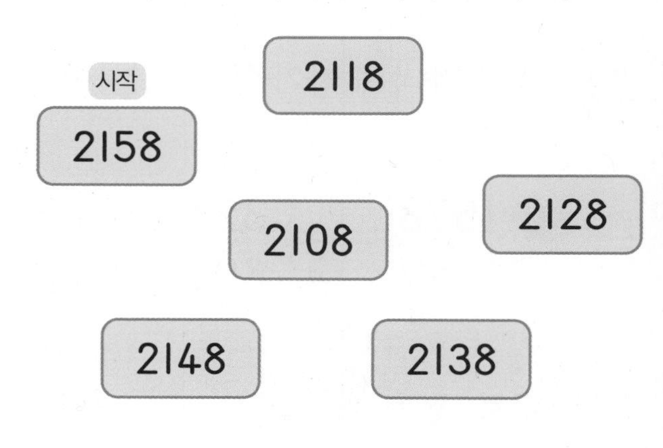

32 3760에서 10씩 4번 뛰어 센 수를 구해 보세요.

(　　　　　　　　　)

내가 만드는 문제

33 4856에서 몇씩 뛰어 셀지 정하고 빈칸에 알맞은 수를 써넣으세요.

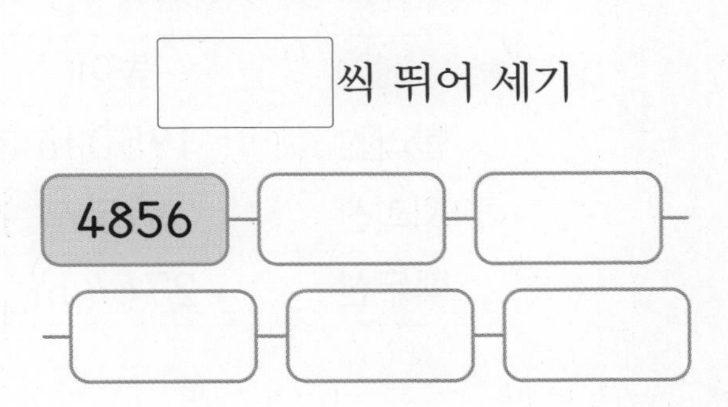

34 민지와 지수는 같은 방법으로 뛰어 세었습니다. ♥에 알맞은 수를 구해 보세요.

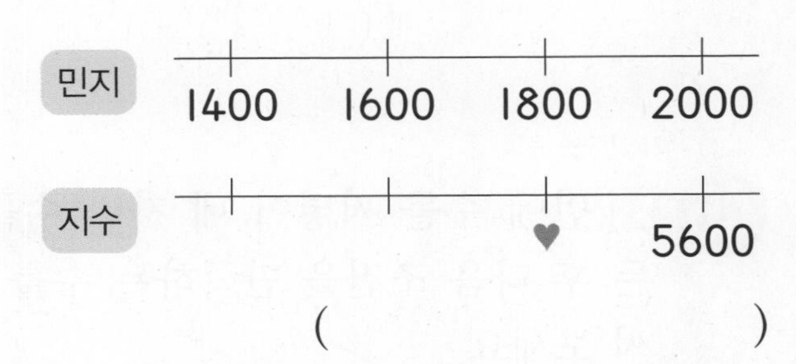

( )

6 수의 크기 비교하기

35 빈칸에 알맞은 수를 써넣고 두 수의 크기를 비교하여 ○ 안에 > 또는 <를 알맞게 써넣으세요.

	천의 자리	백의 자리	십의 자리	일의 자리
4562 →				
4739 →				

4562 ○ 4739

36 수의 크기를 비교하는 방법을 바르게 말한 사람을 찾아 ○표 하세요.

( ) ( )

37 두 수의 크기를 비교하여 ○ 안에 > 또는 <를 알맞게 써넣으세요.

(1) 3915 ○ 4002

(2) 8647 ○ 8619

38 더 큰 수를 찾아 기호를 써 보세요.

> ㉠ 오천육백칠십이
> ㉡ 1000이 5개, 100이 2개, 10이 9개인 수

( )

서술형

39 저금을 민정이는 4320원, 현정이는 4380원 했습니다. 누가 저금을 더 많이 했는지 풀이 과정을 쓰고 답을 구해 보세요.

풀이 ....

답 ....

40 수직선에 두 수를 표시하고 크기를 비교하여 ○ 안에 > 또는 <를 알맞게 써넣으세요.

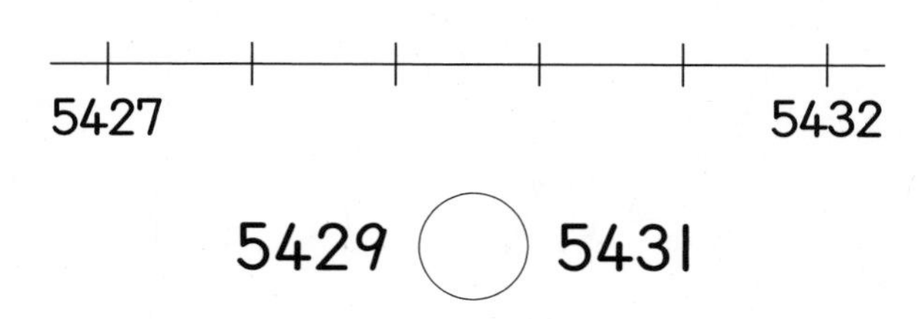

5429 ○ 5431

41 □ 안에 알맞은 수를 써넣으세요.

	천의 자리	백의 자리	십의 자리	일의 자리
2589 →	2	5	8	9
3092 →	□	□	□	□
2708 →	□	□	□	□

• 가장 큰 수는 □입니다.

• 가장 작은 수는 □입니다.

42 수의 크기를 비교하여 가장 큰 수에 ○표 하세요.

(1) 2100 4128 4071

(2) 7603 6990 7612

43 산의 높이를 나타낸 표입니다. 가장 낮은 산은 어느 산일까요?

산	높이
한라산	1950 m
지리산	1915 m
백두산	2744 m

( )

44 큰 수부터 차례로 기호를 써 보세요.

㉠ 6345 ㉡ 6376 ㉢ 6319

( )

내가 만드는 문제

45 □ 안에 수를 써넣어 네 자리 수를 만든 후 다음 조건을 만족하는 수를 3개 써 보세요.

4□□□보다 크고
8□□□보다 작습니다.

( )

46 얼룩이 묻어 일부가 잘 보이지 않는 네 자리 수가 있습니다. 두 수의 크기를 비교하여 ○ 안에 > 또는 <를 알맞게 써넣으세요.

74■2 ○ 719■

STEP 3 자주 틀리는 유형

응용 유형 중 자주 틀리는 유형을 집중학습함으로써 실력을 한 단계 높여 보세요.

●보다 ▲만큼 더 큰 수는 덧셈으로 생각하자!

1 1000을 나타내는 수가 아닌 것을 찾아 기호를 써 보세요.

㉠ 900보다 100만큼 더 큰 수
㉡ 990보다 10만큼 더 작은 수
㉢ 999보다 1만큼 더 큰 수

( )

2 수직선을 보고 □ 안에 알맞은 수를 써넣으세요.

910, 920, 930, 940, 950, 960, 970, 980, 990, 1000

- 1000은 950보다 □만큼 더 큰 수입니다.
- 1000은 □보다 30만큼 더 큰 수입니다.

3 탁구공 1000개를 한 상자에 100개씩 담으려고 합니다. 상자가 8개 있다면 상자는 몇 개 더 필요할까요?

( )

숫자가 0인 자리는 읽지 말자!

4 6503을 바르게 읽은 것을 찾아 기호를 써 보세요.

㉠ 육천오십삼
㉡ 육천오백삼
㉢ 육천오백삼십

( )

5 수 모형이 나타내는 수를 읽어 보세요.

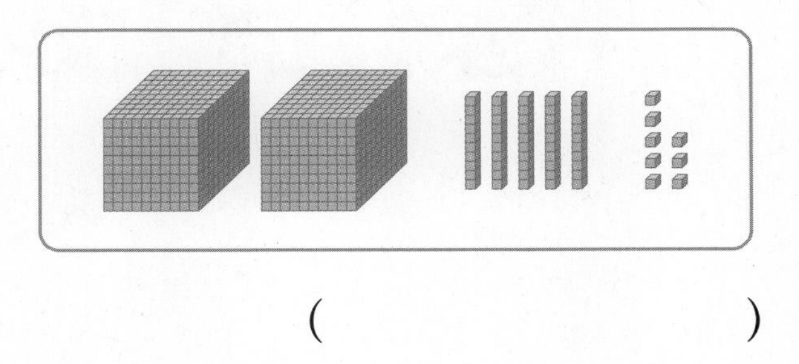

( )

6 1000이 4개, 100이 7개, 10이 2개인 수를 읽어 보세요.

( )

7 수로 썼을 때 숫자 0이 가장 많은 수를 찾아 기호를 써 보세요.

㉠ 삼천사십이
㉡ 천이백팔
㉢ 칠천오

( )

1000은 100이 10개, 10이 100개야!

8 천 원짜리 지폐 한 장을 모두 백 원짜리 동전으로 바꾸면 동전은 몇 개일까요?

( )

9 천 원짜리 지폐 3장을 모두 백 원짜리 동전으로 바꾸면 동전은 몇 개일까요?

( )

10 동규는 천 원짜리 지폐 5장을 가지고 있고, 민정이는 동규와 같은 금액만큼 백 원짜리 동전으로 가지고 있습니다. 민정이가 가지고 있는 동전은 몇 개일까요?

( )

11 천 원짜리 지폐 2장을 모두 십 원짜리 동전으로 바꾸면 동전은 몇 개일까요?

( )

어느 자리 수가 변하는지 찾아보자!

12 뛰어 세는 규칙을 찾아 빈칸에 알맞은 수를 써넣으세요.

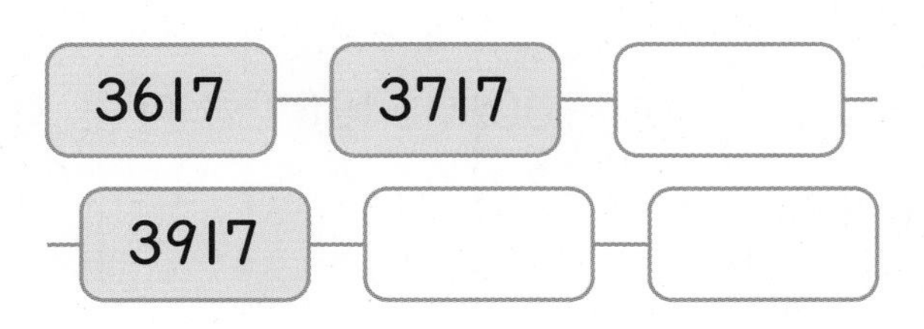

13 뛰어 세는 규칙을 찾아 ㉠, ㉡에 알맞은 수를 각각 구해 보세요.

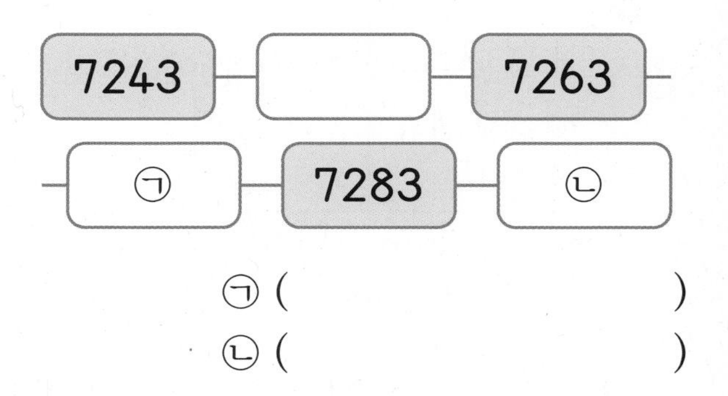

㉠ ( )

㉡ ( )

14 지호는 1328부터 일정하게 커지는 규칙으로 수 카드를 놓았습니다. 빈칸에 들어갈 수를 차례로 써 보세요.

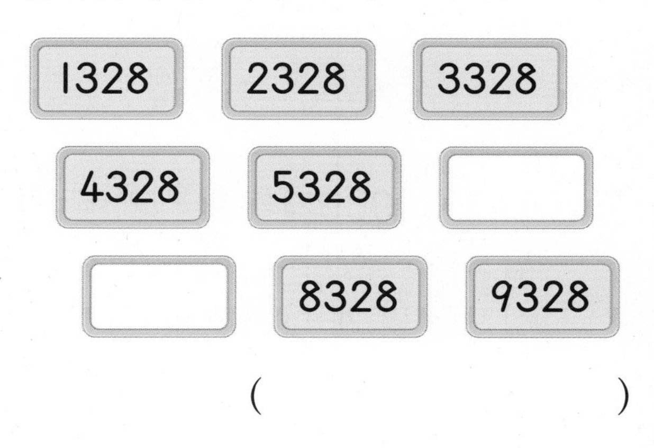

( )

몇씩 뛰어 세기를 해야 하는지 알자!

15 형석이는 장난감을 사기 위해 돈을 모으려고 합니다. 8월 현재 3150원이 있습니다. 9월부터 한 달에 1000원씩 계속 모으면 9월, 10월, 11월에는 각각 얼마가 되는지 써 보세요.

8월	9월	10월	11월
3150원			

16 미주는 4600원을 가지고 있습니다. 내일부터 5일 동안 하루에 100원씩 저금을 한다면 5일 후 미주가 가진 돈은 얼마가 될까요?

(　　　　　　)

17 민수는 집안일을 도와 용돈을 모으려고 합니다. 다음은 집안일을 1번 할 때 받을 수 있는 용돈을 나타낸 것입니다. 방 청소를 2번, 신발 정리를 4번 하면 민수가 받을 수 있는 용돈은 모두 얼마일까요?

집안일	용돈
방 청소	2000원
재활용 버리기	1000원
신발 정리	500원

(　　　　　　)

구하려는 자리 아래 숫자도 비교하자!

18 네 자리 수의 크기를 비교했습니다. □ 안에 들어갈 수 있는 수를 모두 찾아 ○표 하세요.

3□52 > 3690

(1 , 2 , 3 , 4 , 5 , 6 , 7 , 8 , 9)

19 네 자리 수의 크기를 비교했습니다. 1부터 9까지의 수 중에서 □ 안에 들어갈 수 있는 수를 모두 구해 보세요.

5017 > □124

(　　　　　　)

20 네 자리 수의 크기를 비교했습니다. 1부터 9까지의 수 중에서 □ 안에 들어갈 수 있는 가장 작은 수를 구해 보세요.

8250 < 82□4

(　　　　　　)

21 네 자리 수의 크기를 비교하여 ○ 안에 > 또는 <를 알맞게 써넣으세요.

6□04 ○ 69□7

STEP 4 최상위 도전 유형

도전1 수 카드로 네 자리 수 만들기

1 수 카드 4장을 한 번씩만 사용하여 네 자리 수를 만들려고 합니다. 만들 수 있는 수 중에서 가장 큰 수와 가장 작은 수를 각각 구해 보세요.

3 1 6 4

가장 큰 수 (　　　　　　　　)
가장 작은 수 (　　　　　　　　)

핵심 NOTE

가장 큰 네 자리 수는 천의 자리부터 큰 수를 차례로 놓고, 가장 작은 네 자리 수는 천의 자리부터 작은 수를 차례로 놓습니다.

2 수 카드 4장을 한 번씩만 사용하여 네 자리 수를 만들려고 합니다. 만들 수 있는 수 중에서 가장 큰 수와 가장 작은 수를 각각 구해 보세요.

2 8 5 0

가장 큰 수 (　　　　　　　　)
가장 작은 수 (　　　　　　　　)

3 수 카드 4장을 한 번씩만 사용하여 네 자리 수를 만들려고 합니다. 만들 수 있는 수 중에서 십의 자리 숫자가 7인 가장 큰 수를 구해 보세요.

7 6 9 2

(　　　　　　　　)

도전2 뛰어 센 수 구하기

4 어떤 수보다 100만큼 더 작은 수는 1630입니다. 어떤 수에서 10씩 5번 뛰어 센 수를 구해 보세요.

(　　　　　　　　)

핵심 NOTE

1000씩, 100씩, 10씩, 1씩 뛰어 세면 천, 백, 십, 일의 자리 수가 1씩 커집니다.

5 어떤 수보다 1000만큼 더 작은 수는 5995입니다. 어떤 수에서 1씩 6번 뛰어 센 수를 구해 보세요.

(　　　　　　　　)

6 3419에서 몇씩 3번 뛰어 세었더니 3719가 되었습니다. 몇씩 뛰어 센 것일까요?

(　　　　　　　　)

7 어떤 수에서 100씩 4번 뛰어 세었더니 7631이 되었습니다. 어떤 수는 얼마인지 구해 보세요.

(　　　　　　　　)

정답과 풀이 6쪽

도전3 조건을 만족하는 네 자리 수 구하기

8 조건을 모두 만족하는 네 자리 수를 구해 보세요.

- 2100보다 크고 2200보다 작습니다.
- 백의 자리 숫자와 일의 자리 숫자가 같습니다.
- 십의 자리 숫자와 일의 자리 숫자의 합은 7입니다.

( )

핵심 NOTE

네 자리 수 ■▲●★에서 천의 자리 숫자는 ■, 백의 자리 숫자는 ▲, 십의 자리 숫자는 ●, 일의 자리 숫자는 ★입니다.

9 천의 자리 숫자가 6, 백의 자리 숫자가 8인 네 자리 수 중에서 6895보다 큰 수는 모두 몇 개일까요?

( )

10 조건을 모두 만족하는 네 자리 수 중에서 가장 큰 수를 구해 보세요.

- 4000보다 크고 5000보다 작습니다.
- 십의 자리 숫자는 30을 나타냅니다.
- 백의 자리 숫자는 8입니다.

( )

도전4 네 자리 수를 여러 가지 방법으로 나타내기

11 1243을 수 모형으로 나타낸 것입니다. 다른 방법으로 나타내 보세요.

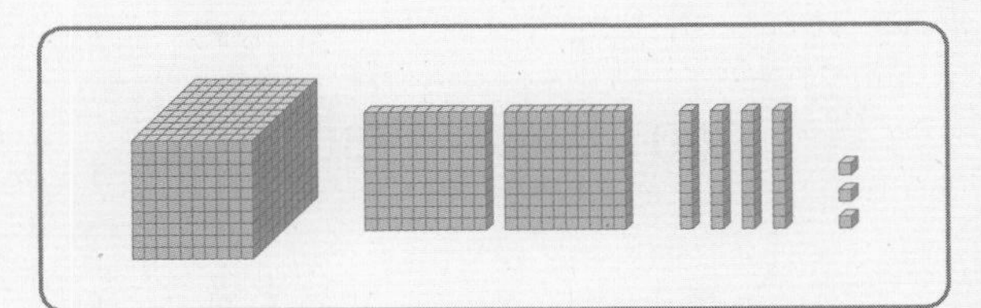

천 모형	백 모형	십 모형	일 모형
1개	2개	4개	3개
0개	12개	3개	□개
□개	□개	□개	□개

핵심 NOTE

천 모형 1개는 백 모형 10개, 백 모형 1개는 십 모형 10개, 십 모형 1개는 일 모형 10개와 같습니다.

도전 최상위

12 3158을 수 모형으로 나타낸 것입니다. 다른 방법으로 나타내 보세요.

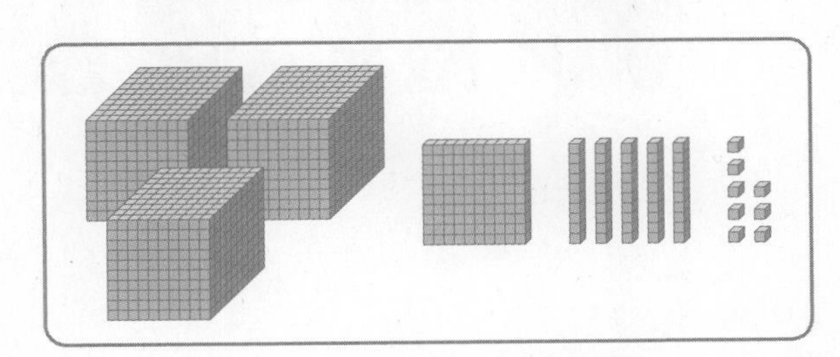

천 모형	백 모형	십 모형	일 모형
3개	1개	5개	8개
2개	11개	4개	□개
□개	□개	□개	□개

수시 평가 대비 Level 1

1. 네 자리 수

점수

확인

1 □ 안에 알맞은 수를 써넣으세요.

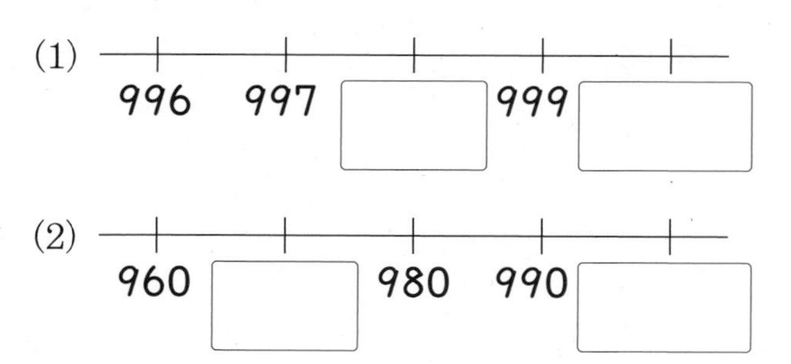

2 빈칸에 알맞은 수를 써넣으세요.

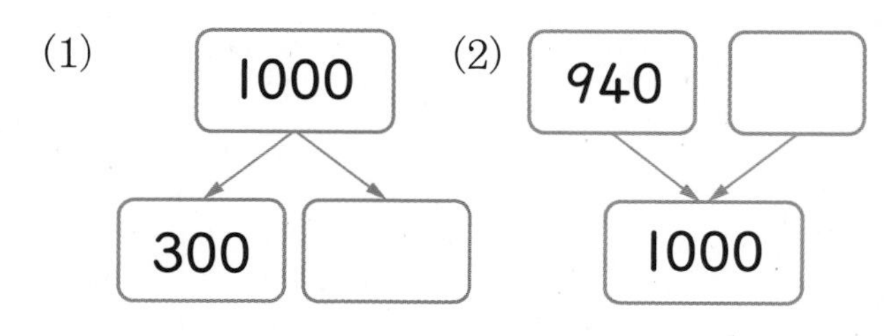

3 수 모형이 나타내는 수를 쓰고 읽어 보세요.

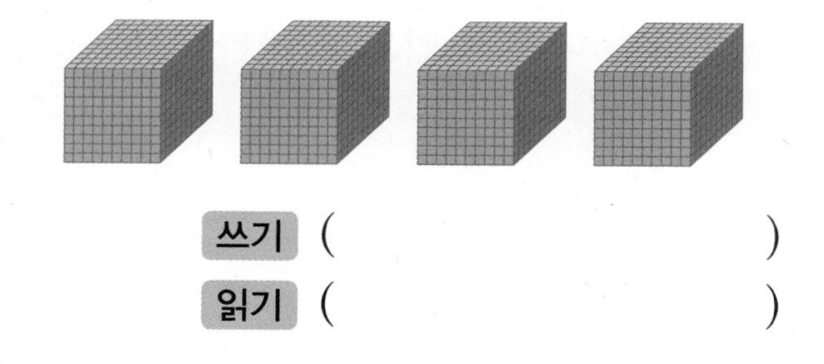

쓰기 (　　　　　　　　)

읽기 (　　　　　　　　)

4 다음 중 1000에 가장 가까운 수를 찾아 기호를 써 보세요.

㉠ 900　　㉡ 919　　㉢ 909

(　　　　　　　　)

5 □ 안에 알맞은 수를 써넣으세요.

(1) 1000이 □개인 수는 6000입니다.

(2) 100이 □개인 수는 8000입니다.

(3) 10이 □개인 수는 4000입니다.

6 성희는 클립을 7상자 샀습니다. 한 상자에 클립이 1000개씩 들어 있다면 성희가 산 클립은 모두 몇 개일까요?

(　　　　　　　　)

7 보기 와 같이 □ 안에 알맞은 수를 써넣으세요.

보기

$4538 = 4000 + 500 + 30 + 8$

(1) 7194

$= \square + 100 + \square + 4$

(2) 5107

$= \square + \square + 0 + \square$

정답과 풀이 6쪽

8 다음은 몇씩 뛰어 센 것일까요?

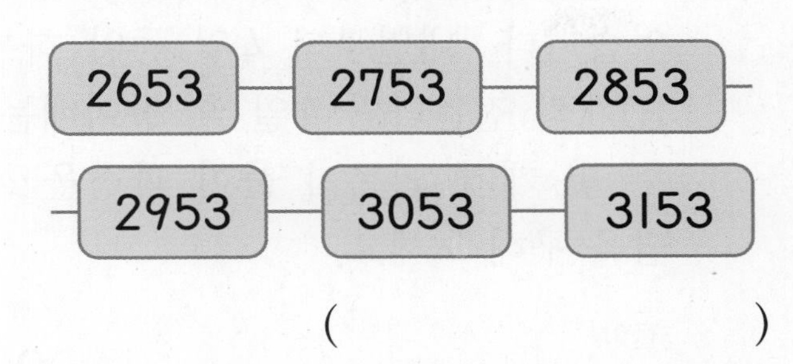

(　　　　　　　　)

9 다음은 강호의 저금통에 들어 있는 지폐와 동전입니다. 모두 얼마일까요?

(　　　　　　　　)

10 숫자 5가 나타내는 수가 가장 작은 수는 어느 것일까요? (　　　　)

① 2751　② 8509　③ 1165
④ 5073　⑤ 6532

11 □ 안에 알맞은 수를 써넣으세요.

12 수로 썼을 때 숫자 0이 가장 적게 있는 수를 찾아 기호를 써 보세요.

㉠ 팔천육백	㉡ 사천일
㉢ 육천삼백구	㉣ 오천칠십

(　　　　　　　　)

13 현우는 크레파스를 사고 5000원짜리 지폐 한 장과 1000원짜리 지폐 3장을 냈습니다. 크레파스는 얼마일까요?

(　　　　　　　　)

14 두 수의 크기를 비교하여 ○ 안에 > 또는 <를 알맞게 써넣으세요.

(1) 8150 ○ 8105

(2) 7233 ○ 7332

(3) 4456 ○ 4459

15 네 자리 수의 크기를 비교한 것입니다. 1부터 9까지의 수 중에서 □ 안에 들어갈 수 있는 수는 모두 몇 개일까요?

6073 < 60□1

(　　　　　　　　)

서술형 문제

정답과 풀이 6쪽

16 뛰어 세는 규칙을 찾아 ㉠에 알맞은 수를 구해 보세요.

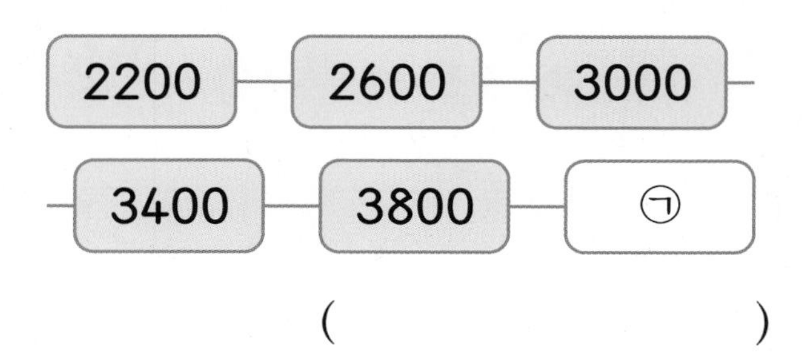

( )

17 뛰어 세어 주어진 수가 들어갈 칸의 글자를 찾아 숨겨진 낱말을 완성해 보세요.

• 1000씩 뛰어 세어 보세요.

①	2396	3396	너	개	기

• 100씩 뛰어 세어 보세요.

②	3245	3345	구	러	나

• 10씩 뛰어 세어 보세요.

③	5773	5783	기	리	이

①	②	③
5396	3645	5803
↓	↓	↓

18 ㉠이 나타내는 수는 ㉡이 나타내는 수보다 얼마만큼 더 클까요?

9 1 1 8
㉠㉡

( )

19 민규는 오늘까지 종이배를 1170개 접었습니다. 내일부터 4일 동안 하루에 10개씩 접는다면 4일 후 종이배는 모두 몇 개가 되는지 풀이 과정을 쓰고 답을 구해 보세요.

풀이

답

20 천의 자리 숫자가 3, 백의 자리 숫자가 9, 일의 자리 숫자가 1인 네 자리 수 중에서 4000보다 작은 수는 모두 몇 개인지 풀이 과정을 쓰고 답을 구해 보세요.

풀이

답

수시 평가 대비 Level 2

점수

확인

1 다음에서 설명하는 수를 써 보세요.

- 999보다 1만큼 더 큰 수입니다.
- 10이 100개인 수입니다.

( )

2 □ 안에 알맞은 수를 써넣으세요.

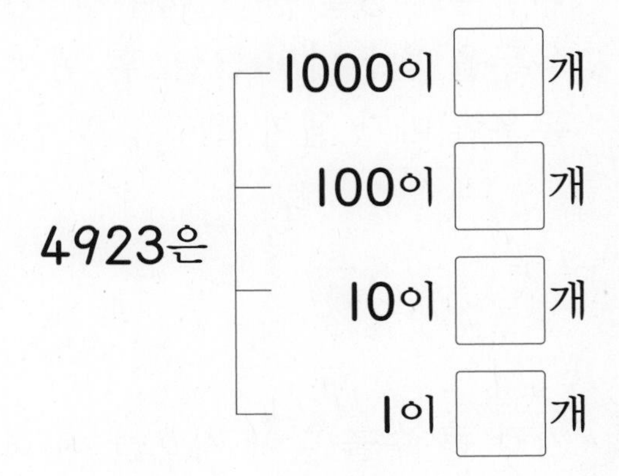

3 수 모형이 나타내는 수를 쓰고 읽어 보세요.

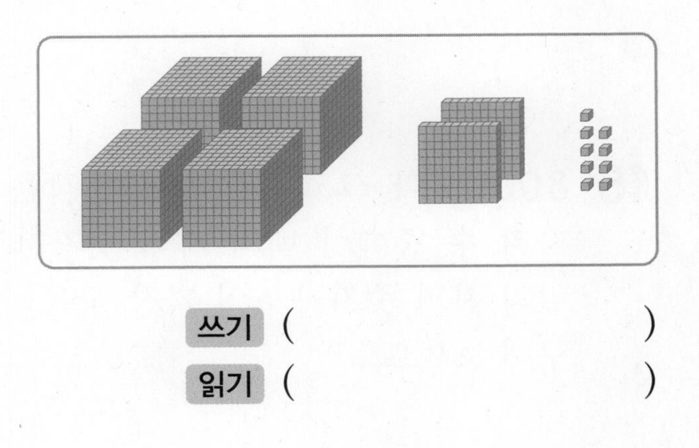

쓰기 ( )

읽기 ( )

4 알맞은 것끼리 이어 보세요.

2700 ·	· 이천칠
7020 ·	· 칠천이십
2007 ·	· 이천칠백

5 거꾸로 뛰어 세어 보세요.

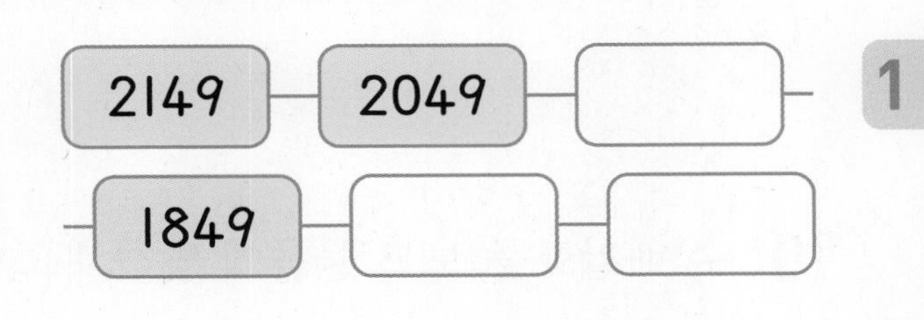

6 숫자 2가 200을 나타내는 수를 찾아 기호를 써 보세요.

㉠ 5372 ㉡ 2840
㉢ 1264 ㉣ 7021

( )

7 숫자 6이 나타내는 수가 가장 큰 수를 찾아 써 보세요.

7316 9630 6713 3968

( )

8 두 수의 크기를 비교하여 ○ 안에 > 또는 <를 알맞게 써넣으세요.

(1) 4167 ○ 7203

(2) 6025 ○ 6022

9 박물관에 어른은 3876명, 어린이는 3950명 입장했습니다. 어른과 어린이 중에서 누가 박물관에 더 많이 입장했을까요?

( )

10 수 배열표를 보고 물음에 답하세요.

5104	5105	5106	5107	5108
5114	5115	5116	5117	5118
5124	5125	5126	5127	5128
5134	5135	5136		★

(1) ↓, →는 각각 얼마씩 뛰어 센 것일까요?

↓ ( )

→ ( )

(2) ★에 알맞은 수는 얼마일까요?

( )

11 가장 큰 수에 ○표, 가장 작은 수에 △표 하세요.

5184 6091 5273

12 천 원짜리 지폐 7장을 모두 백 원짜리 동전으로 바꾸면 동전은 몇 개일까요?

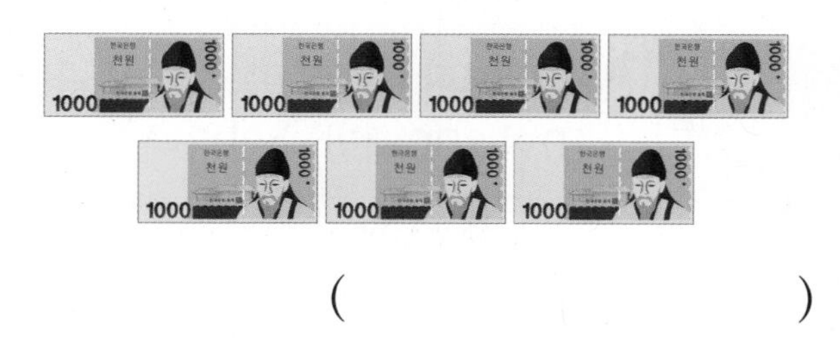

( )

13 현서는 6800원을 가지고 있습니다. 내일부터 3일 동안 하루에 1000원씩 용돈을 받는다면 3일 후 현서가 가진 돈은 얼마가 될까요?

( )

14 가장 큰 수를 찾아 기호를 써 보세요.

㉠ 1000이 6개인 수
㉡ 육천삼백사
㉢ 1000이 6개, 10이 20개인 수

( )

15 8000보다 크고 9000보다 작은 네 자리 수 중에서 백의 자리 숫자가 9, 일의 자리 숫자가 4인 가장 작은 수를 구해 보세요.

( )

서술형 문제

정답과 풀이 8쪽

16 수 카드 4장을 한 번씩만 사용하여 네 자리 수를 만들려고 합니다. 만들 수 있는 수 중에서 가장 큰 수와 가장 작은 수를 각각 구해 보세요.

6 0 3 4

가장 큰 수 (   )

가장 작은 수 (   )

17 네 자리 수의 크기를 비교했습니다. 0부터 9까지의 수 중에서 □ 안에 들어갈 수 있는 수는 모두 몇 개일까요?

73□6 < 7345

(   )

18 조건에 맞는 네 자리 수를 구해 보세요.

- 5000보다 크고 6000보다 작습니다.
- 백의 자리 숫자는 2보다 크고 4보다 작습니다.
- 십의 자리 숫자는 일의 자리 숫자보다 큽니다.
- 일의 자리 숫자는 8입니다.

(   )

19 2341에서 몇씩 5번 뛰어 세었더니 2391이 되었습니다. 몇씩 뛰어 센 것인지 풀이 과정을 쓰고 답을 구해 보세요.

풀이

답

20 건전지 1000개를 한 상자에 50개씩 담으려고 합니다. 상자가 15개 있다면 상자는 몇 개 더 필요한지 풀이 과정을 쓰고 답을 구해 보세요.

풀이

답

사고력이 반짝

● 다음과 같이 가위로 밧줄을 자르면 몇 도막이 될까요?

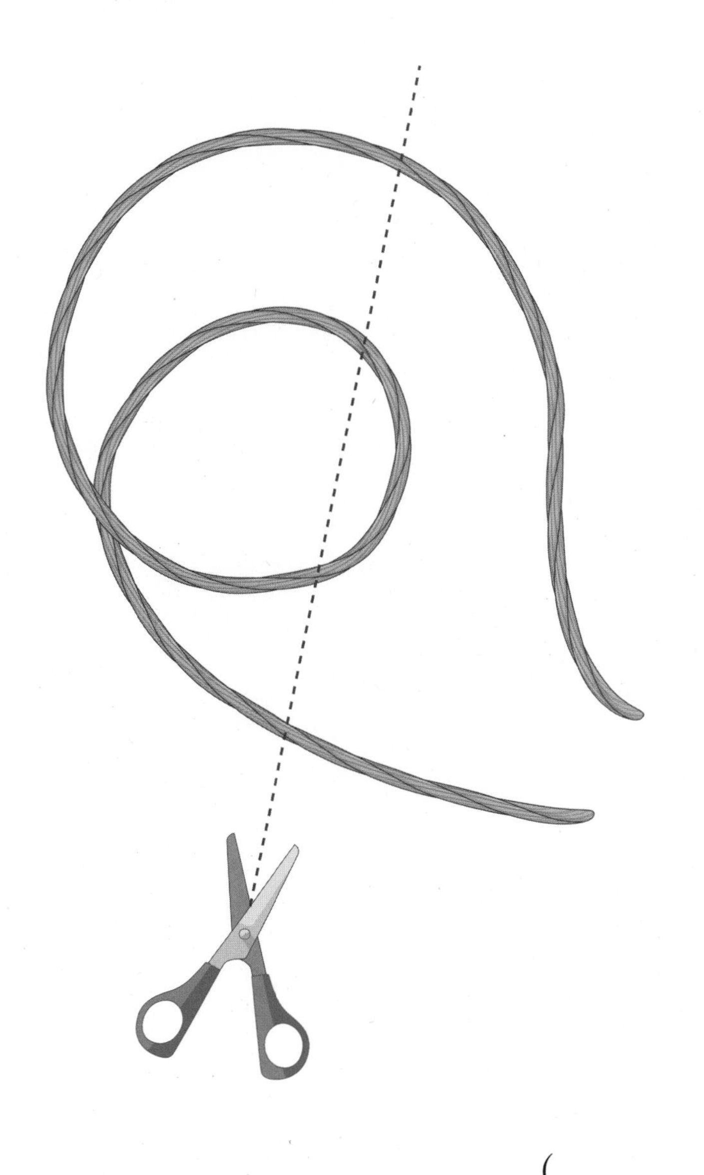

(　　　　　　　　)

2 곱셈구구

이번 단원에서
꼭 짚어야 할
핵심 개념을 알아보자.

핵심 1 2단, 5단 곱셈구구

×	1	2	3	4	5	6	7	8	9
2	2	4	6	8	10	12	14	16	18

• 2단 곱셈구구는 곱이 □씩 커진다.

×	1	2	3	4	5	6	7	8	9
5	5	10	15	20	25	30	35	40	45

• 5단 곱셈구구는 곱이 □씩 커진다.

핵심 2 3단, 6단 곱셈구구

×	1	2	3	4	5	6	7	8	9
3	3	6	9	12	15	18	21	24	27

• 3단 곱셈구구는 곱이 □씩 커진다.

×	1	2	3	4	5	6	7	8	9
6	6	12	18	24	30	36	42	48	54

• 6단 곱셈구구는 곱이 □씩 커진다.

핵심 3 4단, 8단 곱셈구구

×	1	2	3	4	5	6	7	8	9
4	4	8	12	16	20	24	28	32	36

• 4단 곱셈구구는 곱이 □씩 커진다.

×	1	2	3	4	5	6	7	8	9
8	8	16	24	32	40	48	56	64	72

• 8단 곱셈구구는 곱이 □씩 커진다.

핵심 4 7단, 9단 곱셈구구

×	1	2	3	4	5	6	7	8	9
7	7	14	21	28	35	42	49	56	63

• 7단 곱셈구구는 곱이 □씩 커진다.

×	1	2	3	4	5	6	7	8	9
9	9	18	27	36	45	54	63	72	81

• 9단 곱셈구구는 곱이 □씩 커진다.

핵심 5 1단 곱셈구구, 0의 곱

• 1×(어떤 수)=(어떤 수)
(어떤 수)×□=(어떤 수)

• 0×(어떤 수)=0
(어떤 수)×□=0

답 1. 2, 5 2. 3, 6 3. 4, 8 4. 7, 9 5. 1, 0

STEP 1 교과 개념

1. 2단 곱셈구구 알아보기

● 체리의 수 알아보기

	2씩 1묶음	$2 \times 1 = 2$
	2씩 2묶음	$2 \times 2 = 4$
	2씩 3묶음	$2 \times 3 = 6$
	2씩 4묶음	$2 \times 4 = 8$
	2씩 5묶음	$2 \times 5 = 10$

2씩 ■묶음은 2의 ■배입니다.

● 2단 곱셈구구 알아보기

×	1	2	3	4	5	6	7	8	9
2	2	4	6	8	10	12	14	16	18

+2 +2 +2 +2 +2 +2 +2 +2

➡ 2단 곱셈구구에서는 곱하는 수가 1씩 커지면 곱은 2씩 커집니다.

개념 자세히 보기

● 2×6을 계산하는 방법을 알아보아요!

방법 1 2씩 6번 더합니다.

$$2 \times 6 = 2+2+2+2+2+2 = 12$$

(6번)

방법 2 2×5에 2를 더합니다.

$$2 \times 5 = 10$$
$$2 \times 6 = 12$$

(+2)

정답과 풀이 9쪽

1 □ 안에 알맞은 수를 써넣으세요.

 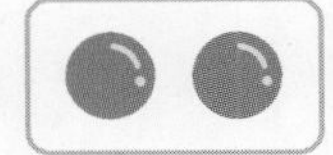 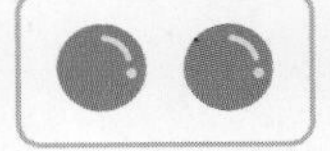 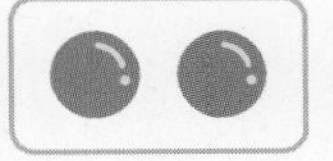 

$2 + 2 + 2 + 2 + 2 = \square$

➡ $2 \times 5 = \square$

2 그림을 보고 □ 안에 알맞은 수를 써넣으세요.

	$2 \times 2 = \square$
	$2 \times 3 = \square$
	$2 \times 4 = \square$

$+ \square$

$+ \square$

3 주사위의 눈의 수는 모두 몇인지 곱셈식으로 나타내 보세요.

	$2 \times 4 = \square$
	$2 \times \square = \square$
	$2 \times \square = \square$

4 □ 안에 알맞은 수를 써넣으세요.

① $2 \times 7 = \square$ ② $2 \times 9 = \square$

STEP 1 교과 개념

2. 5단 곱셈구구 알아보기

구슬의 수 알아보기

	5씩 1묶음	$5 \times 1 = 5$
	5씩 2묶음	$5 \times 2 = 10$
	5씩 3묶음	$5 \times 3 = 15$
	5씩 4묶음	$5 \times 4 = 20$
	5씩 5묶음	$5 \times 5 = 25$

5단 곱셈구구 알아보기

×	1	2	3	4	5	6	7	8	9
5	5	10	15	20	25	30	35	40	45

+5 +5 +5 +5 +5 +5 +5 +5

➡ 5단 곱셈구구에서는 곱하는 수가 1씩 커지면 곱은 5씩 커집니다.

개념 자세히 보기

5×6을 계산하는 방법을 알아보아요!

방법 1 5씩 6번 더합니다.

$5 \times 6 = 5 + 5 + 5 + 5 + 5 + 5 = 30$ (6번)

방법 2 5×5에 5를 더합니다.

$5 \times 5 = 25$
$5 \times 6 = 30$ (+5)

정답과 풀이 9쪽

1 그림을 보고 □ 안에 알맞은 수를 써넣으세요.

(꽃 1개)	5 × 1 = □
(꽃 2개)	5 × 2 = □
(꽃 3개)	5 × 3 = □

+ □
+ □

5단 곱셈구구에서 곱하는 수가 1씩 커지면 곱은 5씩 커져요.

2 5개씩 묶어 보고 곱셈식으로 나타내 보세요.

① 

5 × □ = □

② 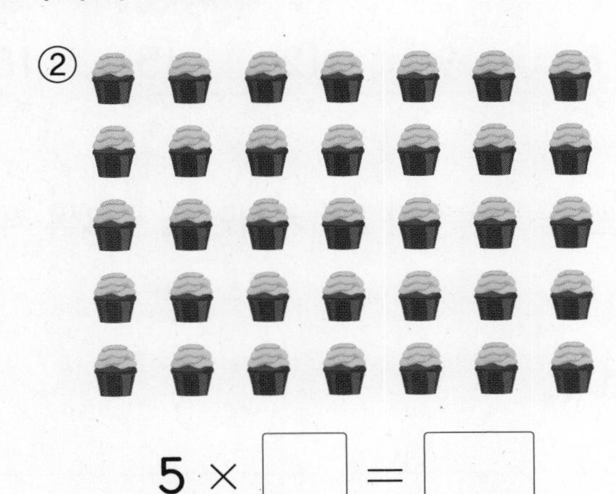

5 × □ = □

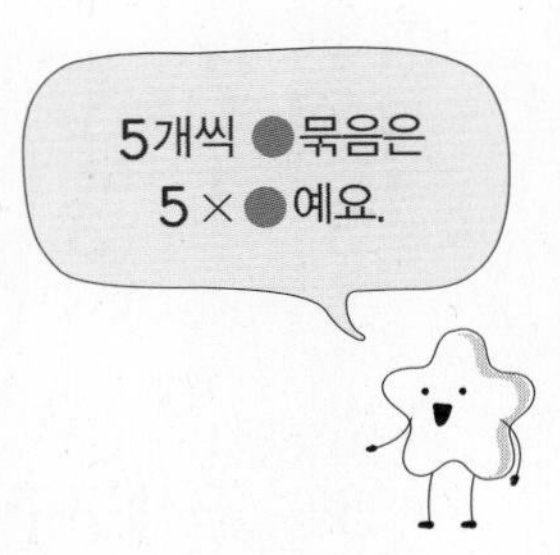

3 주사위의 눈의 수는 모두 몇인지 곱셈식으로 나타내 보세요.

(주사위 4개)	5 × 4 = □
(주사위 5개)	5 × □ = □
(주사위 8개)	5 × □ = □

STEP 1 교과개념

3. 3단, 6단 곱셈구구 알아보기

3단 곱셈구구 알아보기

	3씩 1묶음	$3 \times 1 = 3$
	3씩 2묶음	$3 \times 2 = 6$
	3씩 3묶음	$3 \times 3 = 9$
	3씩 4묶음	$3 \times 4 = 12$

×	1	2	3	4	5	6	7	8	9
3	3	6	9	12	15	18	21	24	27

+3 +3 +3 +3 +3 +3 +3 +3

➡ 3단 곱셈구구에서는 곱하는 수가 1씩 커지면 곱은 3씩 커집니다.

6단 곱셈구구 알아보기

	6씩 1묶음	$6 \times 1 = 6$
	6씩 2묶음	$6 \times 2 = 12$
	6씩 3묶음	$6 \times 3 = 18$
	6씩 4묶음	$6 \times 4 = 24$

×	1	2	3	4	5	6	7	8	9
6	6	12	18	24	30	36	42	48	54

+6 +6 +6 +6 +6 +6 +6 +6

➡ 6단 곱셈구구에서는 곱하는 수가 1씩 커지면 곱은 6씩 커집니다.

정답과 풀이 10쪽

1 그림을 보고 □ 안에 알맞은 수를 써넣으세요.

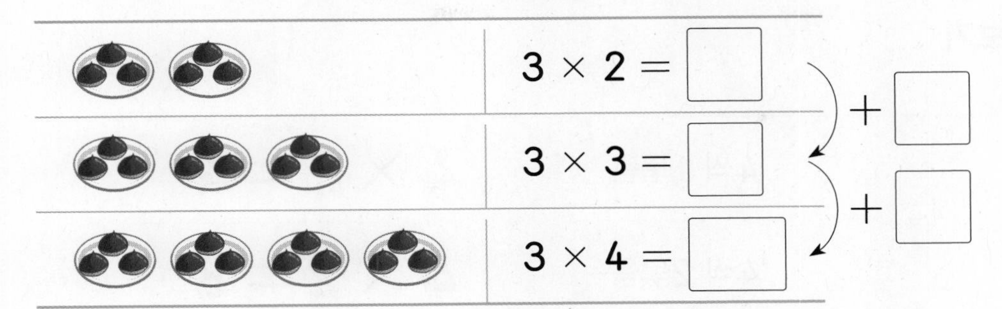

$3 \times 2 = \square$) $+\square$

$3 \times 3 = \square$) $+\square$

$3 \times 4 = \square$

3단 곱셈구구에서 곱하는 수가 1씩 커지면 곱은 3씩 커져요.

2 6×3을 계산하는 방법을 설명하려고 합니다. □ 안에 알맞은 수를 써넣으세요.

① 6을 3번 더합니다.

$6 \times 3 = 6 + \square + \square = \square$

② 6×2에 6을 더합니다.

$6 \times 2 = 12$) $+\square$

$6 \times 3 = \square$

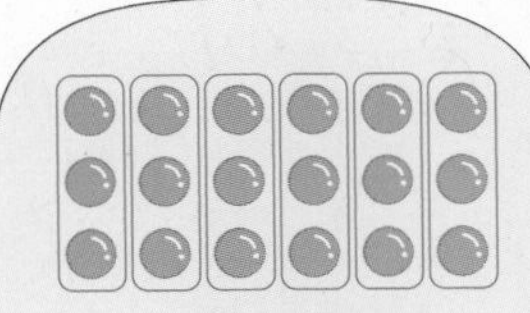

6씩 3묶음은 3씩 6묶음과 같으므로 3단 곱셈구구로 계산할 수도 있어요.

3 ②와 같은 방법으로 3×5를 계산해 보세요.

① $3 \times 5 = 3 + \square + \square + \square + \square$

$= \square$

② $3 \times 4 = 12$) $+\square$

$3 \times 5 = \square$

4 마카롱은 모두 몇 개인지 곱셈식으로 나타내 보세요.

$3 \times \square = \square$, $6 \times \square = \square$

같은 수라도 묶는 방법에 따라 곱셈식이 달라져요.

STEP 1 교과 개념

4. 4단, 8단 곱셈구구 알아보기

● 4단 곱셈구구 알아보기

4씩 1묶음	$4 \times 1 = 4$
4씩 2묶음	$4 \times 2 = 8$
4씩 3묶음	$4 \times 3 = 12$
4씩 4묶음	$4 \times 4 = 16$

×	1	2	3	4	5	6	7	8	9
4	4	8	12	16	20	24	28	32	36

+4 +4 +4 +4 +4 +4 +4 +4

➡ 4단 곱셈구구에서는 곱하는 수가 1씩 커지면 곱은 4씩 커집니다.

● 8단 곱셈구구 알아보기

8씩 1묶음	$8 \times 1 = 8$
8씩 2묶음	$8 \times 2 = 16$
8씩 3묶음	$8 \times 3 = 24$
8씩 4묶음	$8 \times 4 = 32$

×	1	2	3	4	5	6	7	8	9
8	8	16	24	32	40	48	56	64	72

+8 +8 +8 +8 +8 +8 +8 +8

➡ 8단 곱셈구구에서는 곱하는 수가 1씩 커지면 곱은 8씩 커집니다.

➔ 정답과 풀이 10쪽

1 그림을 보고 □ 안에 알맞은 수를 써넣으세요.

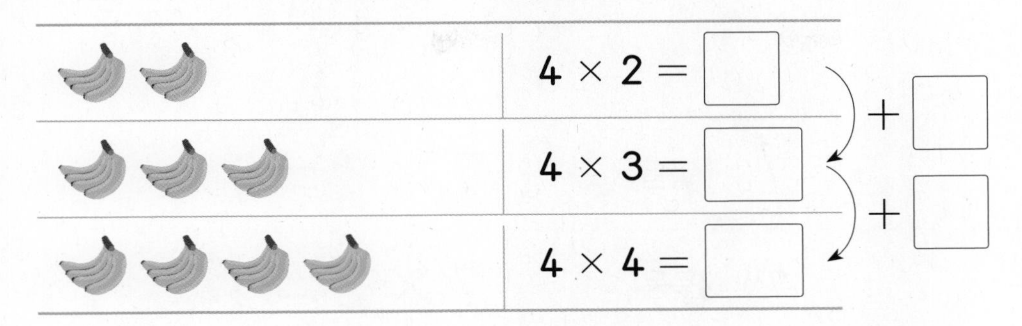

4단 곱셈구구에서 곱하는 수가 1씩 커지면 곱은 4씩 커져요.

2 8 × 6을 계산하는 방법을 설명하려고 합니다. □ 안에 알맞은 수를 써넣으세요.

8×6은 8×3을 두 번 더해서 구할 수도 있어요.

① 8을 6번 더합니다.

$8 \times 6 = 8 + \square + \square + \square + \square + \square$

$= \square$

② 8 × 5에 8을 더합니다.

$8 \times 5 = 40$ ↘ $+ \square$

$8 \times 6 = \square$

2

3 우유는 모두 몇 개인지 구하려고 합니다. □ 안에 알맞은 수를 써넣으세요.

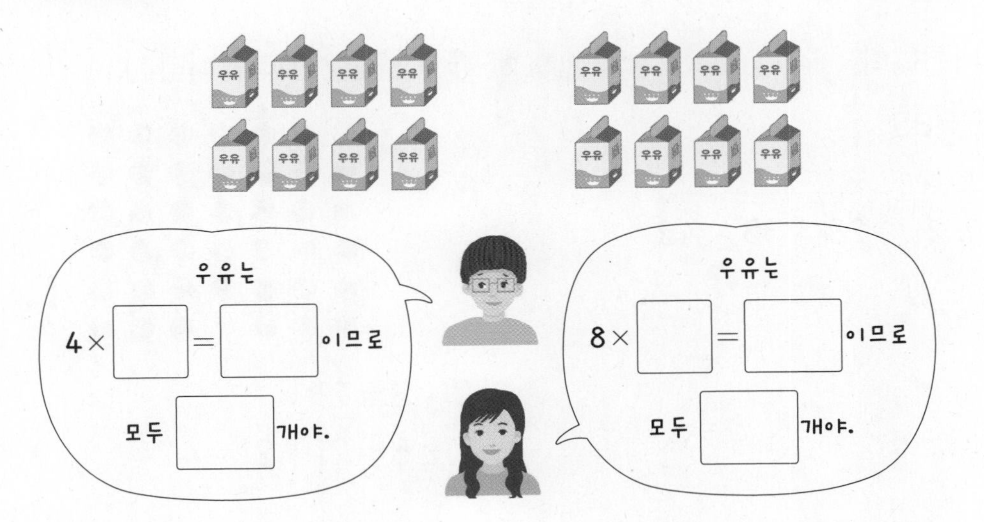

묶는 방법에 따라 다른 곱셈식으로 나타낼 수 있어요.

STEP 1 교과 개념

5. 7단 곱셈구구 알아보기

● 어묵의 수 알아보기

	7씩 1묶음	$7 \times 1 = 7$
	7씩 2묶음	$7 \times 2 = 14$
	7씩 3묶음	$7 \times 3 = 21$
	7씩 4묶음	$7 \times 4 = 28$
	7씩 5묶음	$7 \times 5 = 35$

● 7단 곱셈구구 알아보기

×	1	2	3	4	5	6	7	8	9
7	7	14	21	28	35	42	49	56	63

+7 +7 +7 +7 +7 +7 +7 +7

➡ 7단 곱셈구구에서는 곱하는 수가 1씩 커지면 곱은 7씩 커집니다.

개념 자세히 보기

● 7×6을 계산하는 방법을 알아보아요!

방법 1 7×5에 7을 더합니다.

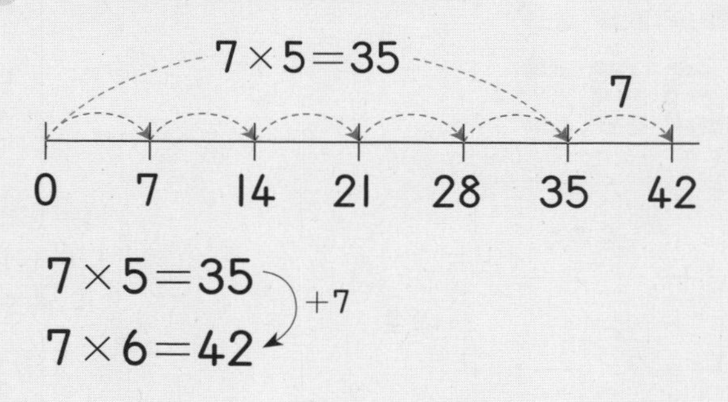

$7 \times 5 = 35$
+7
$7 \times 6 = 42$

방법 2 7×3을 2번 더합니다.

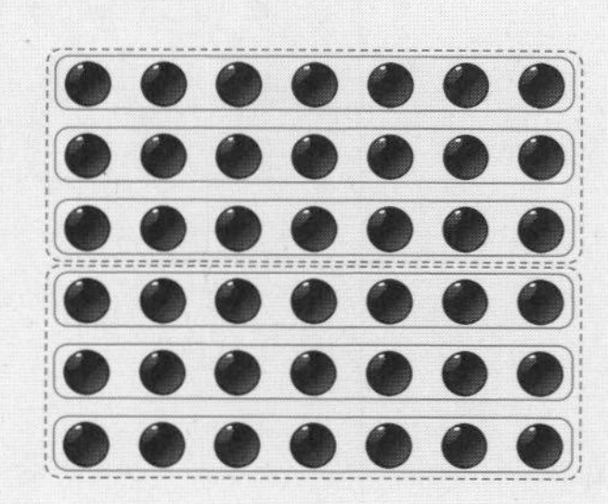

$7 \times 3 = 21$

$7 \times 6 = 21 + 21 = 42$

➔ 정답과 풀이 10쪽

1 그림을 보고 □ 안에 알맞은 수를 써넣으세요.

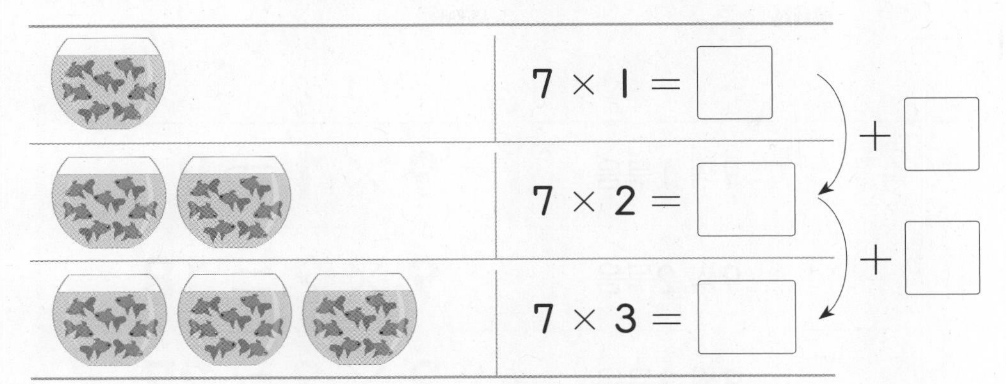

	$7 \times 1 =$ □
	$7 \times 2 =$ □
	$7 \times 3 =$ □

+ □

+ □

7단 곱셈구구에서
곱하는 수가 1씩 커지면
곱은 7씩 커져요.

2 7개씩 묶어 보고 곱셈식으로 나타내 보세요.

①

$7 \times$ □ $=$ □

②

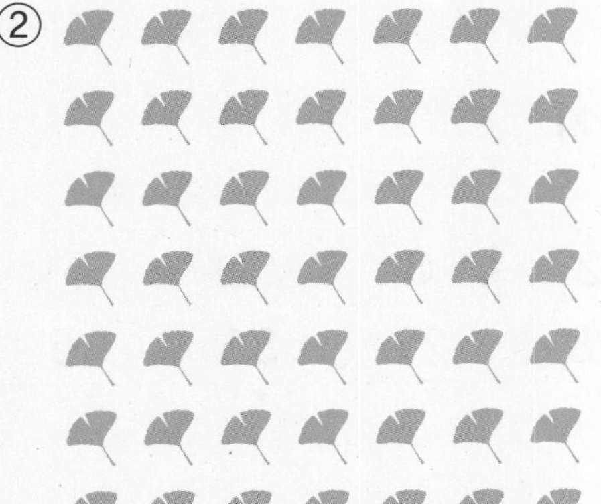

$7 \times$ □ $=$ □

7개씩 ●묶음은
7×●예요.

3 토마토는 모두 몇 개인지 곱셈식으로 나타내 보세요.

	$7 \times 3 =$ □
	$7 \times$ □ $=$ □
	$7 \times$ □ $=$ □

STEP 1 교과 개념

6. 9단 곱셈구구 알아보기

● 사과의 수 알아보기

	9씩 1묶음	$9 \times 1 = 9$
	9씩 2묶음	$9 \times 2 = 18$
	9씩 3묶음	$9 \times 3 = 27$
	9씩 4묶음	$9 \times 4 = 36$
	9씩 5묶음	$9 \times 5 = 45$

● 9단 곱셈구구 알아보기

$\times$	1	2	3	4	5	6	7	8	9
9	9	18	27	36	45	54	63	72	81

+9 +9 +9 +9 +9 +9 +9 +9

➡ 9단 곱셈구구에서는 곱하는 수가 1씩 커지면 곱은 9씩 커집니다.

개념 자세히 보기

● 9×6을 계산하는 방법을 알아보아요!

방법 1 9×5에 9를 더합니다.

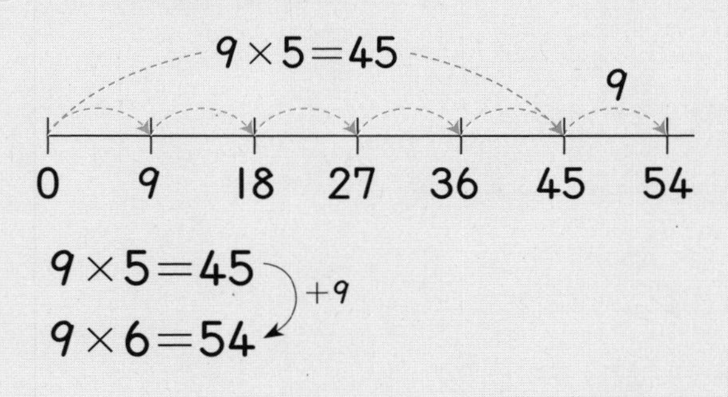

방법 2 9×2와 9×4를 더합니다.

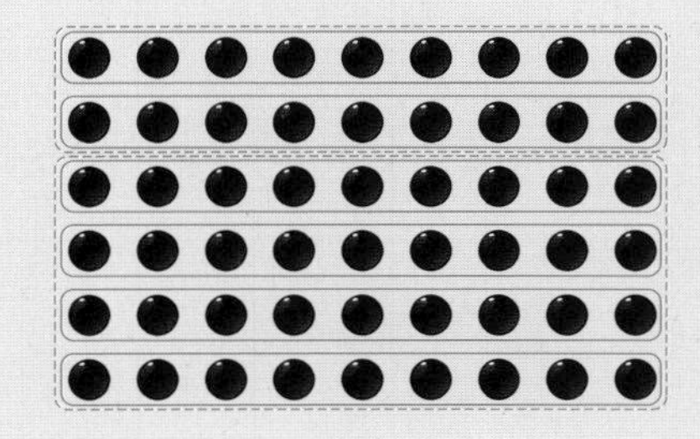

$9 \times 2 = 18$, $9 \times 4 = 36$

$9 \times 6 = 18 + 36 = 54$

➔ 정답과 풀이 10쪽

1 그림을 보고 □ 안에 알맞은 수를 써넣으세요.

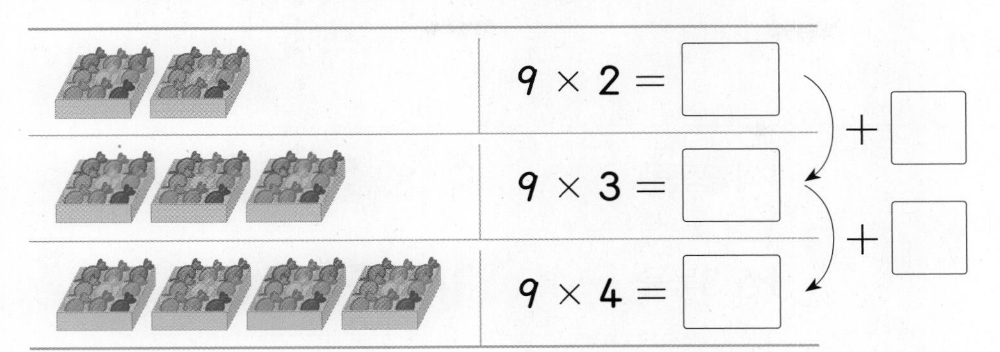

9단 곱셈구구에서 곱하는 수가 1씩 커지면 곱은 9씩 커져요.

2 □ 안에 알맞은 수를 써넣으세요.

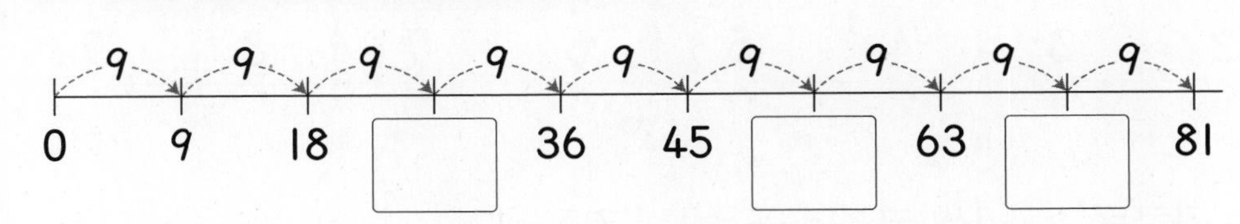

9씩 뛰어 세어 보아요.

3 구슬은 모두 몇 개인지 곱셈식으로 나타내 보세요.

	9 × 4 = □
	9 × □ = □
	9 × □ = □

4 □ 안에 알맞은 수를 써넣으세요.

① 9 × 7 = □ ② 9 × 9 = □

7. 1단 곱셈구구, 0의 곱 알아보기

● 1단 곱셈구구 알아보기

	1씩 2묶음	$1 \times 2 = 2$
	1씩 3묶음	$1 \times 3 = 3$
	1씩 4묶음	$1 \times 4 = 4$
	1씩 5묶음	$1 \times 5 = 5$

×	1	2	3	4	5	6	7	8	9
1	1	2	3	4	5	6	7	8	9

+1 +1 +1 +1 +1 +1 +1 +1

➡ 1단 곱셈구구에서는 곱하는 수가 1씩 커지면 곱은 1씩 커집니다.

● 0의 곱 알아보기

	0씩 2묶음	$0 \times 2 = 0$
	0씩 3묶음	$0 \times 3 = 0$
	0씩 4묶음	$0 \times 4 = 0$
	0씩 5묶음	$0 \times 5 = 0$

개념 자세히 보기

● 1과 어떤 수의 곱, 0과 어떤 수의 곱을 알아보아요!

- 1과 어떤 수의 곱은 항상 어떤 수입니다.
  ➡ 1×(어떤 수)=(어떤 수)
  (어떤 수)×1=(어떤 수)

- 0과 어떤 수의 곱은 항상 0입니다.
  ➡ 0×(어떤 수)=0
  (어떤 수)×0=0

1 그림을 보고 □ 안에 알맞은 수를 써넣으세요.

(케이크 2개)	$1 \times 2 = \square$
(케이크 3개)	$1 \times 3 = \square$
(케이크 4개)	$1 \times 4 = \square$

$+\square$, $+\square$

2 연필꽂이에 꽂혀 있는 연필은 모두 몇 자루인지 곱셈식으로 나타내 보세요.

$0 \times \square = \square$

3 □ 안에 알맞은 수를 써넣으세요.

① $1 \times 2 = \square$ ② $9 \times 1 = \square$

③ $0 \times 5 = \square$ ④ $3 \times 0 = \square$

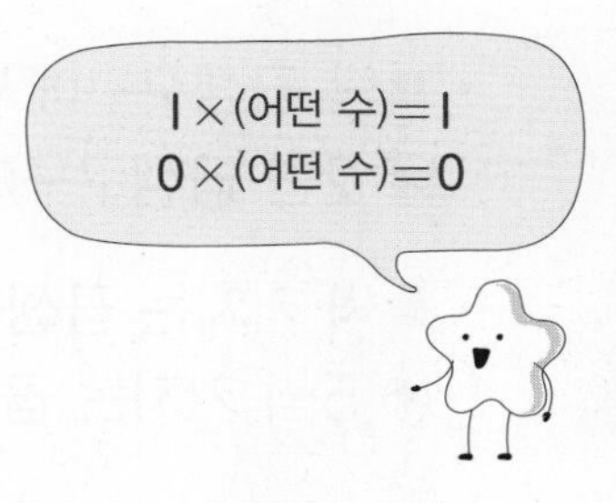

4 현수가 화살 10개를 쏘았습니다. 빈칸에 알맞은 곱셈식을 써넣고, 현수가 얻은 점수를 알아보세요.

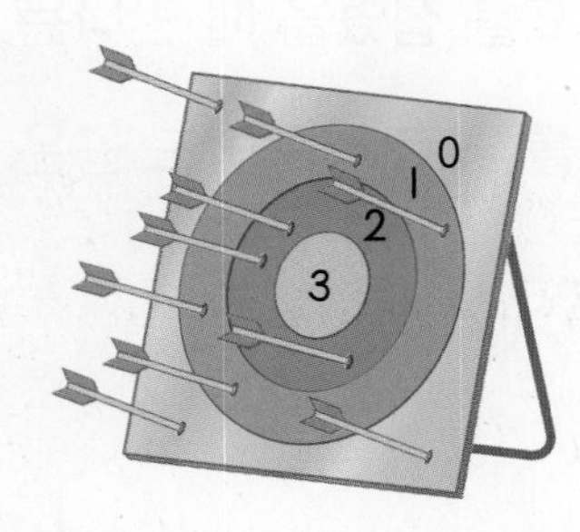

과녁에 적힌 수	0	1	2	3
맞힌 화살 수(개)	3	4	3	0
점수(점)	$0 \times 3 = 0$		$2 \times 3 = 6$	

현수가 얻은 점수: $0 + \square + 6 + \square = \square$ (점)

STEP 1 교과 개념

8. 곱셈표 만들기

● 곱셈표 만들기

세로줄과 가로줄의 수가 만나는 칸에 두 수의 곱을 써넣은 표입니다.

×	0	1	2	3	4	5	6	7	8	9
0	0	0	0	0	0	0	0	0	0	0
1	0	1	2	3	4	5	6	7	8	9
2	0	2	4	6	8	10	12	14	16	18
3	0	3	6	9	12	15	18	21	24	27
4	0	4	8	12	16	20	24	28	32	36
5	0	5	10	15	20	25	30	35	40	45
6	0	6	12	18	24	30	36	42	48	54
7	0	7	14	21	28	35	42	49	56	63
8	0	8	16	24	32	40	48	56	64	72
9	0	9	18	27	36	45	54	63	72	81

곱이 2씩 커집니다. 2단 곱셈구구입니다.

5단 곱셈구구에서 곱의 일의 자리 숫자는 0, 5가 반복됩니다.

- ■단 곱셈구구에서는 곱이 ■씩 커집니다.
  예 2단 곱셈구구에서는 곱이 2씩 커집니다.
- ■씩 커지는 곱셈구구는 ■단 곱셈구구입니다.
  예 5씩 커지는 곱셈구구는 5단 곱셈구구입니다.
- 빨간 선 위의 수들은 같은 수를 두 번 곱한 수입니다. ➡ $1\times1=1$, $2\times2=4$, $3\times3=9$, ...
- 빨간 선을 따라 곱셈표를 접었을 때 만나는 곱셈구구의 곱이 같습니다.
- 곱하는 두 수의 순서를 서로 바꾸어도 곱은 같습니다.
  예 $5\times8=$ 40
  $8\times5=$ 40
  서로 같습니다.
- 곱이 같은 곱셈구구를 여러 가지 찾을 수 있습니다.
  예 $2\times8=$ 16
  $4\times4=$ 16
  $8\times2=$ 16

➲ 정답과 풀이 11쪽

1 곱셈표를 보고 물음에 답하세요.

×	2	3	4	5	6	7	8	9
2	4	6	8	10	12			18
3				15	18	21	24	
4	8	12			24		32	36
5	10	15	20	25	30		40	45
6			24	30	36	42		
7	14	21	28				56	63
8	16	24	32		48	56		72
9				45	54			

① 빈칸에 알맞은 수를 써넣어 곱셈표를 완성해 보세요.

② 7단 곱셈구구는 곱이 얼마씩 커질까요?

( )

③ 9씩 커지는 곱셈구구는 몇 단 곱셈구구일까요?

( )

④ 알맞은 말에 ○표 하세요.

4 × 5와 5 × 4의 곱은 (같습니다 , 다릅니다).

⑤ 곱셈표에서 8 × 6과 곱이 같은 곱셈구구를 찾아 써 보세요.

( )

2 곱셈표를 완성해 보세요.

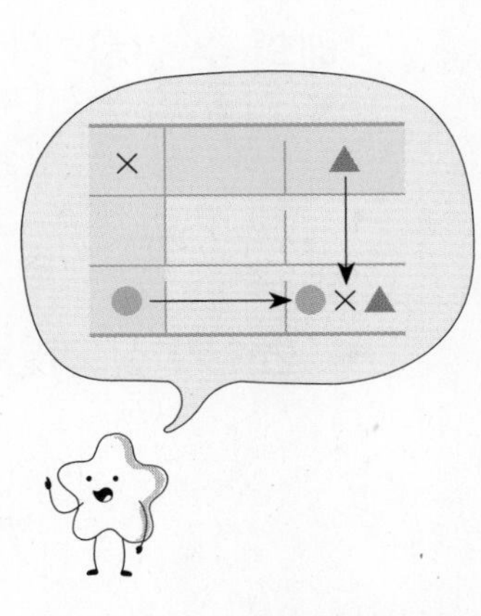

①

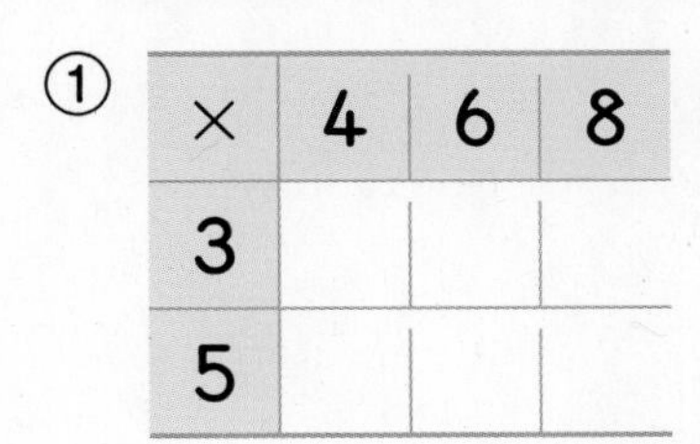

×	4	6	8
3			
5			

②

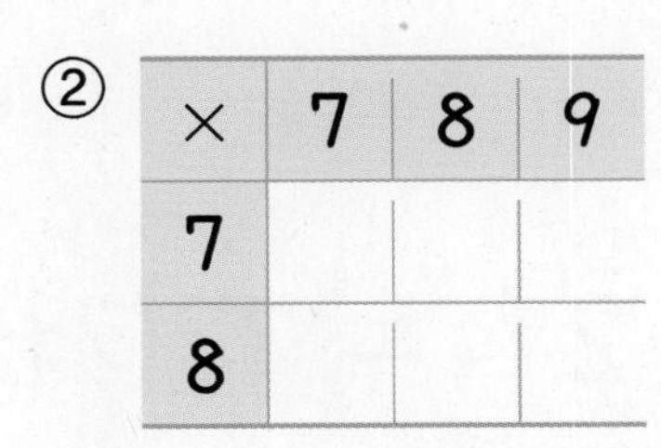

×	7	8	9
7			
8			

STEP 1 교과 개념

9. 곱셈구구를 이용하여 문제 해결하기

● **곱셈구구를 이용하여 의자의 수 구하기**

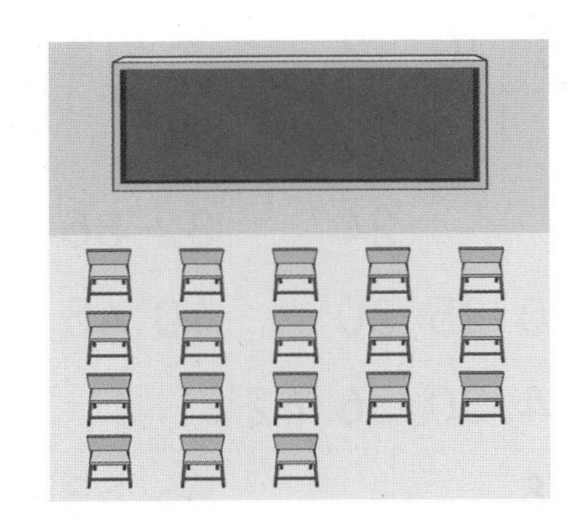

방법 1 3×4와 2×3을 더합니다.

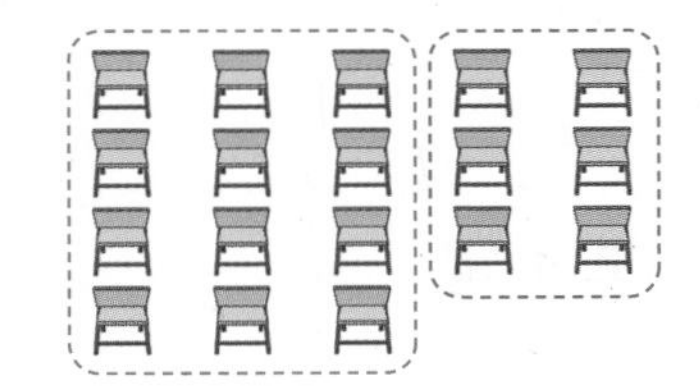

$3\times4=12$, $2\times3=6$이므로
의자는 $12+6=18$(개)입니다.

방법 2 5×4에서 2를 뺍니다.

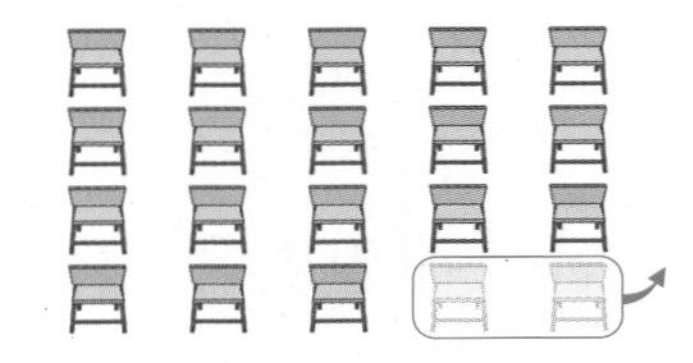

$5\times4=20$이므로
의자는 $20-2=18$(개)입니다.

개념 자세히 보기

● **곱셈과 덧셈을 이용하여 문제를 해결해 보아요!**

과일 가게에서 복숭아는 한 상자에 8개씩, 배는 한 상자에 7개씩 담아서 팔고 있습니다.
현수는 복숭아 2상자와 배 3상자를 샀습니다. 현수가 산 과일은 모두 몇 개일까요?

• 복숭아의 수 구하기

(한 상자에 들어 있는 복숭아의 수) (상자의 수)

8 × **2** = **16**(개)

• 배의 수 구하기

(한 상자에 들어 있는 배의 수) (상자의 수)

7 × **3** = **21**(개)

➡ 현수가 산 과일의 수 구하기

(복숭아의 수) (배의 수)

16 + **21** = **37**(개)

➡ 정답과 풀이 11쪽

① 연필꽂이 한 개에 연필이 6자루씩 꽂혀 있습니다. 연필꽂이 7개에 꽂혀 있는 연필은 모두 몇 자루일까요?

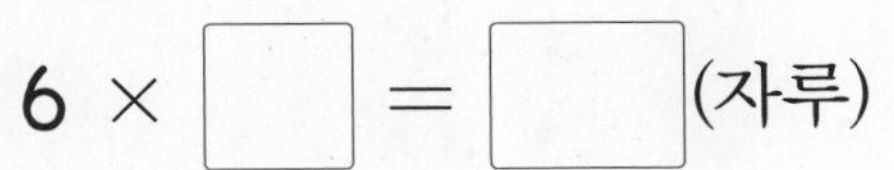

6 × ☐ = ☐(자루)

② 연석이는 한 묶음에 8권씩 묶여 있는 공책을 5묶음 샀습니다. 연석이가 산 공책은 모두 몇 권일까요?

(한 묶음의 공책의 수) ☐ × (묶음의 수) ☐ = ☐(권)

③ 민규의 나이는 9살입니다. 민규 어머니의 나이는 민규 나이의 4배입니다. 민규 어머니의 나이는 몇 살인지 구해 보세요.

곱셈식 ....

답 ....

④ 곱셈구구를 이용하여 과자는 모두 몇 개인지 구해 보세요.

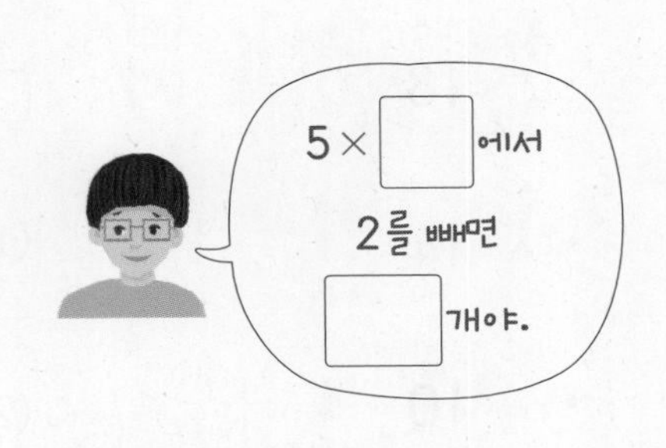

STEP 2 꼭 나오는 유형

1 2단 곱셈구구

1 □ 안에 알맞은 수를 써넣으세요.

$2+2+2+2+2+2+2=\square$

➡ $2 \times \square = \square$

2 □ 안에 알맞은 수를 써넣으세요.

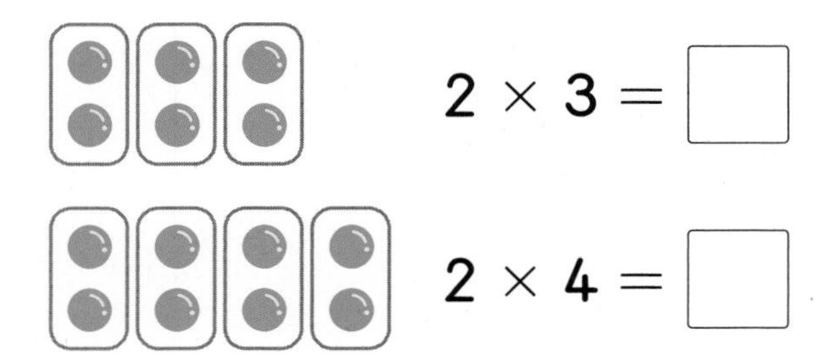

$2 \times 3 = \square$

$2 \times 4 = \square$

3 수직선을 보고 □ 안에 알맞은 수를 써넣으세요.

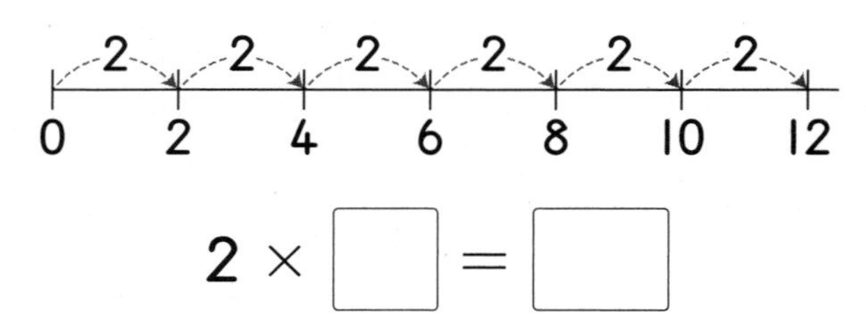

$2 \times \square = \square$

4 2단 곱셈구구의 값을 찾아 이어 보세요.

2×5 ·	· 18
2×9 ·	· 14
2×7 ·	· 10

5 오리의 다리는 2개입니다. 오리 4마리의 다리는 모두 몇 개일까요?

(　　　　　　　)

6 2×8은 2×6보다 얼마나 더 큰지 ○를 그려서 나타내고, □ 안에 알맞은 수를 써넣으세요.

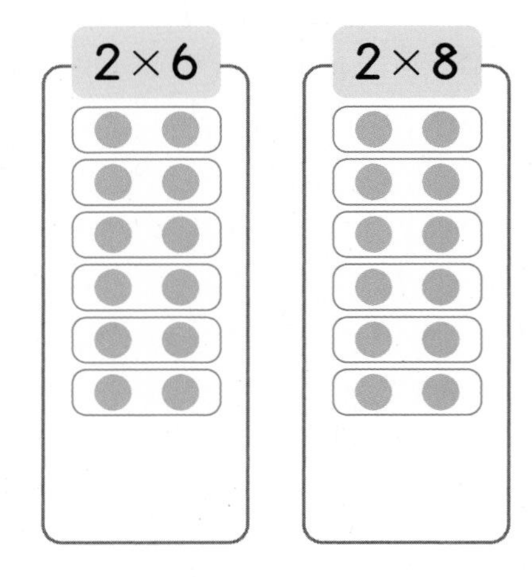

$2 \times 6 = \square$입니다. 2×8은 2×6보다 □씩 □묶음이 더 많으므로 □만큼 더 큽니다.

7 □ 안에 알맞은 수를 써넣으세요.

(1) $2 \times 5 = 5 \times \square$

(2) $2 \times 9 = 9 \times \square$

2 5단 곱셈구구

8 사탕은 몇 개인지 곱셈식으로 나타내 보세요.

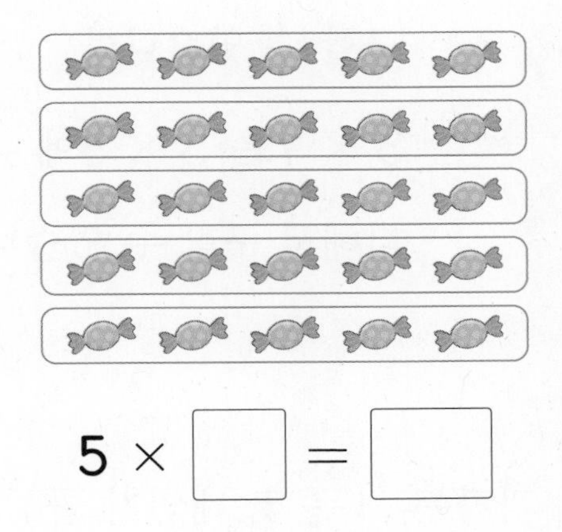

5 × □ = □

9 □ 안에 알맞은 수를 써넣으세요.

5 + 5 + 5 + 5 = □

➜ 5 × □ = □

10 5단 곱셈구구의 곱을 모두 찾아 색칠해 보세요.

1	2	3	4	5	6
7	8	9	10	11	12
13	14	15	16	17	18
19	20	21	22	23	24

11 □ 안에 알맞은 수를 써넣으세요.

(1) 5 × 2 = □

(2) 5 × 9 = □

내가 만드는 문제

12 □ 안에 한 자리 수를 써넣어 곱셈식을 만들고, 곱셈식에 맞게 ○를 그려 보세요.

5 × □ = □

서술형

13 상자 한 개의 길이는 5 cm입니다. 상자 7개의 길이는 몇 cm인지 풀이 과정을 쓰고 답을 구해 보세요.

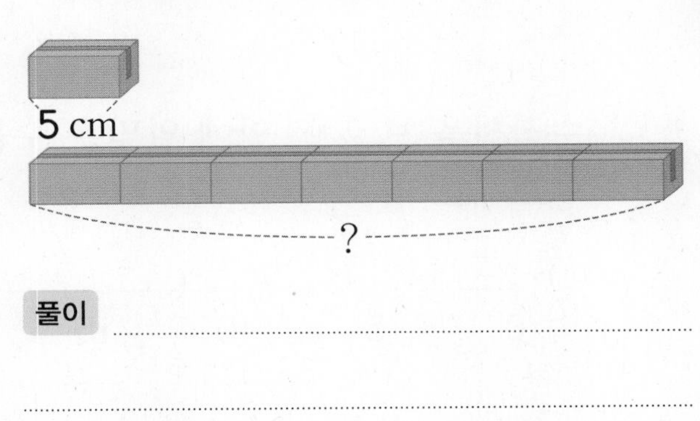

풀이 ....

....

....

답 ....

14 □ 안에 알맞은 수를 써넣으세요.

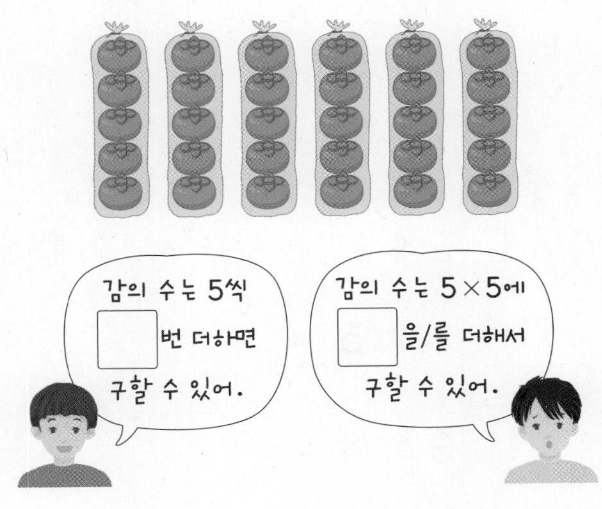

③ 3단 곱셈구구

15 연결 모형은 모두 몇 개인지 곱셈식으로 나타내 보세요.

(1) 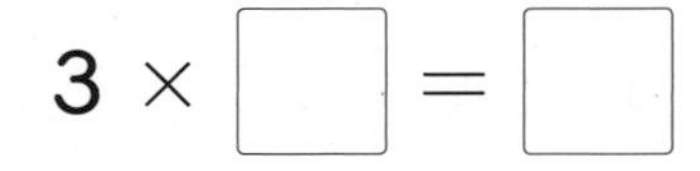

3 × □ = □

(2)

3 × □ = □

16 수직선을 보고 □ 안에 알맞은 수를 써넣으세요.

(1) 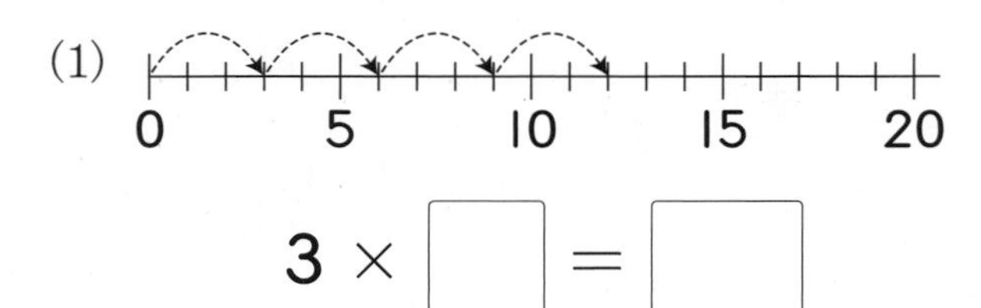

3 × □ = □

(2) 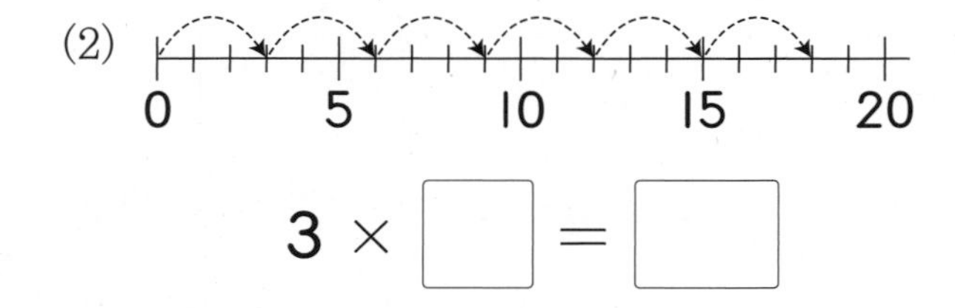

3 × □ = □

17 □ 안에 알맞은 수를 써넣으세요.

(1) 3 × 5 = □

(2) 3 × 8 = □

18 3 × 7을 계산하는 방법입니다. □ 안에 알맞은 수를 써넣으세요.

방법 1 3 × 7은 3씩 □번 더해서 구할 수 있습니다.

방법 2 3 × 7은 3 × 6에 □을/를 더해서 구할 수 있습니다.

19 과자는 모두 몇 개인지 곱셈식으로 나타내 보세요.

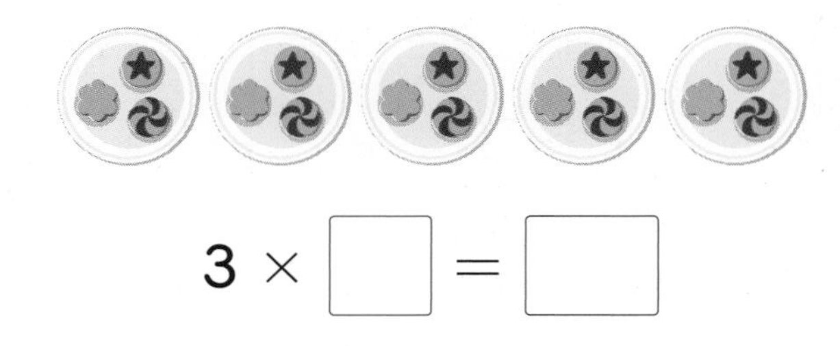

3 × □ = □

20 곱셈식이 옳게 되도록 이어 보세요.

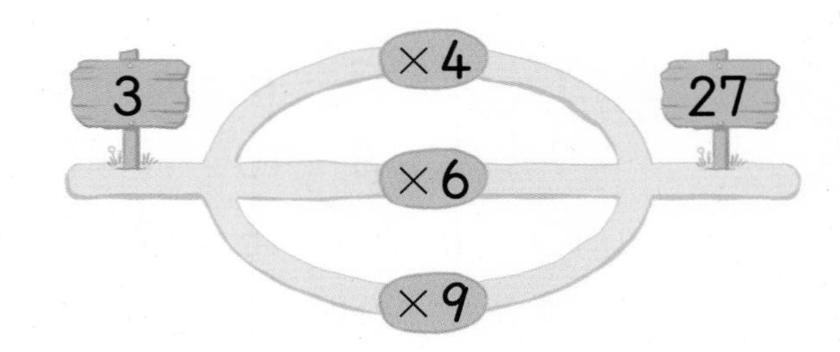

21 곱의 크기를 비교하여 ○ 안에 >, =, <를 알맞게 써넣으세요.

3 × 5 ○ 2 × 6

4 6단 곱셈구구

22 □ 안에 알맞은 수를 써넣으세요.

$6 \times 5 = \square$ ＋□

$6 \times 6 = \square$ ＋□

$6 \times 7 = \square$

23 빈칸에 알맞은 수를 써넣으세요.

×	1	3	6	8
6				

24 귤은 모두 몇 개인지 곱셈식으로 나타내 보세요.

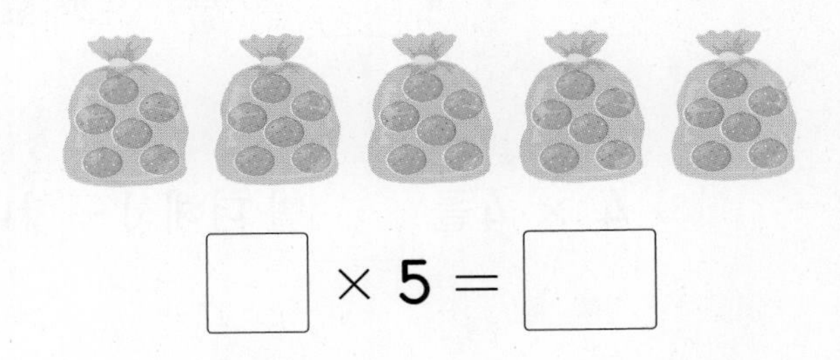

$\square \times 5 = \square$

25 □ 안에 알맞은 수를 구해 보세요.

$6 \times \square = 48$

(　　　　　　)

내가 만드는 문제

26 학용품을 묶음으로만 판다고 합니다. 어떤 학용품을 몇 묶음 살지 정하고 □ 안에 알맞은 수를 써넣으세요.

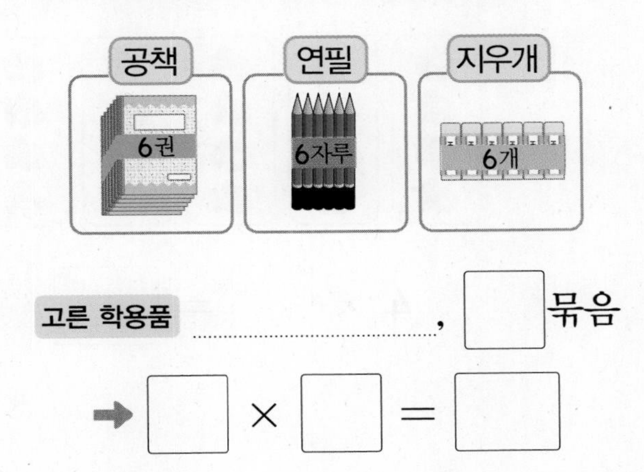

고른 학용품 ...., □묶음

➜ $\square \times \square = \square$

27 바둑돌의 수를 바르게 구한 것을 모두 찾아 기호를 써 보세요.

●●● ●●● ●●● ●●●
●●● ●●● ●●● ●●●

㉠ 6씩 4번 더해서 구합니다.
㉡ 3×6의 곱으로 구합니다.
㉢ 6×3에 6을 더해서 구합니다.

(　　　　　　)

서술형

28 구슬을 승우는 50개, 민호는 한 봉지에 6개씩 9봉지 가지고 있습니다. 구슬을 더 많이 가지고 있는 사람은 누구인지 풀이 과정을 쓰고 답을 구해 보세요.

풀이 ....

답 ....

5 4단 곱셈구구

29 □ 안에 알맞은 수를 써넣으세요.

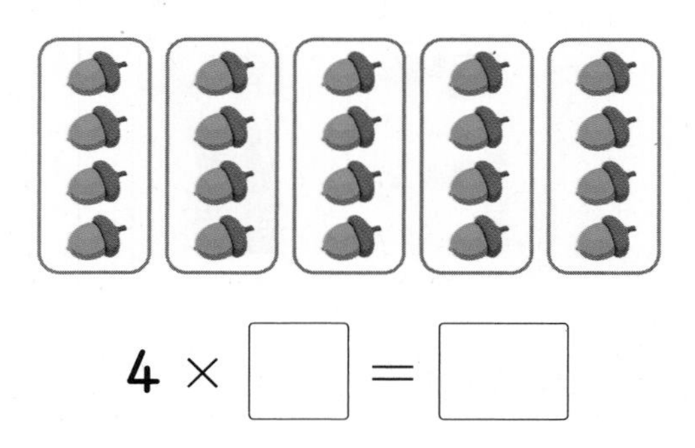

$4 \times \square = \square$

30 꽃은 모두 몇 송이인지 곱셈식으로 나타내 보세요.

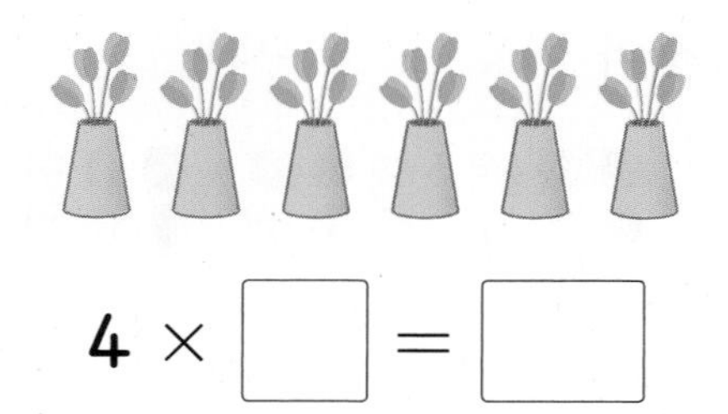

$4 \times \square = \square$

31 □ 안에 알맞은 수를 써넣으세요.

$4 \times \square$ 은/는 4×6보다 4만큼 더 큽니다.

32 ○ 안에 >, =, <를 알맞게 써넣으세요.

(1) 4×5 ○ 18

(2) 4×9 ○ 37

내가 만드는 문제

33 □ 안에 한 자리 수를 써넣어 곱셈식을 만들고, 곱셈식에 맞게 ○를 그려 보세요.

$4 \times \square = \square$

34 4×8을 계산하는 방법입니다. □ 안에 알맞은 수를 써넣으세요.

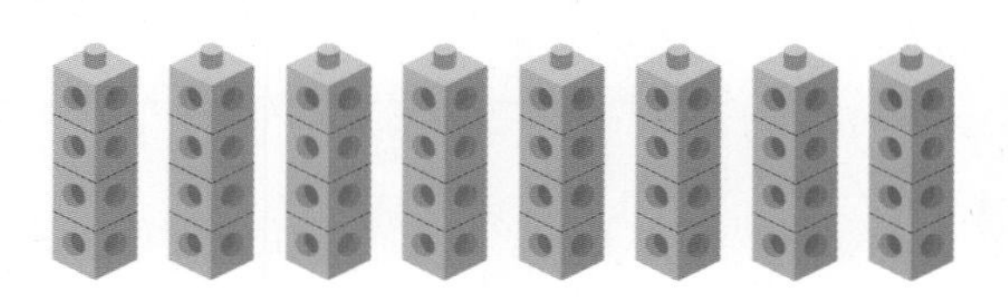

(1) 4를 □번 더해서 구합니다.

(2) 4×7에 □을/를 더해서 구합니다.

(3) 4×4를 □번 더해서 구합니다.

35 □ 안에 알맞은 수를 써넣으세요.

$4 \times \square = 2 \times 2$

$4 \times \square = 2 \times 4$

$4 \times \square = 2 \times 6$

6 8단 곱셈구구

36 □ 안에 알맞은 수를 써넣으세요.

8 + 8 + 8 + 8 + 8 = □

➡ 8 × □ = □

37 거미의 다리는 모두 몇 개인지 곱셈식으로 나타내 보세요.

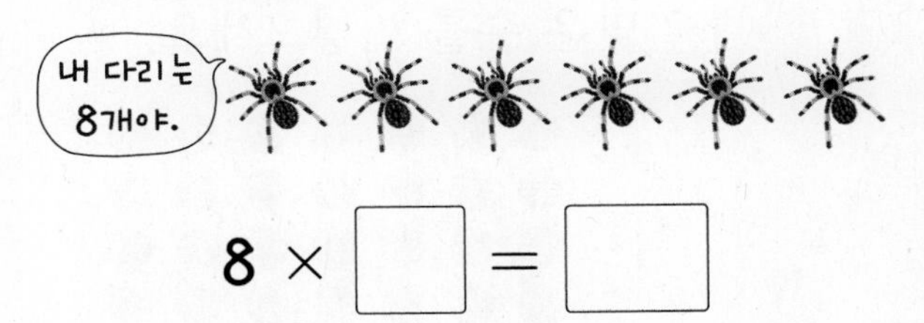

8 × □ = □

38 4단 곱셈구구의 곱에는 ○표, 8단 곱셈구구의 곱에는 △표 하세요.

1	2	3	4	5	6	7
8	9	10	11	12	13	14
15	16	17	18	19	20	21
22	23	24	25	26	27	28

39 □ 안에 알맞은 수를 써넣으세요.

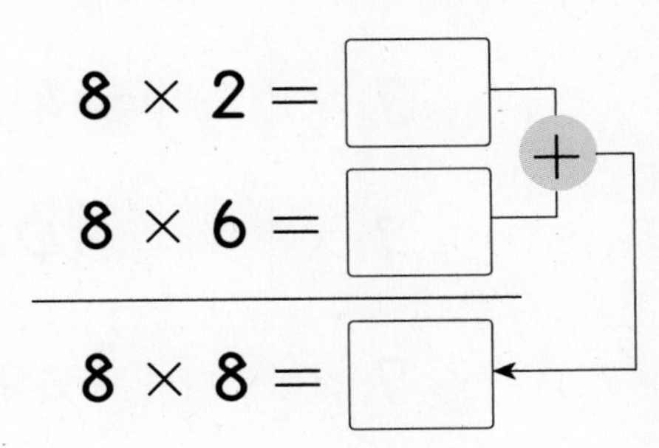

40 □ 안에 알맞은 수를 써넣으세요.

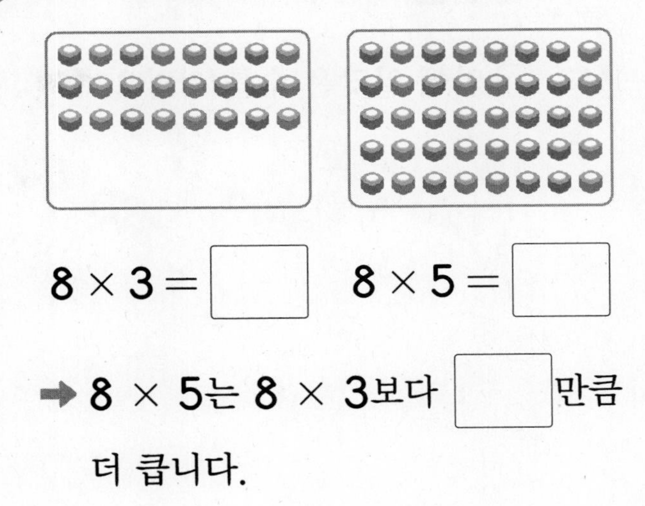

8 × 3 = □　　8 × 5 = □

➡ 8 × 5는 8 × 3보다 □만큼 더 큽니다.

2

서술형

41 ㉠과 ㉡에 알맞은 수는 얼마인지 풀이 과정을 쓰고 답을 구해 보세요.

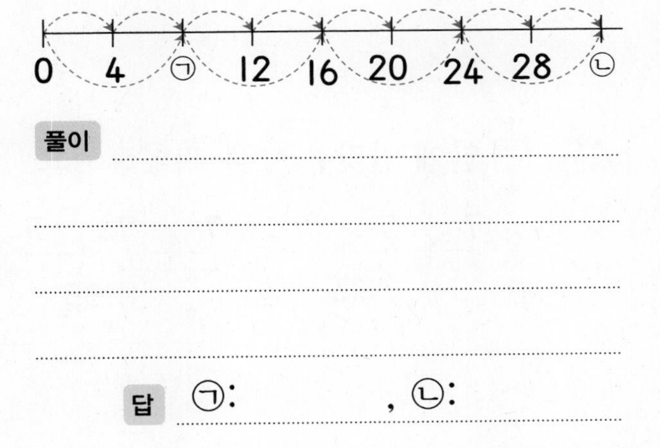

풀이

답 ㉠: , ㉡:

42 □ 안에 알맞은 수를 써넣으세요.

4 × 2 = 8 × □

4 × 4 = 8 × □

4 × 6 = 8 × □

7 7단 곱셈구구

43 □ 안에 알맞은 수를 써넣으세요.

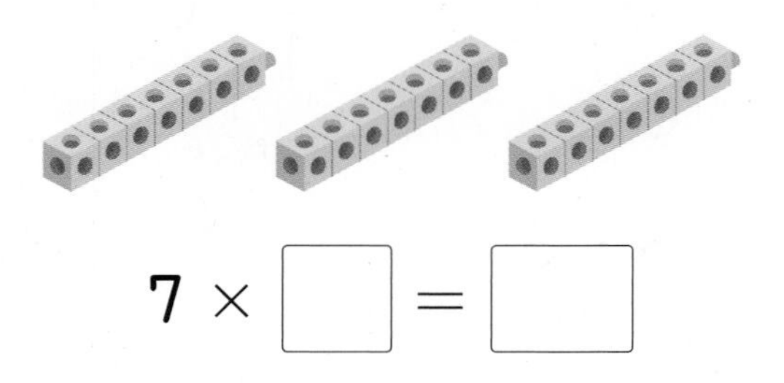

7 × □ = □

44 □ 안에 알맞은 수를 써넣으세요.

7 × 4 = □

7 × 5 = □ + □

45 □ 안에 알맞은 수를 써넣으세요.

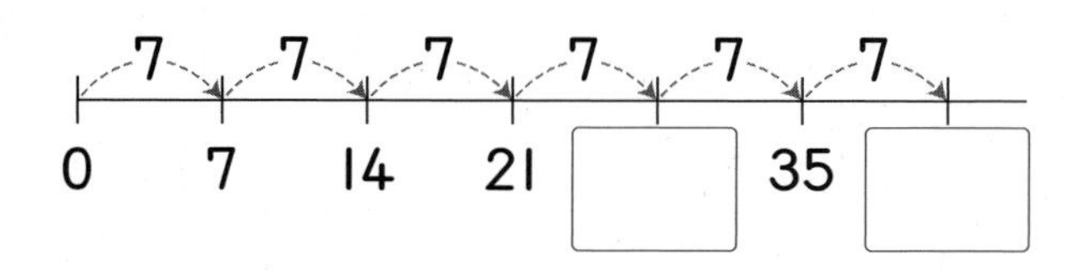

46 7단 곱셈구구의 값을 모두 찾아 색칠하여 완성되는 숫자를 써 보세요.

9	14	25	42	27
12	35	48	63	24
47	21	7	49	56
32	52	40	28	18

( )

내가 만드는 문제

47 □ 안에 1부터 9까지의 수 중에서 한 수를 써넣어 계산해 보세요.

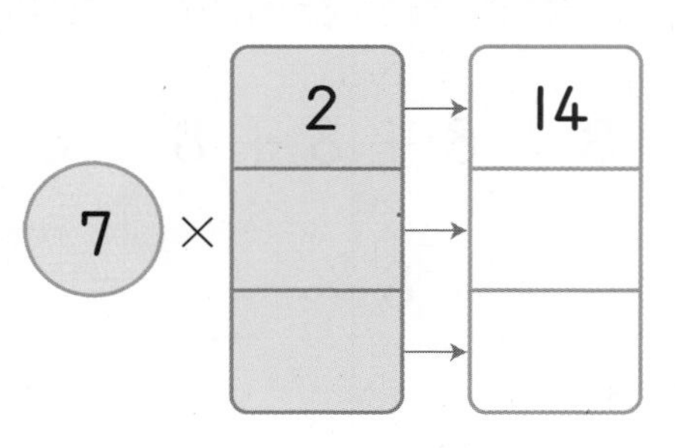

48 7 × 6을 계산하는 방법입니다. □ 안에 알맞은 수를 써넣으세요.

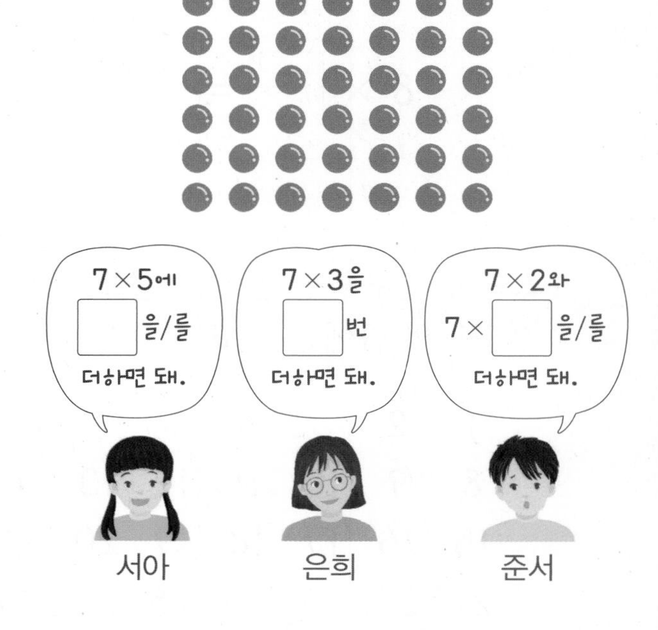

49 1부터 9까지의 수 중에서 □ 안에 알맞은 수를 써넣으세요.

7 × □ = 49

7 × □ < 49

7 × □ > 49

답은 여러 가지가 될 수 있습니다.

8 9단 곱셈구구

50 로봇이 이동한 거리를 곱셈식으로 나타내 보세요.

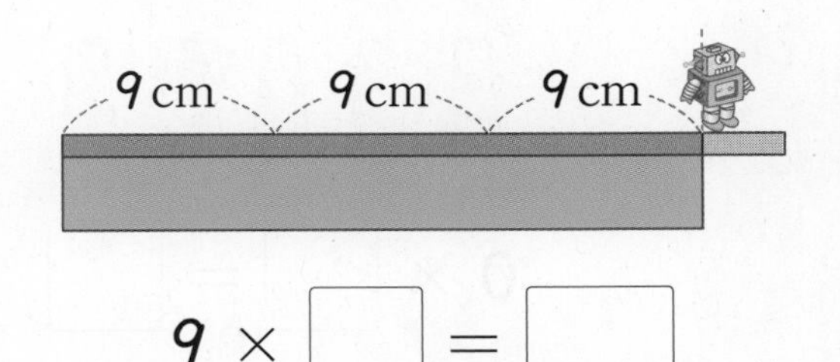

$9 \times \square = \square$

51 □ 안에 알맞은 수를 써넣으세요.

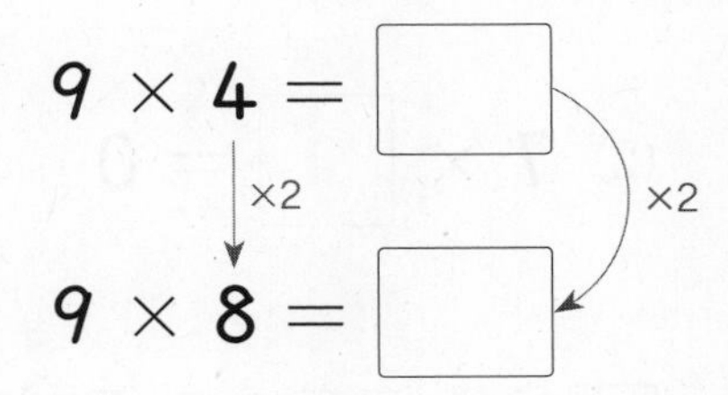

52 9단 곱셈구구의 값을 찾아 이어 보세요.

9 × 3 ·	· 72
9 × 6 ·	· 54
9 × 8 ·	· 27

53 곱셈식을 바르게 나타낸 것을 찾아 기호를 써 보세요.

㉠ $9 \times 1 = 10$	㉡ $9 \times 3 = 24$
㉢ $9 \times 5 = 54$	㉣ $9 \times 7 = 63$

( )

54 9단 곱셈식으로 나타내 보세요.

$45 = \square \times \square$

$81 = \square \times \square$

55 수 카드 중 3장을 한 번씩만 사용하여 곱셈식을 만들어 보세요.

3 7 6 4 5

$9 \times \square = \square\square$

56 어떤 수에 9를 곱했더니 18이 되었습니다. 어떤 수는 얼마일까요?

( )

서술형
57 구슬이 모두 몇 개인지 여러 가지 방법으로 알아보려고 합니다. 9단 곱셈구구를 이용하여 설명해 보세요.

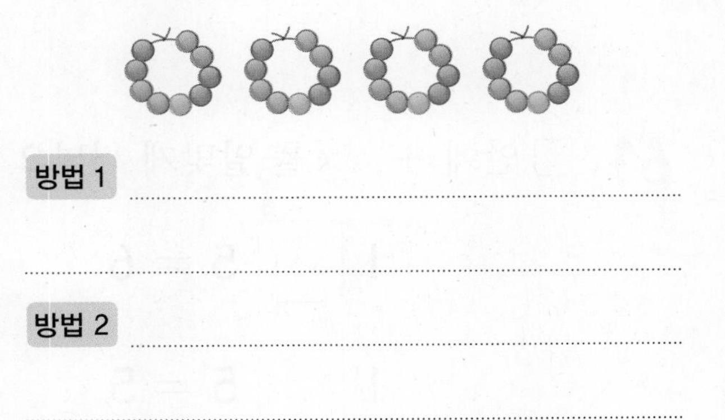

방법 1 ....

방법 2 ....

9 1단 곱셈구구

58 어항에 들어 있는 금붕어는 모두 몇 마리인지 곱셈식으로 나타내 보세요.

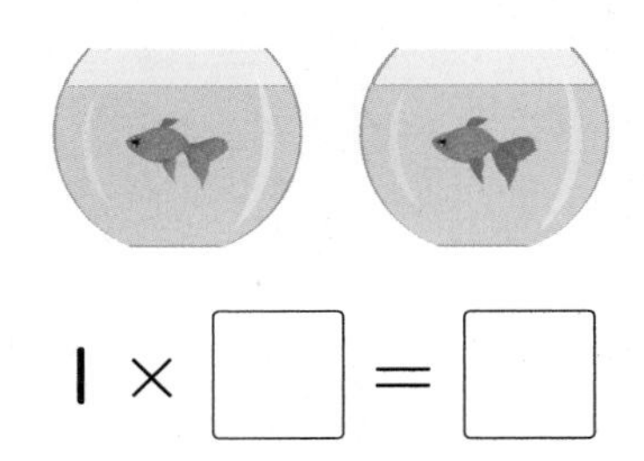

$1 \times \square = \square$

59 빈칸에 알맞은 수를 써넣으세요.

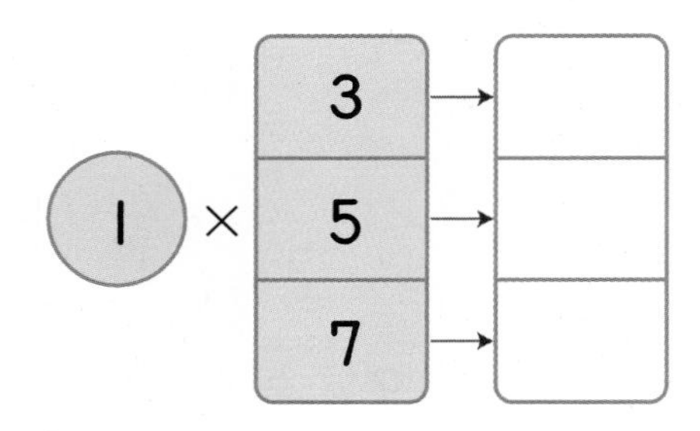

60 □ 안에 알맞은 수를 써넣으세요.

(1) $1 \times \square = 4$

(2) $8 \times \square = 8$

61 □ 안에 +, ×를 알맞게 써넣으세요.

$1 \square 5 = 6$

$1 \square 5 = 5$

10 0의 곱

62 꽃병에 꽂혀 있는 꽃은 모두 몇 송이인지 곱셈식으로 나타내 보세요.

$0 \times \square = \square$

63 □ 안에 알맞은 수를 써넣으세요.

(1) $0 \times 2 = \square$

(2) $7 \times \square = 0$

64 □ 안에 공통으로 들어갈 수 있는 수를 구해 보세요.

$3 \times \square = 0$ $\square \times 9 = 0$

(   )

65 영준이가 고리 던지기 놀이를 했습니다. 고리를 걸면 1점, 걸지 못하면 0점입니다. □ 안에 알맞은 수를 써넣으세요.

영준이는 고리 5개를 걸었고, 4개는 걸지 못했습니다. 영준이가 받은 점수는

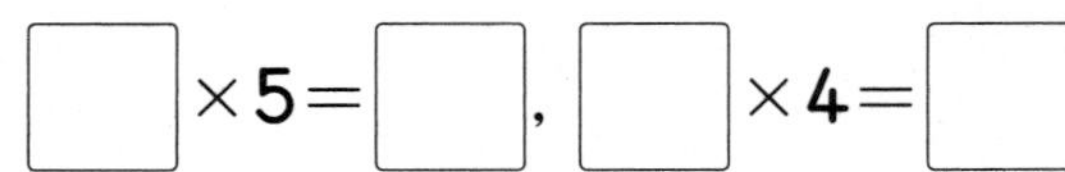

$\square \times 5 = \square$, $\square \times 4 = \square$

이므로 총 □점입니다.

11 곱셈표 만들기

[66~67] 곱셈표를 보고 물음에 답하세요.

×	2	3	4	5	6	7	8	9
2	4	6	8	10	12	14	16	18
3	6	9	12	15	18	21	24	27
4	8	12	16	20	24	28	32	36
5	10	15	20	25	30	35	40	45
6	12	18	24	30	36	42	48	54
7	14	21	28	35	42	49	56	63
8	16	24	32	40	48	56	64	72
9	18	27	36	45	54	63	72	81

내가 만드는 문제

66 ○ 안에 2부터 9까지의 수 중 한 수를 써넣고 □ 안에 알맞은 수를 써넣으세요.

(1) ○단 곱셈구구는 곱이 □씩 커집니다.

(2) ○씩 커지는 곱셈구구는 □단 곱셈구구입니다.

67 곱셈표에서 3 × 8과 곱이 같은 곱셈구구를 찾아 곱셈식을 써 보세요.

□ × □ = □

□ × □ = □

□ × □ = □

68 곱셈표에서 ♥와 곱이 같은 칸을 찾아 ★표 하세요.

×	2	3	4	5	6	7
2						
3						♥
4						
5						
6						
7						

69 곱셈표를 완성하고 곱이 20보다 큰 칸에 색칠해 보세요.

×	1	2	3	4	5	6	7
3							
4							
5							

70 설명하는 수는 어떤 수인지 구해 보세요.

- 7단 곱셈구구의 곱입니다.
- 짝수입니다.
- 십의 자리 숫자는 50을 나타냅니다.

(　　　　　　　　)

12 곱셈구구를 이용하여 문제 해결하기

71 크레파스 한 자루의 길이는 6 cm입니다. 크레파스 3자루의 길이는 얼마일까요?

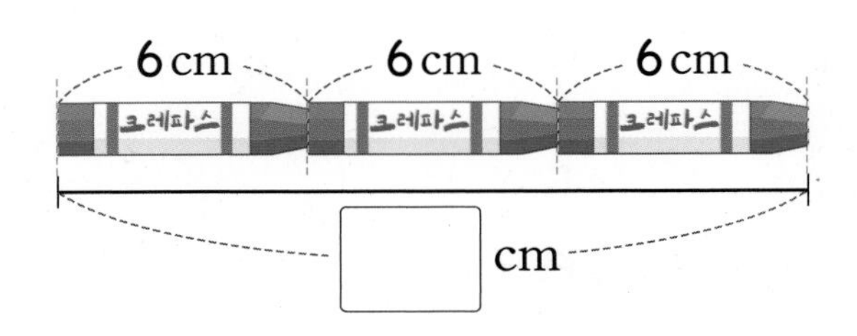

72 면봉 3개로 삼각형 모양 한 개를 만들었습니다. 삼각형 모양 4개를 만들려면 면봉은 모두 몇 개 필요할까요?

곱셈식 ....

답 ....

73 가위바위보를 하여 이기면 8점을 얻는 놀이를 했습니다. 해수가 얻은 점수를 구해 보세요.

해수					
은기					

곱셈식 ....

답 ....

서술형

74 현석이의 나이는 7살입니다. 현석이 아버지의 나이는 현석이 나이의 5배보다 4살 더 많다고 합니다. 현석이 아버지의 나이는 몇 살인지 풀이 과정을 쓰고 답을 구해 보세요.

풀이 ....

답 ....

75 똑같은 동화책을 연주는 하루에 5쪽씩 4일 동안 읽었고, 민영이는 하루에 6쪽씩 3일 동안 읽었습니다. 누가 동화책을 더 많이 읽었을까요?

( )

76 연결 모형이 모두 몇 개인지 두 가지 방법으로 구해 보세요.

방법 1

$3 \times 3 = \square$, $2 \times \square = \square$

➜ $\square + \square = \square$(개)입니다.

방법 2

$5 \times 4 = \square$이므로

$\square - \square = \square$(개)입니다.

STEP 3 자주 틀리는 유형

응용 유형 중 자주 틀리는 유형을 집중학습함으로써 실력을 한 단계 높여 보세요.

묶어 세는 방법은 여러 가지야!

1 호두가 18개 있습니다. □ 안에 알맞은 수를 써넣으세요.

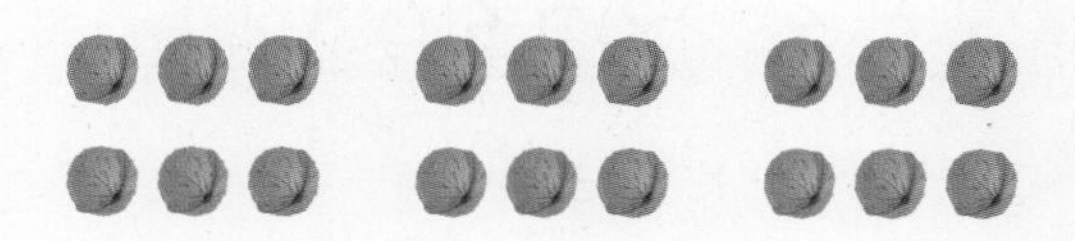

3 × □ = □

6 × □ = □

2 물고기는 모두 몇 마리인지 두 가지 곱셈식으로 나타내 보세요.

4 × □ = □

6 × □ = □

3 젤리는 모두 몇 개인지 두 가지 곱셈식으로 나타내 보세요.

□ × □ = □

□ × □ = □

각 단에서 곱의 일의 자리 숫자의 규칙을 찾자!

4 곱의 일의 자리 숫자가 0, 5가 반복되는 단은 몇 단일까요?

(　　　　　　　　)

5 0부터 시작하여 9단 곱셈구구의 곱의 일의 자리 숫자를 차례로 이어 보세요.

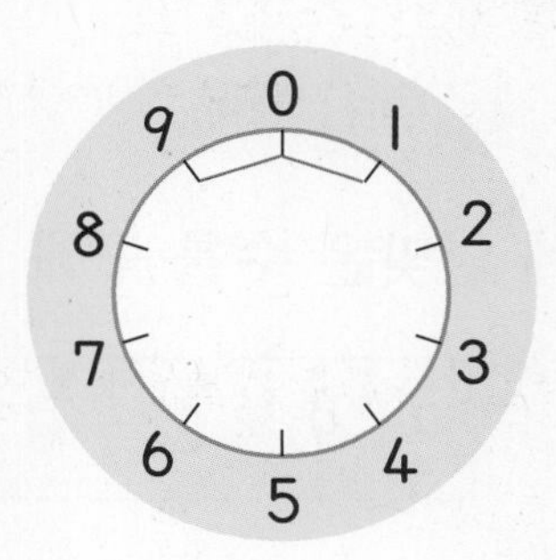

6 0부터 시작하여 8단 곱셈구구의 곱의 일의 자리 숫자를 차례로 이어 보세요.

7 0부터 시작하여 6단 곱셈구구의 곱의 일의 자리 숫자를 차례로 이어 보세요.

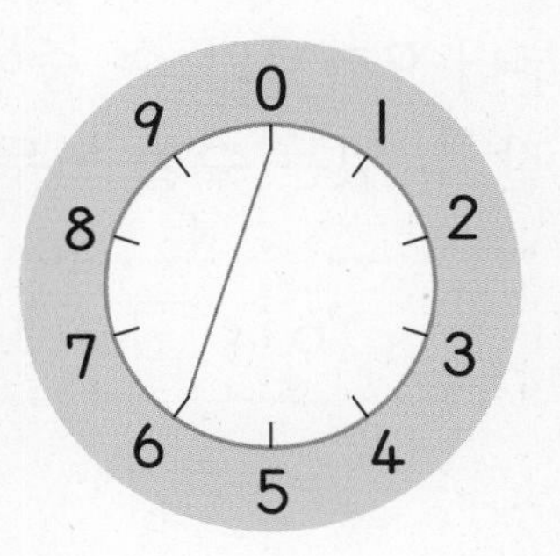

■가 없는 곱셈구구의 곱을 먼저 구하자!

8 ■에 알맞은 수를 구해 보세요.

$4 \times ■ = 2 \times 8$

(　　　　　　　　)

9 ■에 알맞은 수를 구해 보세요.

$9 \times 2 = ■ \times 3$

(　　　　　　　　)

10 □ 안에 알맞은 수를 써넣으세요.

$\square \times 6 = 4 \times 9$

11 0부터 9까지의 수 중에서 □ 안에 들어갈 수 있는 수를 모두 구해 보세요.

$6 \times \square < 3 \times 5$

(　　　　　　　　)

●×▲는 ●를 ▲번 더하자!

12 □ 안에 알맞은 수를 써넣으세요.

(1) $2 \times 5 = 2 \times 4 + \square$
$= \square$

(2) $2 \times 9 = 2 \times 7 + \square$
$= \square$

13 □ 안에 알맞은 수를 써넣으세요.

(1) $9 \times 4 = 9 \times 5 - \square$
$= \square$

(2) $9 \times 7 = 9 \times 9 - \square$
$= \square$

14 보기 와 같은 방법으로 곱셈식을 만들어 보세요.

보기
$8 \times 2 + 8$ ➡ $8 \times 3 = 24$

(1) $8 \times 5 + 8$
➡ ……………………

(2) $8 \times 9 - 8$
➡ ……………………

최상위 도전 유형

최상위 유형에 자주 나오는 문제로 학습함으로써 수학의 실력을 완성해 보세요.

정답과 풀이 16쪽

도전1 ■ × ▲보다 크고 ● × ★보다 작은 수 구하기

1 2 × 7의 곱보다 크고 3 × 6의 곱보다 작은 수를 모두 구해 보세요.

( )

핵심 NOTE

① ■ × ▲와 ● × ★의 곱 구하기
② ①에서 구한 곱 사이에 있는 수 모두 구하기

2 4 × 6의 곱보다 크고 9 × 3의 곱보다 작은 수를 모두 구해 보세요.

( )

3 6 × 6의 곱보다 크고 8 × 5의 곱보다 작은 수는 모두 몇 개일까요?

( )

4 ㉠과 ㉡ 사이에 있는 수는 모두 몇 개일까요?

7 × 6 = ㉠ 9 × 5 = ㉡

( )

도전2 수 카드를 이용하여 가장 큰 곱, 가장 작은 곱 구하기

5 수 카드 3장 중에서 2장을 뽑아 두 수의 곱을 구하려고 합니다. 가장 큰 곱은 얼마인지 구해 보세요.

2 6 4

( )

핵심 NOTE

- 두 수의 곱이 가장 큰 경우: (가장 큰 수) × (둘째로 큰 수)
- 두 수의 곱이 가장 작은 경우: (가장 작은 수) × (둘째로 작은 수)

6 수 카드 4장 중에서 2장을 뽑아 두 수의 곱을 구하려고 합니다. 가장 작은 곱은 얼마인지 구해 보세요.

7 3 9 5

( )

7 수 카드 5장 중에서 2장을 뽑아 두 수의 곱을 구하려고 합니다. 가장 큰 곱과 가장 작은 곱을 각각 구해 보세요.

8 5 0 9 6

가장 큰 곱 ( )
가장 작은 곱 ( )

도전3 규칙을 찾아 빈칸에 알맞은 수 써넣기

8 보기 와 같은 규칙으로 빈칸에 알맞은 수를 써넣으세요.

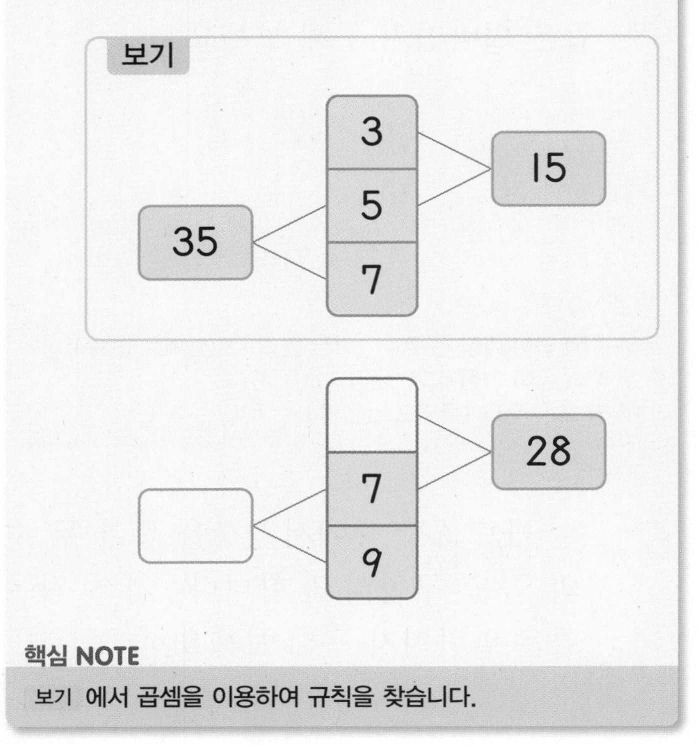

핵심 NOTE

보기 에서 곱셈을 이용하여 규칙을 찾습니다.

9 보기 와 같은 규칙으로 빈칸에 알맞은 수를 써넣으세요.

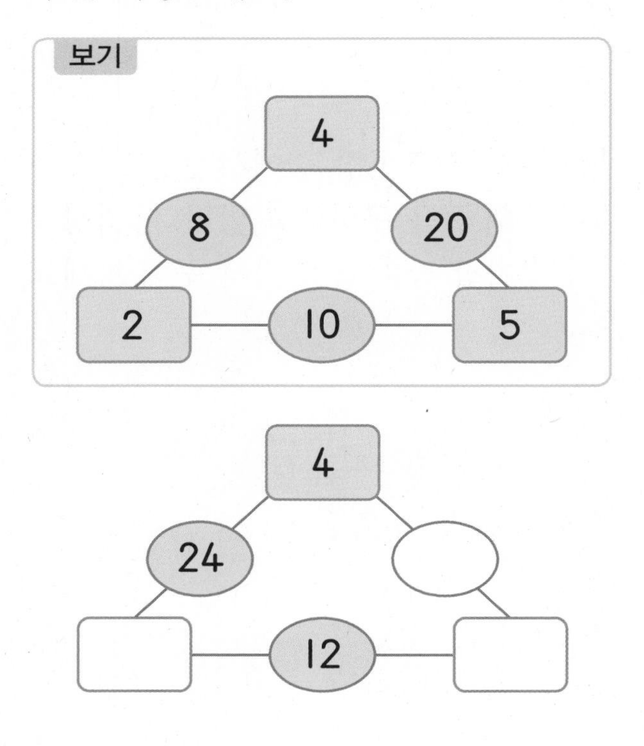

도전4 점수 구하기

10 상자에서 공을 꺼내어 공에 적힌 수만큼 점수를 얻는 놀이를 하였습니다. 승우가 공을 다음과 같이 꺼냈을 때 승우가 얻은 점수는 모두 몇 점일까요?

꺼낸 공	0	1	2
꺼낸 횟수(번)	2	3	1

(　　　　　　　　)

핵심 NOTE

(승우가 얻은 점수)
=(0이 적힌 공을 꺼내어 얻은 점수)+(1이 적힌 공을 꺼내어 얻은 점수)+(2가 적힌 공을 꺼내어 얻은 점수)

11 화살을 쏘아서 맞힌 점수판에 적힌 수만큼 점수를 얻는 놀이를 하였습니다. 동원이가 화살을 쏘아 다음과 같이 점수판을 맞혔을 때 동원이가 얻은 점수는 모두 몇 점일까요?

점수판에 적힌 수	1	2	4
맞힌 횟수(번)	5	2	0

(　　　　　　　　)

12 달리기 경기에서 1등은 3점, 2등은 2점, 3등은 1점을 얻습니다. 지호네 모둠은 1등이 2명, 2등이 4명, 3등이 1명입니다. 지호네 모둠이 달리기 경기에서 얻은 점수는 모두 몇 점일까요?

(　　　　　　　　)

도전5 곱셈구구의 활용

13 현주는 수수깡 43개를 가지고 있었습니다. 그중에서 동생 2명에게 5개씩, 친구 7명에게 2개씩 나누어 주었습니다. 남은 수수깡은 몇 개일까요?

( )

핵심 NOTE

(남은 수수깡의 수)
=(전체 수수깡의 수)−(동생에게 나누어 준 수수깡의 수)
−(친구에게 나누어 준 수수깡의 수)

14 민서는 가지고 있는 리본을 8 cm씩 7도막을 잘라서 사용했더니 30 cm가 남았습니다. 민서가 처음에 가지고 있던 리본의 길이는 몇 cm일까요?

( )

도전 최상위

15 길이가 6 cm인 막대로 2번 잰 길이와 길이가 같은 철사가 있습니다. 이 철사로 다음과 같은 삼각형을 몇 개까지 만들 수 있을까요?

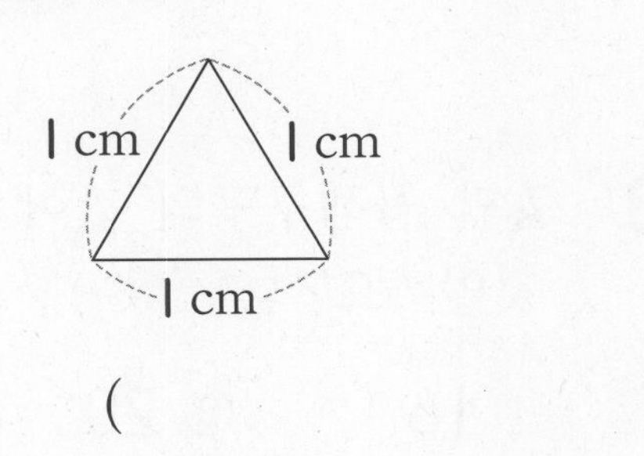

( )

도전6 조건을 만족하는 수 구하기

16 조건을 모두 만족하는 수를 구해 보세요.

- 7단 곱셈구구의 곱입니다.
- 5 × 6의 곱보다 작습니다.
- 3단 곱셈구구의 곱입니다.

( )

핵심 NOTE

① 7단 곱셈구구의 곱 모두 구하기
② ①에서 구한 수 중에서 나머지 조건을 만족하는 수 찾기

17 조건을 모두 만족하는 수를 구해 보세요.

( )

18 조건을 모두 만족하는 수를 모두 구해 보세요.

- 4단 곱셈구구의 곱입니다.
- 3 × 7의 곱보다 작습니다.
- 서로 같은 수의 곱입니다.

( )

수시 평가 대비 Level 1

점수

확인

1 수직선을 보고 □ 안에 알맞은 수를 써넣으세요.

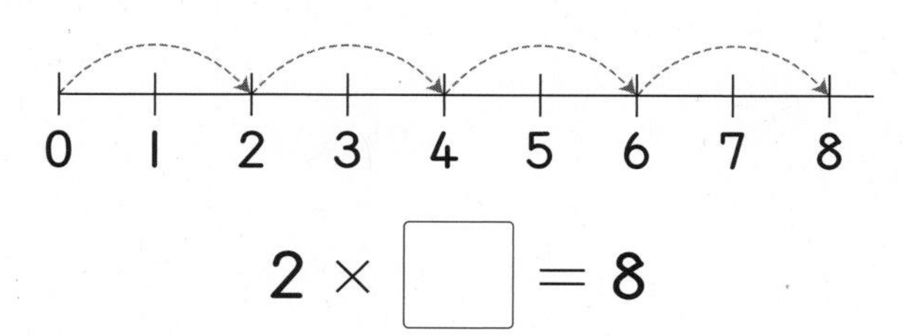

$2 \times \square = 8$

2 □ 안에 알맞은 수를 써넣으세요.

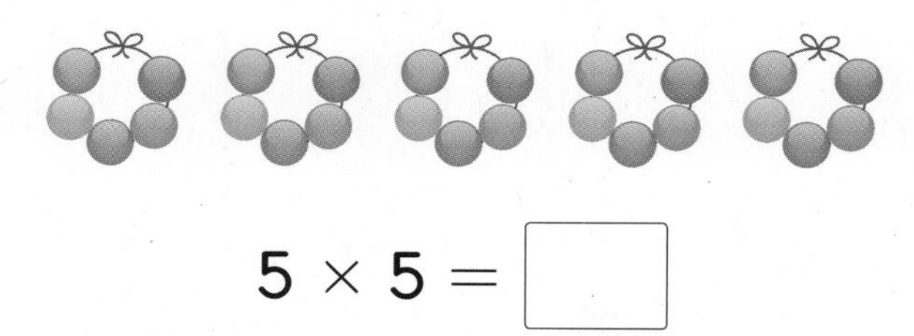

$5 \times 5 = \square$

3 달팽이가 이동한 거리를 곱셈식으로 나타내 보세요.

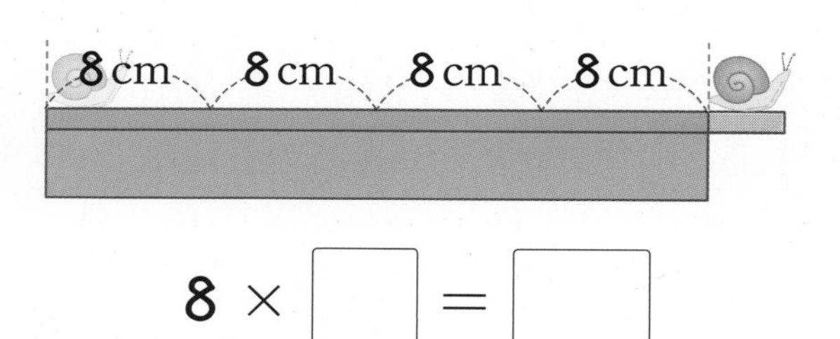

$8 \times \square = \square$

4 □ 안에 알맞은 수를 써넣으세요.

$3 \times 7 = \square$

$3 \times 8 = \square$

$3 \times 9 = \square$

5 □ 안에 알맞은 수를 써넣으세요.

$8 \times 5 = \square$

$8 \times 6 = \square$

$+ \square$

6 □ 안에 알맞은 수를 써넣으세요.

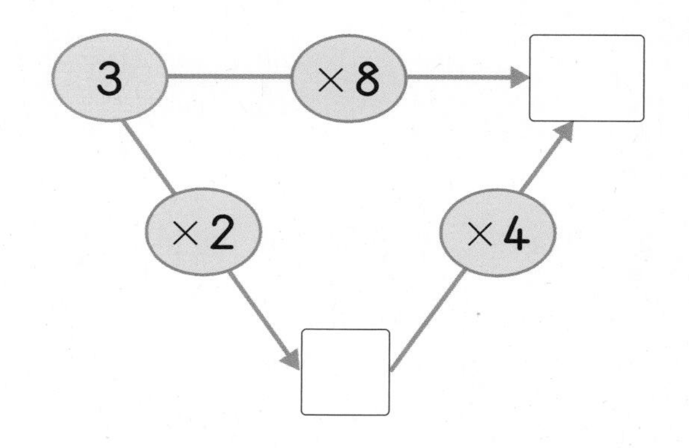

7 □ 안에 알맞은 수를 써넣으세요.

$7 \times 3 = \square$

$+$

$7 \times 5 = \square$

$7 \times 8 = \square$

8 4단 곱셈구구의 값이 아닌 것은 어느 것일까요? (　　　)

① 16　　② 20　　③ 8
④ 24　　⑤ 18

정답과 풀이 18쪽

9 빈칸에 알맞은 수를 써넣으세요.

×	4	6		
6			42	54

10 곱의 크기를 비교하여 ○ 안에 >, =, <를 알맞게 써넣으세요.

(1) 5×4 ○ 6×3

(2) 7×6 ○ 6×9

11 6×7은 6×5보다 얼마나 더 큰지 ○를 그려서 나타내고, □ 안에 알맞은 수를 써넣으세요.

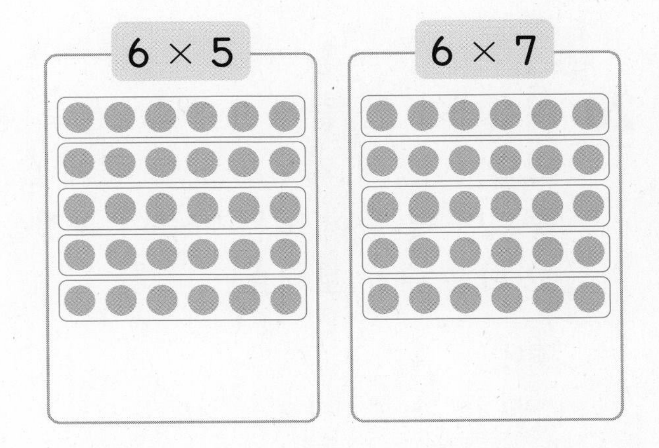

6×7은 6×5보다 □ 만큼 더 큽니다.

12 곱셈을 이용하여 빈칸에 알맞은 수를 써넣으세요.

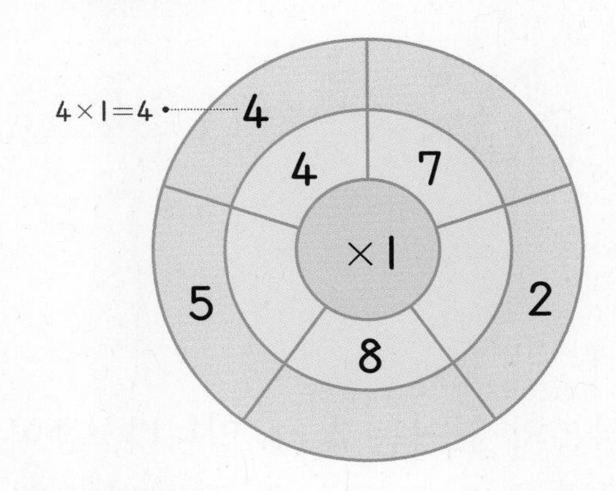

13 □ 안에 공통으로 들어갈 수 있는 수를 구해 보세요.

$8 \times \square = 0$
$\square \times 3 = 0$

(　　　　　)

14 곱셈표에서 점선을 따라 접었을 때 ★과 만나는 칸의 수를 구해 보세요.

×	5	6	7	8	9
5	25	30	35	40	45
6	30	36	42	★	54
7	35	42	49	56	63
8	40	48	56	64	72
9	45	54	63	72	81

(　　　　　)

15 ㉠보다 크고 ㉡보다 작은 수를 모두 구해 보세요.

$9 \times 5 =$ ㉠　　$7 \times 7 =$ ㉡

(　　　　　　　)

16 리본의 길이는 4 cm입니다. 종이테이프의 길이는 리본의 길이의 4배보다 3 cm 더 깁니다. 종이테이프의 길이는 몇 cm일까요?

(　　　　　　　)

17 현석이는 1점짜리 과녁을 3번 맞혔고, 지민이는 0점짜리 과녁을 5번 맞혔습니다. 점수가 더 높은 사람은 누구일까요?

(　　　　　　　)

18 설명하는 수는 어떤 수인지 구해 보세요.

- 6단 곱셈구구의 곱입니다.
- 4×8의 곱보다 크고 7×7의 곱보다 작습니다.
- 9단 곱셈구구의 곱도 됩니다.

(　　　　　　　)

서술형 문제

정답과 풀이 18쪽

19 연결 모형의 수를 잘못 구한 사람을 찾아 이름을 쓰려고 합니다. 풀이 과정을 쓰고 답을 구해 보세요.

동주: $7 + 7 + 7 + 7 + 7$로 7을 다섯 번 더해서 구할 수 있어.
지석: 7×4에 5를 더해서 구할 수 있어.
현진: 7×5의 곱으로 구할 수 있어.

풀이

답

20 지우개가 한 줄에 9개씩 2줄로 놓여 있습니다. 이 지우개를 한 줄에 6개씩 놓으면 몇 줄이 되는지 풀이 과정을 쓰고 답을 구해 보세요.

풀이

답

수시 평가 대비 Level ❷

2. 곱셈구구

점수

확인

1 □ 안에 알맞은 수를 써넣으세요.

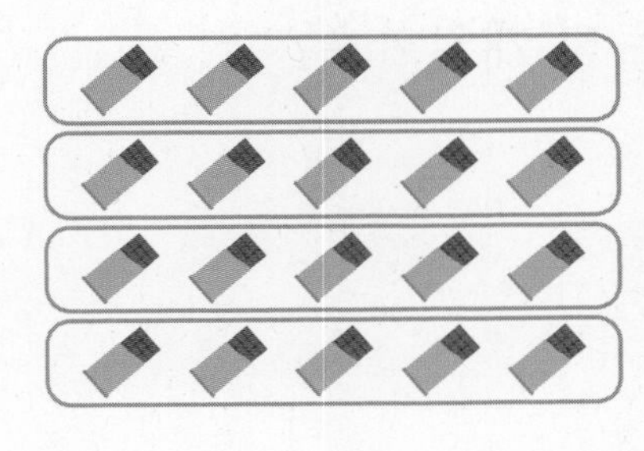

$5 \times \square = \square$

2 □ 안에 알맞은 수를 써넣으세요.

$7+7+7+7+7+7=\square$

➡ $7 \times \square = \square$

3 □ 안에 알맞은 수를 써넣으세요.

$4 \times 3 = \square$

$4 \times 5 = \square$

(+)

$4 \times 8 = \square$

4 6단 곱셈구구의 곱을 모두 고르세요.

(　　　　)

① 15　② 18　③ 28

④ 30　⑤ 44

5 □ 안에 알맞은 수를 써넣으세요.

$2 \times 8 = \square \times 2$

6 3 × 3 = 9입니다. 3 × 5는 9보다 얼마나 더 큰지 ○를 그려서 나타내고, □ 안에 알맞은 수를 써넣으세요.

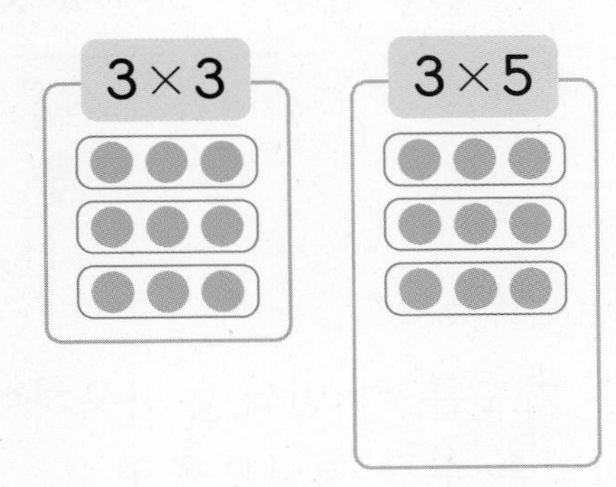

3 × 5는 9보다 □ 만큼 더 큽니다.

7 곱이 같은 것끼리 이어 보세요.

2 × 6 ·	· 4 × 2
1 × 8 ·	· 3 × 4
9 × 4 ·	· 6 × 6

2

8 곱의 크기를 비교하여 ○ 안에 >, =, <를 알맞게 써넣으세요.

$$5 \times 9 \bigcirc 8 \times 8$$

9 9×0과 곱이 같은 것을 모두 찾아 기호를 써 보세요.

㉠ 1×1	㉡ 0×2
㉢ 1×7	㉣ 4×0

( )

10 수 카드를 한 번씩만 사용하여 □ 안에 알맞은 수를 써넣으세요.

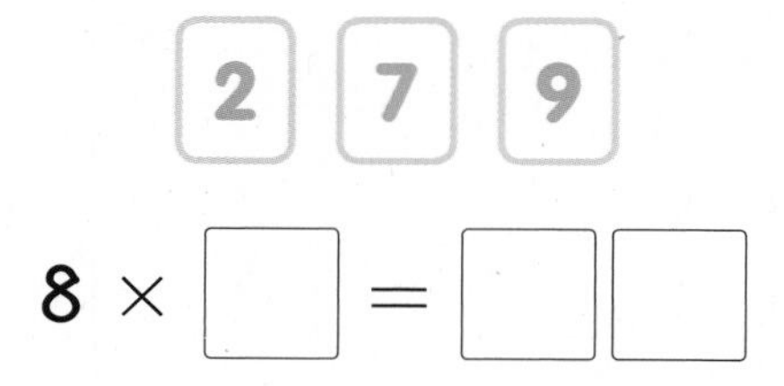

11 곱셈표를 완성하고 곱이 12보다 작은 칸에 색칠해 보세요.

×	2	3	4	5	6	7	8	9
2								
3								
4								

12 농구공이 한 상자에 6개씩 들어 있습니다. 7상자에 들어 있는 농구공은 모두 몇 개일까요?

( )

13 곱이 큰 것부터 차례로 기호를 써 보세요.

㉠ 9×2	㉡ 7×5
㉢ 6×4	㉣ 4×4

( )

14 □ 안에 알맞은 수가 가장 큰 것을 찾아 기호를 써 보세요.

㉠ $2 \times \square = 14$	㉡ $4 \times \square = 24$
㉢ $\square \times 5 = 40$	㉣ $\square \times 7 = 35$

( )

15 형수는 구슬을 50개 가지고 있었습니다. 그중에서 친구 7명에게 3개씩 나누어 주었습니다. 남은 구슬은 몇 개일까요?

( )

16 연결 모형이 모두 몇 개인지 두 가지 방법으로 구해 보세요.

방법 1

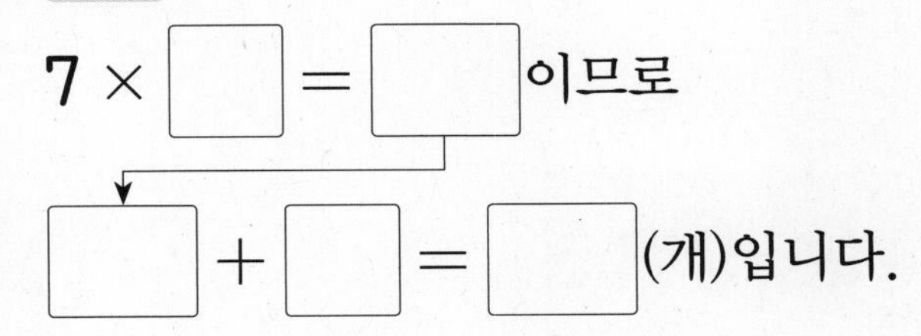

$7 \times \square = \square$ 이므로

$\square + \square = \square$ (개)입니다.

방법 2

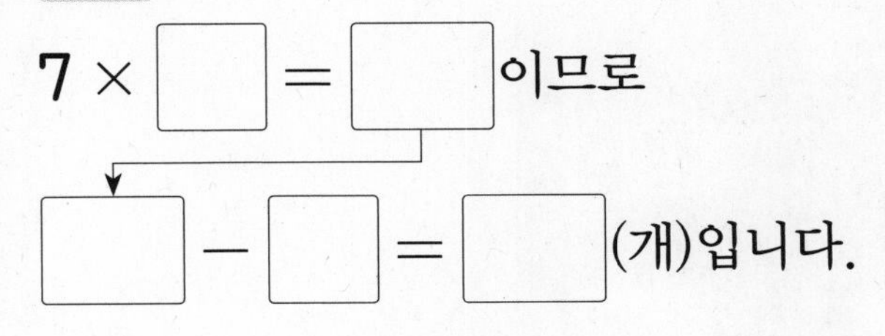

$7 \times \square = \square$ 이므로

$\square - \square = \square$ (개)입니다.

17 조건을 모두 만족하는 수를 구해 보세요.

- 8단 곱셈구구의 곱입니다.
- 9×6의 곱보다 큽니다.
- 7×9의 곱보다 작습니다.

( )

18 다음과 같이 길이가 8 cm인 색 테이프 3장을 1 cm씩 겹치게 이어 붙였습니다. 이어 붙인 색 테이프의 전체 길이는 몇 cm일까요?

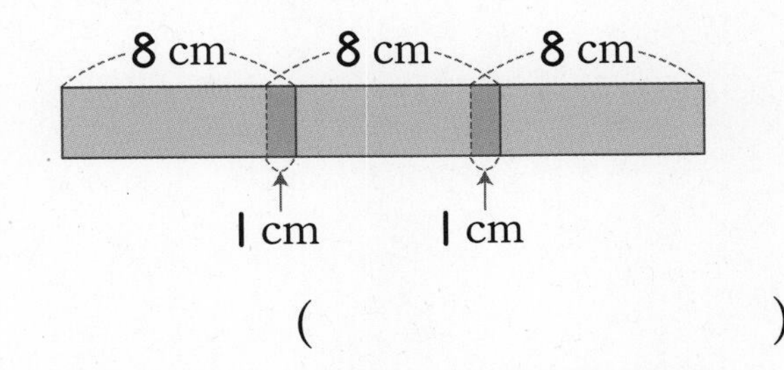

( )

서술형 문제

정답과 풀이 19쪽

19 ●와 ★의 곱을 구하려고 합니다. 풀이 과정을 쓰고 답을 구해 보세요.

$3 \times ● = 15$ $★ \times 4 = 32$

풀이

답

20 학생 7명이 가위바위보를 합니다. 1명은 가위를 내고, 4명은 바위를 내고, 2명은 보를 냈습니다. 7명의 펼친 손가락은 모두 몇 개인지 풀이 과정을 쓰고 답을 구해 보세요.

풀이

답

사고력이 반짝

● 똑같은 크기의 색종이 5장이 쌓여 있습니다. 위에 있는 것부터 한 장씩 들어낼 때 어떤 순서로 들어내야 하는지 써 보세요.

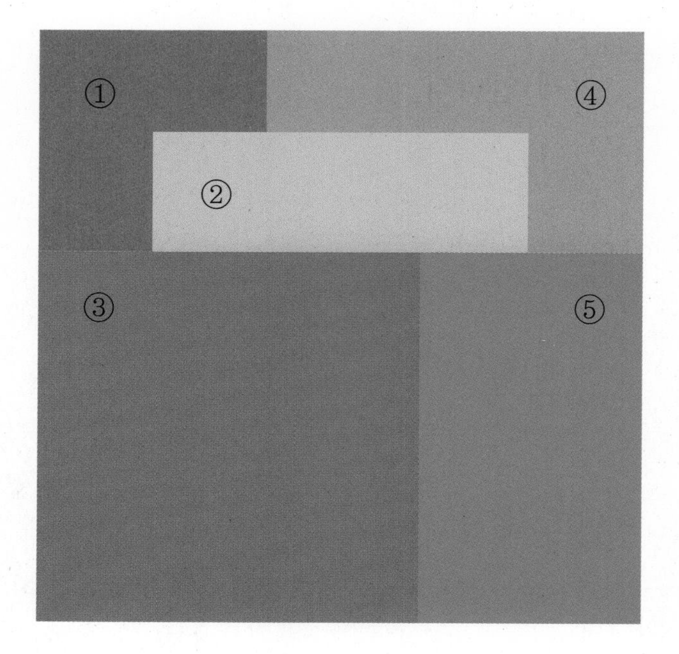

(   )

3 길이 재기

이번 단원에서
꼭 짚어야 할
핵심 개념을 알아보자.

핵심 1 cm보다 더 큰 단위 알아보기

- 100 cm는 1 m와 같고 1 m는 1 미터라고 읽는다.

  100 cm=□ m

- 1 m보다 20 cm 더 긴 것을 1 m 20 cm라 쓰고 1 미터 20 센티미터라고 읽는다.

  1 m 20 cm=□ cm

핵심 2 자로 길이 재기

0 10 20 30 40 50 60 70 80 90 100 110
(1m)

밧줄의 길이: 110 cm=□ m □ cm

핵심 3 길이의 합 구하기

m는 m끼리, cm는 cm끼리 더한다.

	1 m	30 cm
+	2 m	40 cm
	□ m	□ cm

핵심 4 길이의 차 구하기

m는 m끼리, cm는 cm끼리 뺀다.

	3 m	80 cm
−	2 m	50 cm
	□ m	□ cm

핵심 5 길이 어림하기

걸음으로 1 m를 재어 보니 약 2걸음이다.

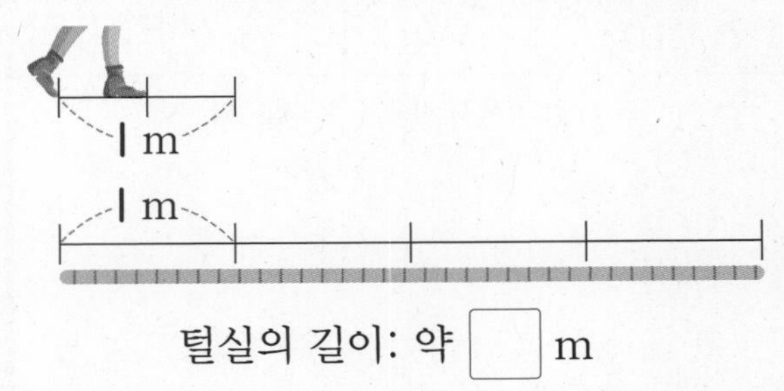

털실의 길이: 약 □ m

답 1. 1, 120 2. 1, 10 3. 3, 70 4. 1, 30 5. 4

STEP 1 교과 개념

1. cm보다 더 큰 단위 알아보기

● 1 m 알아보기

100 cm는 1 m와 같습니다. 1 m는 1 미터라고 읽습니다.

100 cm = 1 m

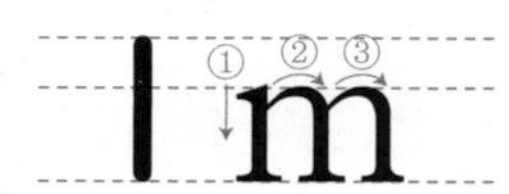

	m	cm		쓰기	읽기
	일	십	일		
100 cm	1	0	0	1 m	1 미터

● 1 m보다 긴 길이 알아보기

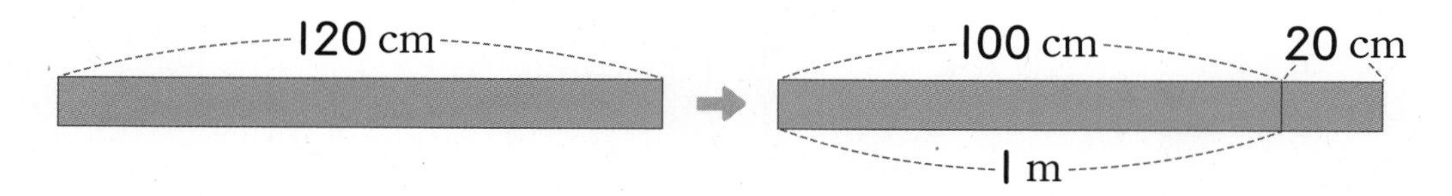

120 cm는 1 m보다 20 cm 더 깁니다.
120 cm를 1 m 20 cm라고도 쓰고 1 미터 20 센티미터라고 읽습니다.

120 cm = 1 m 20 cm

• 120 cm = 100 cm + 20 cm = 1 m + 20 cm = 1 m 20 cm

	m	cm		쓰기	읽기
	일	십	일		
120 cm	1	2	0	1 m 20 cm	1 미터 20 센티미터
235 cm	2	3	5	2 m 35 cm	2 미터 35 센티미터
408 cm	4	0	8	4 m 8 cm	4 미터 8 센티미터

• 4 m 08 cm라고 쓰지 않도록 주의합니다.

개념 자세히 보기

● 1 m가 어느 정도인지 알아보아요!

1 m=100 cm이므로

- 1 m는 1 cm를 100번 이은 것과 같습니다. • 1 m는 1 cm의 100배인 길이입니다.
- 1 m는 10 cm를 10번 이은 것과 같습니다. • 1 m는 10 cm의 10배인 길이입니다.

➔ 정답과 풀이 20쪽

1 주어진 길이를 써 보세요.

① 2 m

② 3 m

2 막대의 길이가 130 cm일 때 □ 안에 알맞은 수를 써넣으세요.

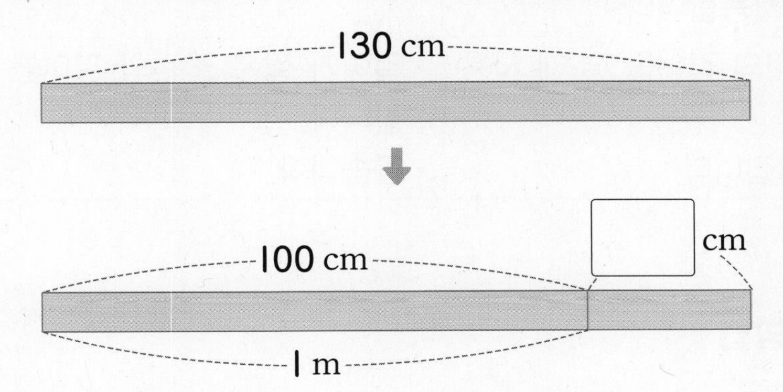

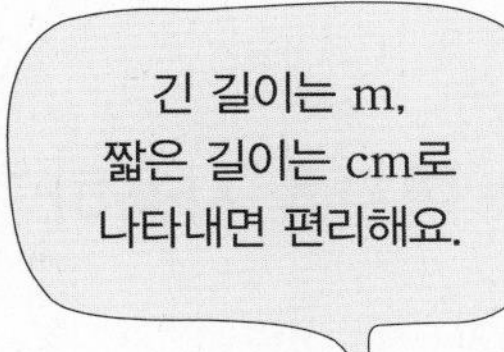

3

막대는 1 m보다 □ cm 더 길므로 □ m □ cm입니다.

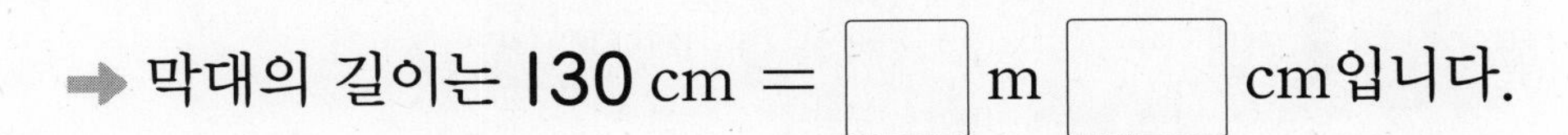

➔ 막대의 길이는 130 cm = □ m □ cm입니다.

3 길이를 바르게 읽어 보세요.

① 2 m 70 cm ➔ (   )

② 5 m 36 cm ➔ (   )

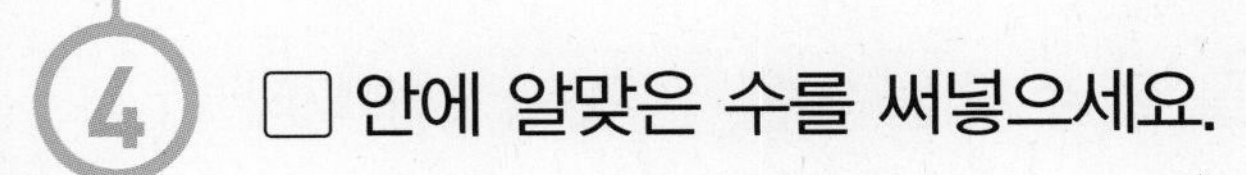

4 □ 안에 알맞은 수를 써넣으세요.

① 300 cm = □ m ② 6 m = □ cm

③ 493 cm = □ m □ cm

④ 8 m 7 cm = □ cm

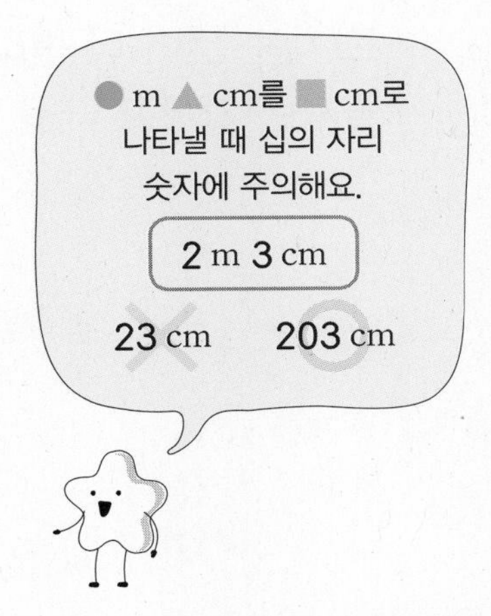

STEP 1 교과개념

2. 자로 길이 재기

● 자 비교하기

	줄자	곧은 자
모양		
같은 점	• 눈금이 있습니다. • 길이를 잴 때 사용합니다.	
다른 점	• 길이가 긴 물건의 길이를 잴 때 사용합니다. • 접히거나 휘어집니다.	• 길이가 짧은 물건의 길이를 잴 때 사용합니다. • 곧습니다.

● 줄자를 사용하여 길이 재는 방법

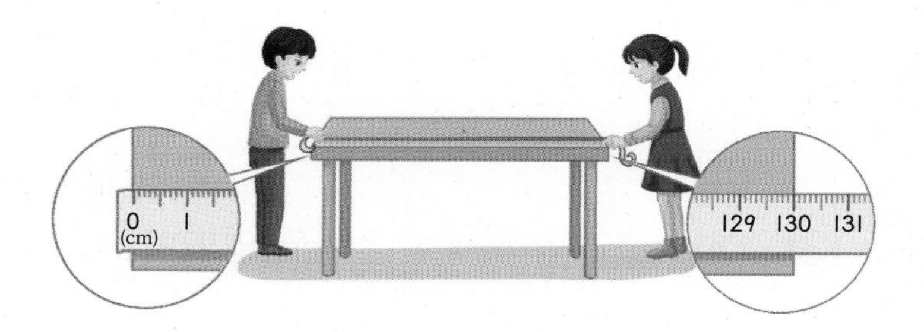

① 책상의 한끝을 줄자의 눈금 0에 맞춥니다.
② 책상의 다른 쪽 끝에 있는 줄자의 눈금을 읽습니다.
➡ 눈금이 130이므로 책상의 길이는 130 cm=1 m 30 cm입니다.

개념 자세히 보기

• 길이가 긴 물건의 길이를 잴 때 곧은 자를 사용하면 여러 번 재어야 하기 때문에 불편하므로 줄자로 재는 것이 더 편리합니다.
• 줄자는 가지고 다닐 수 있는 작은 것부터 운동장의 길이를 잴 수 있을 만큼 긴 것도 있습니다.

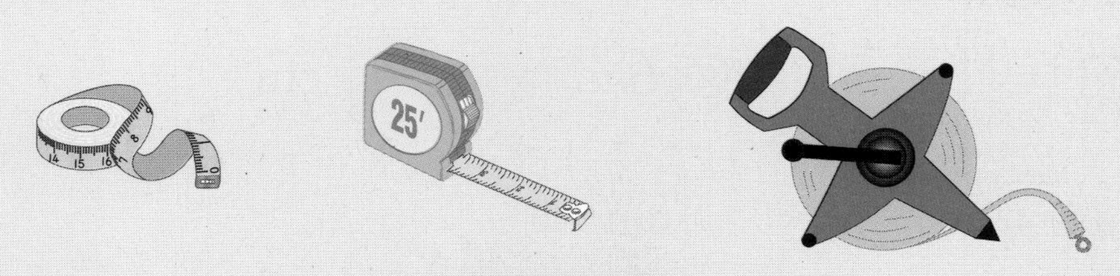

〈여러 종류의 줄자〉

➲ 정답과 풀이 20쪽

1 사물함 긴 쪽의 길이를 재려고 합니다. 줄자와 곧은 자 중에서 어떤 자를 사용하면 좋을지 골라 ○표 하세요.

길이가 짧은 것은 곧은 자, 길이가 긴 것은 줄자로 재면 편리해요.

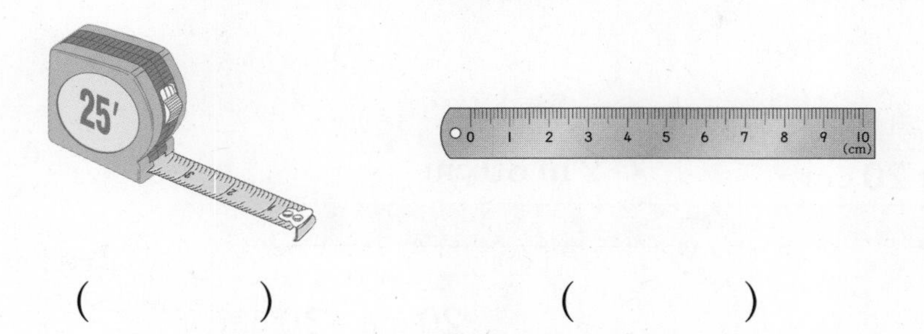

(   )   (   )

2 줄넘기의 길이를 두 가지 방법으로 나타내 보세요.

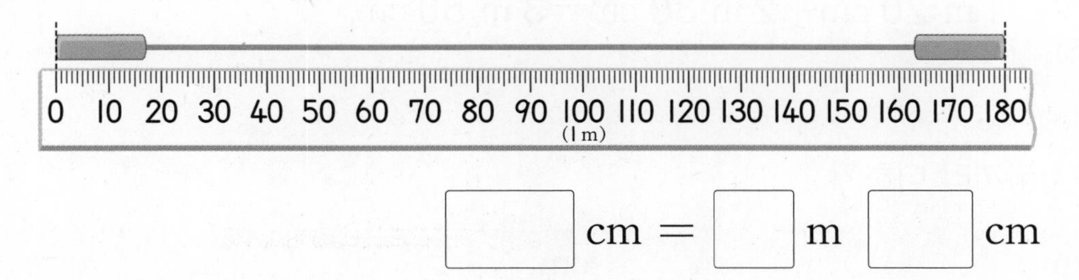

□ cm = □ m □ cm

3 자에서 화살표가 가리키는 눈금을 읽어 보세요.

자의 큰 눈금 한 칸의 크기는 1 cm예요.

□ cm   □ m □ cm

98 99 100 101 102 103 104 105 106 107 108 109
(1 m)

4 한 줄로 놓인 물건들의 길이를 자로 재었습니다. 전체 길이는 얼마일까요?

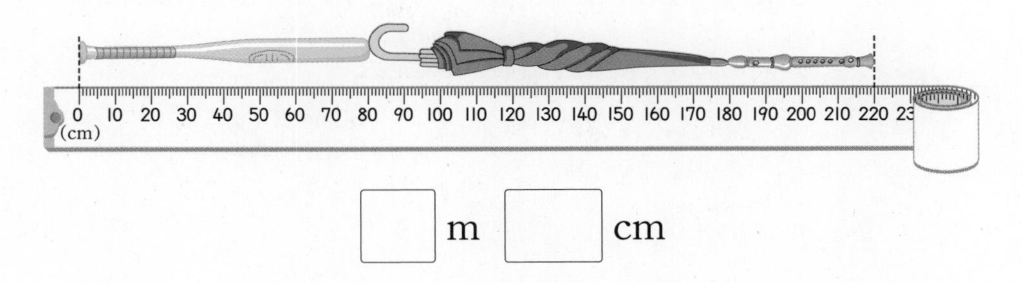

□ m □ cm

STEP 1 교과 개념

3. 길이의 합 구하기

● 1 m 20 cm+2 m 30 cm 계산하기

• 그림으로 알아보기

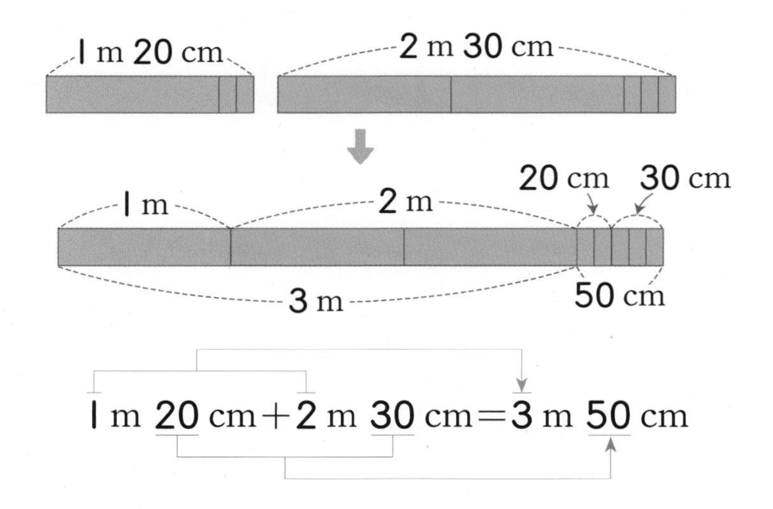

$1\text{ m }20\text{ cm}+2\text{ m }30\text{ cm}=3\text{ m }50\text{ cm}$

• m는 m끼리, cm는 cm끼리 더하기

	m	cm	
	일	십	일
	1	2	0
+	2	3	0

① 같은 단위끼리 자리를 맞추어 씁니다.

	m	cm	
	일	십	일
	1	2	0
+	2	3	0
		5	0

② cm끼리 더합니다.

	m	cm	
	일	십	일
	1	2	0
+	2	3	0
	3	5	0

③ m끼리 더합니다.

개념 자세히 보기

● 받아올림이 있는 길이의 합을 구할 때에는 100 cm=1 m임을 이용해요!

$$\begin{array}{rr} 2\text{ m} & 50\text{ cm} \\ +\ 3\text{ m} & 70\text{ cm} \\ \hline \end{array} \rightarrow \begin{array}{rr} 2\text{ m} & 50\text{ cm} \\ +\ 3\text{ m} & 70\text{ cm} \\ \hline 5\text{ m} & 120\text{ cm} \end{array} \rightarrow \begin{array}{rr} 5\text{ m} & 120\text{ cm} \\ +1\text{ m} \leftarrow & -100\text{ cm} \\ \hline 6\text{ m} & 20\text{ cm} \end{array}$$

100 cm=1 m이므로 100 cm를 1 m로 받아올림합니다.

정답과 풀이 21쪽

1 그림을 보고 □ 안에 알맞은 수를 써넣으세요.

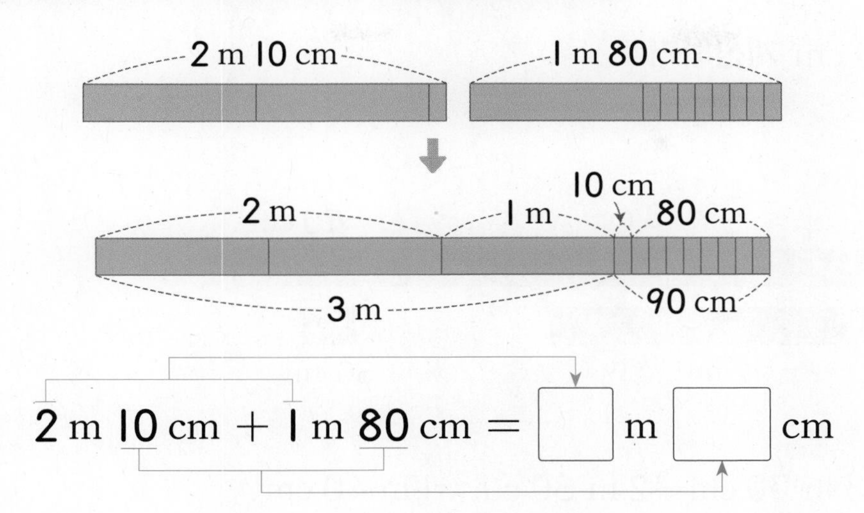

2 m 10 cm + 1 m 80 cm = □ m □ cm

2 빈칸에 알맞은 수를 써넣어 길이의 합을 구해 보세요.

①

	1 m	53 cm
+	3 m	24 cm

	m	cm	
	일	십	일
	1	5	3
+			

②

	4 m	16 cm
+	3 m	73 cm

	m	cm	
	일	십	일
+			

3 길이의 합을 구해 보세요.

① 3 m 60 cm + 4 m 20 cm = □ m □ cm

② 5 m 34 cm + 1 m 25 cm = □ m □ cm

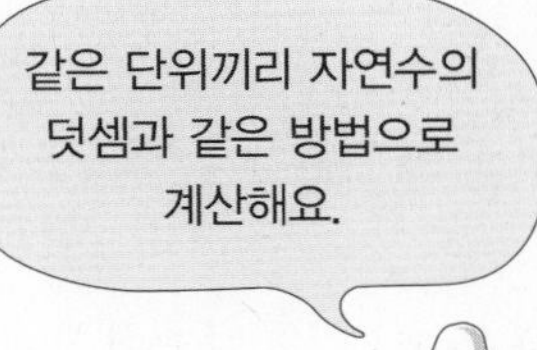

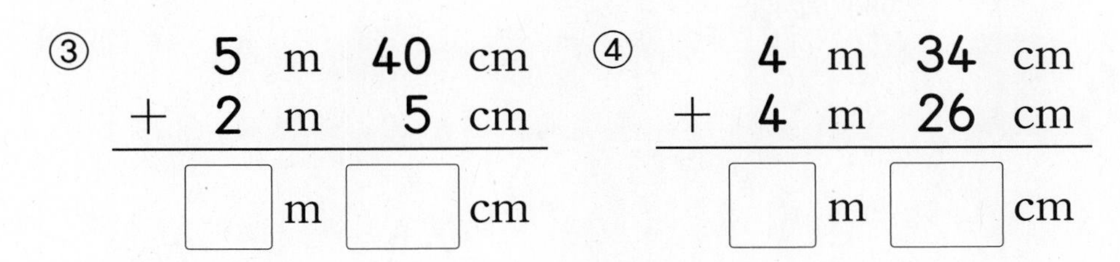

③

	5 m	40 cm
+	2 m	5 cm
	□ m	□ cm

④

	4 m	34 cm
+	4 m	26 cm
	□ m	□ cm

4. 길이의 차 구하기

● 3 m 70 cm $-$ 2 m 30 cm **계산하기**

• 그림으로 알아보기

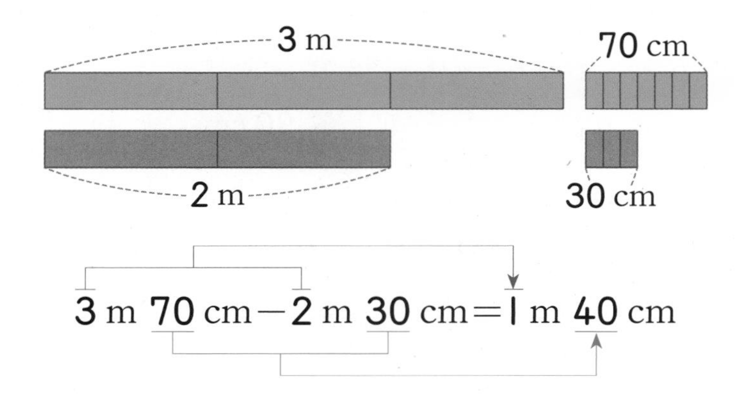

• m는 m끼리, cm는 cm끼리 빼기

	m	cm	
	일	십	일
	3	7	0
−	2	3	0

① 같은 단위끼리 자리를 맞추어 씁니다.

➡

	m	cm	
	일	십	일
	3	7	0
−	2	3	0
		4	0

② cm끼리 뺍니다.

➡

	m	cm	
	일	십	일
	3	7	0
−	2	3	0
	1	4	0

③ m끼리 뺍니다.

개념 자세히 보기

● **받아내림이 있는 길이의 차를 구할 때에는 1 m=100 cm임을 이용해요!**

	4 m	10 cm		4 m	10 cm		3 m	110 cm
−	2 m	50 cm	➡	−1 m ➡ +100 cm		➡	− 2 m	50 cm
				3 m	110 cm		1 m	60 cm

1 m=100 cm이므로
1 m를 100 cm로
받아내림합니다.

➲ 정답과 풀이 21쪽

1 그림을 보고 □ 안에 알맞은 수를 써넣으세요.

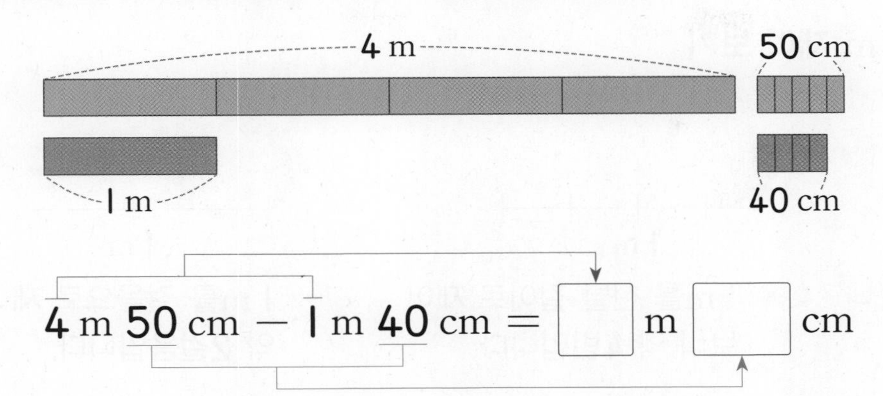

4 m 50 cm − 1 m 40 cm = □ m □ cm

2 빈칸에 알맞은 수를 써넣어 길이의 차를 구해 보세요.

① 2 m 90 cm − 1 m 50 cm

	m	cm	
	일	십	일
	2	9	0
−			

② 6 m 78 cm − 3 m 51 cm

	m	cm	
	일	십	일
−			

3 길이의 차를 구해 보세요.

① 5 m 80 cm − 3 m 20 cm = □ m □ cm

② 8 m 67 cm − 7 m 42 cm = □ m □ cm

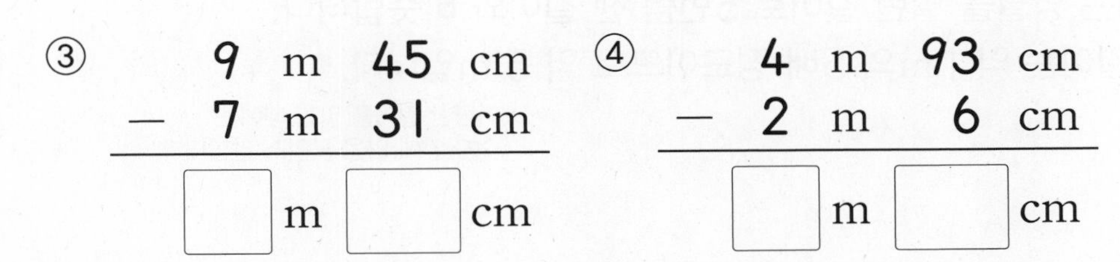

③ 9 m 45 cm − 7 m 31 cm = □ m □ cm

④ 4 m 93 cm − 2 m 6 cm = □ m □ cm

STEP 1 교과 개념

5. 길이 어림하기

● 몸의 부분을 이용하여 1 m 재어 보기

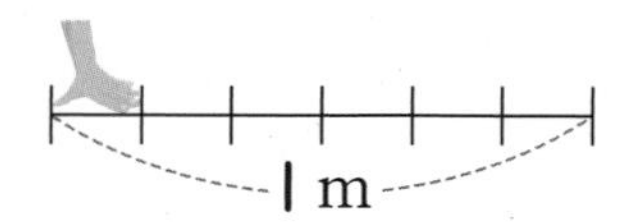

➡ 1 m를 뼘으로 재어 보니 약 6뼘입니다.

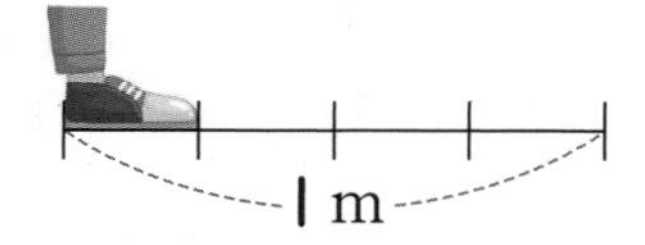

➡ 1 m를 신발 길이로 재어 보니 약 4번입니다.

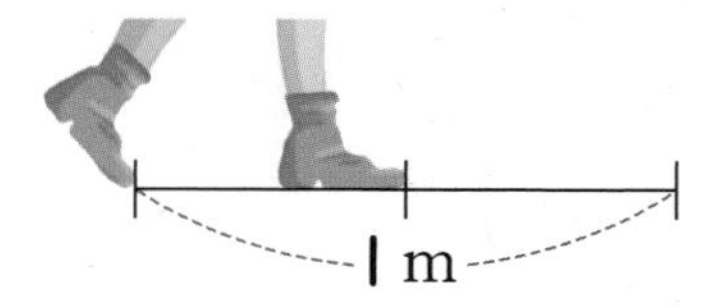

➡ 1 m를 걸음으로 재어 보니 약 2걸음입니다.

● 몸에서 약 1 m 찾아보기

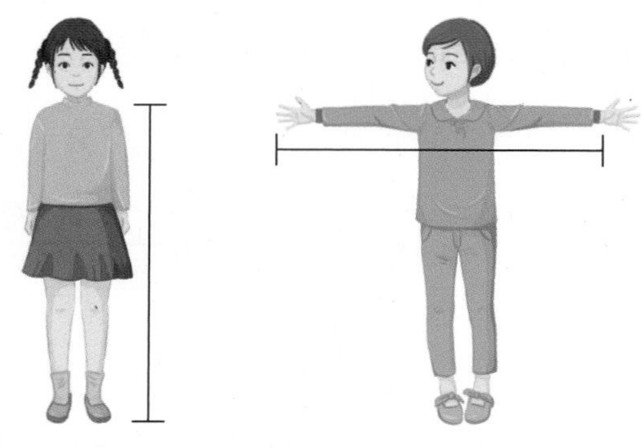

발 끝에서 어깨까지의 높이　　양팔을 벌린 길이

- 키에서 약 1 m는 어깨까지의 높이입니다.
- 양팔을 벌린 길이에서 약 1 m는 한쪽 손 끝에서 다른 쪽 손목까지입니다.

● 축구 골대의 길이 어림하기

- 축구 골대 긴 쪽의 길이는 양팔을 벌린 길이로 5번쯤 잰 길이와 비슷합니다.

  ➡ 축구 골대 긴 쪽의 길이는 약 1 m의 5배 정도이므로 약 5 m입니다.

  ･ 어림한 길이를 말할 때에는 숫자 앞에 약을 붙여서 말합니다.

➲ 정답과 풀이 21쪽

1 몸에서 길이가 약 1 m인 부분을 찾아 ○표 하세요.

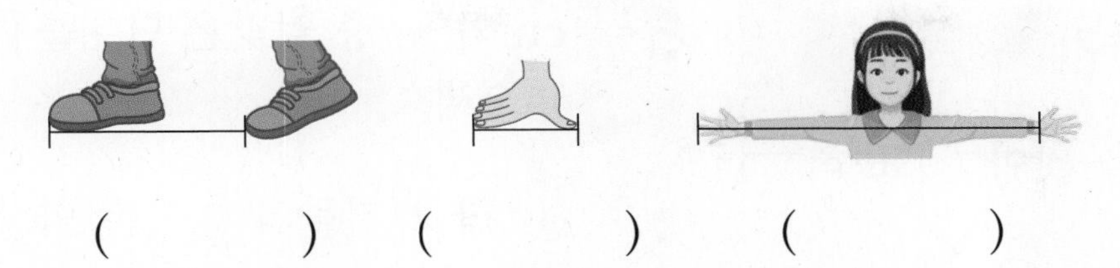

( ) ( ) ( )

2 지수 동생의 키가 약 1 m일 때 나무의 높이는 약 몇 m일까요?

약 □ m

나무의 높이는 지수 동생의 키의 몇 배인지 알아보세요.

3 벽화 긴 쪽의 길이는 약 몇 m일까요?

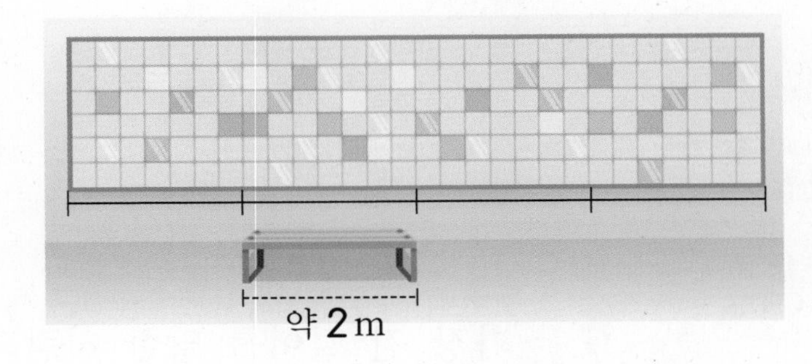

약 □ m

4 실제 길이에 가까운 것을 찾아 이어 보세요.

야구 방망이	교실 문의 높이	2층 건물의 높이
•	•	•
•	•	•
6 m	2 m	1 m

1 m의 길이를 어림한 다음 1 m가 몇 번 들어가는지 생각해 보세요.

1 cm보다 더 큰 단위 알아보기

1 길이를 바르게 쓴 것을 찾아 ○표 하세요.

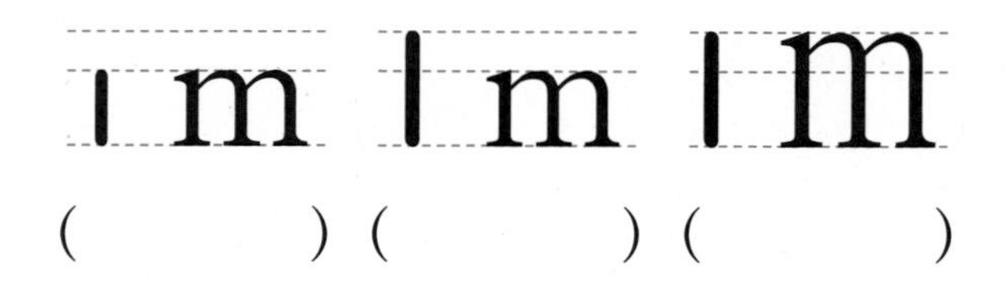

( ) ( ) ( )

2 □ 안에 알맞은 수를 써넣으세요.

(1) 204 cm = □ m □ cm

(2) 5 m 38 cm = □ cm

3 같은 길이끼리 이어 보세요.

309 cm ·	· 9 m 30 cm
390 cm ·	· 3 m 9 cm
930 cm ·	· 3 m 90 cm

4 □ 안에 알맞은 수를 써넣으세요.

m		cm	
십	일	십	일
1	7	4	0

□ cm, □ m □ cm

5 cm와 m 중 알맞은 단위를 □ 안에 써넣으세요.

(1) 학교 건물의 높이는 약 13 □ 입니다.

(2) 색연필의 길이는 약 16 □ 입니다.

서술형

6 교실 긴 쪽의 길이는 8 m보다 40 cm 더 깁니다. 교실 긴 쪽의 길이는 몇 cm인지 풀이 과정을 쓰고 답을 구해 보세요.

풀이

답

7 가장 긴 길이를 말한 사람의 이름을 써 보세요.

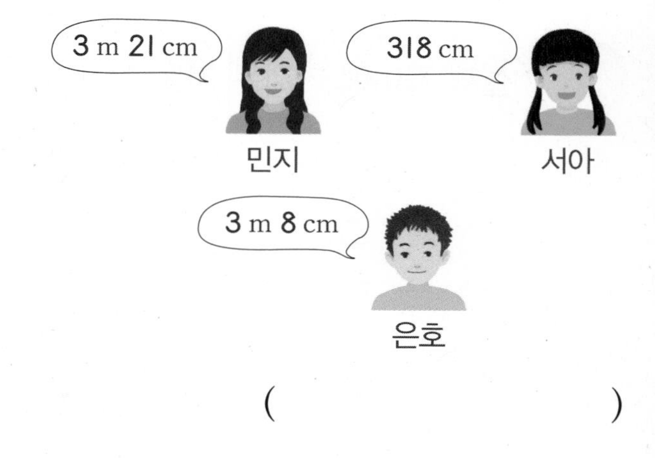

( )

8 길이를 잘못 나타낸 것에 ×표 하고, 길이를 바르게 고쳐 보세요.

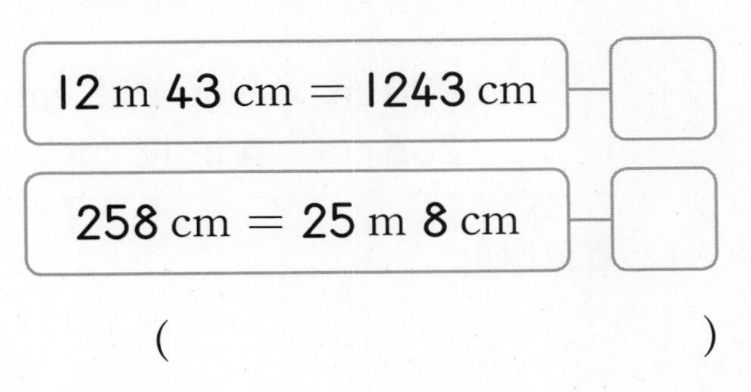

(　　　　　　　　　　)

9 수 카드 3장을 한 번씩만 사용하여 가장 긴 길이를 써 보세요.

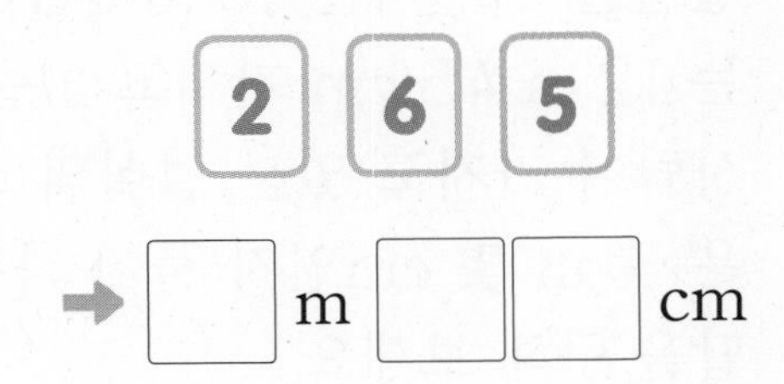

10 차의 높이가 3 m 50 cm보다 높으면 지나갈 수 없는 터널이 있습니다. 이 터널을 지나갈 수 있는 차에 색칠해 보세요.

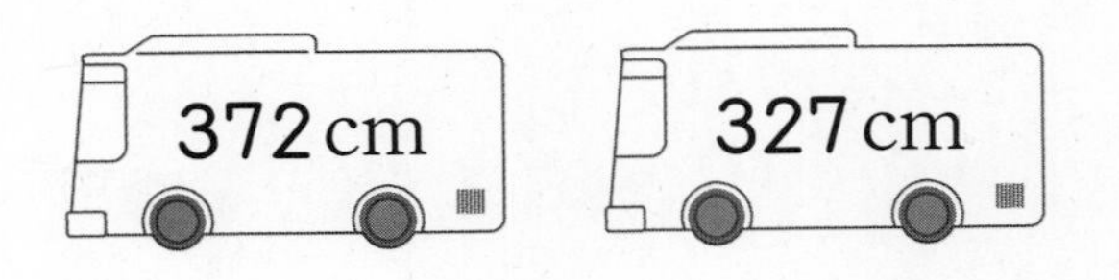

2 자로 길이 재기

11 밧줄의 길이는 몇 cm일까요?

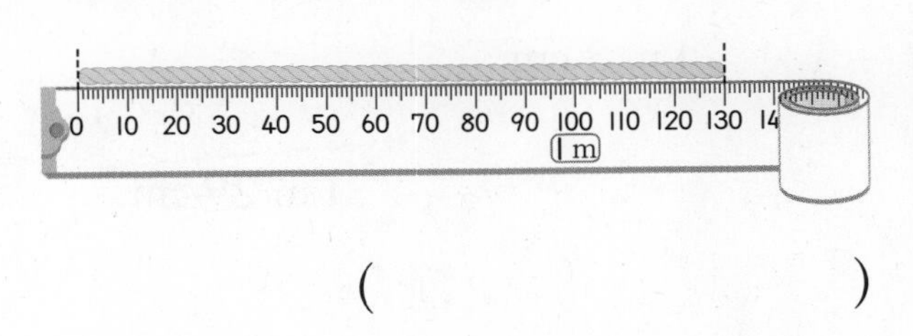

(　　　　　　　　　　)

12 책장 긴 쪽의 길이를 두 가지 방법으로 나타내 보세요.

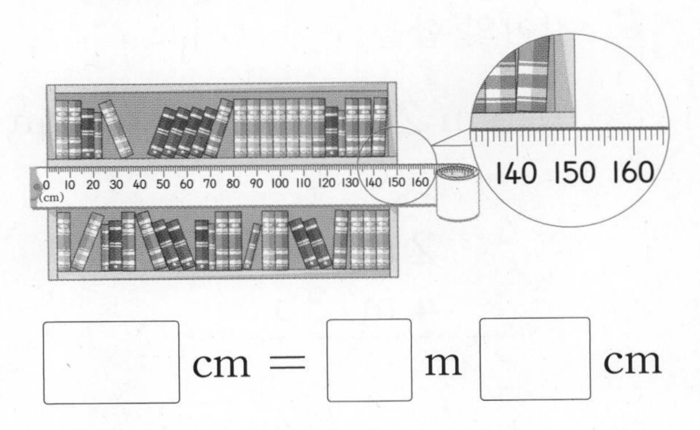

□ cm = □ m □ cm

서술형

13 책상의 길이를 1 m 40 cm라고 재었습니다. 길이를 잘못 잰 까닭을 써 보세요.

까닭 ....

....

14 집에서 1 m보다 긴 물건의 길이를 자로 잰 것입니다. 빈칸에 알맞게 써넣으세요.

물건	□cm	□m □cm
방문의 높이	190 cm	
침대의 긴 쪽		2 m 10 cm

3 길이의 합 구하기

15 길이의 합을 구해 보세요.

(1) 5 m 20 cm + 1 m 45 cm

(2)
$$\begin{array}{r} 2\text{ m } 63\text{ cm} \\ +\ 4\text{ m } 35\text{ cm} \\ \hline \end{array}$$

16 색 테이프의 전체 길이를 구하려고 합니다. □ 안에 알맞은 수를 써넣으세요.

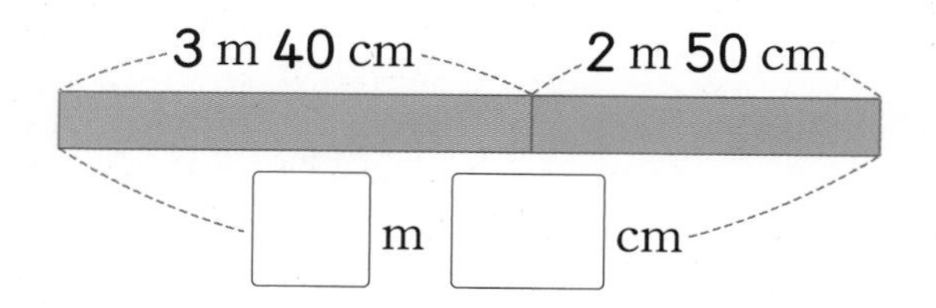

17 두 막대의 길이의 합을 구해 보세요.

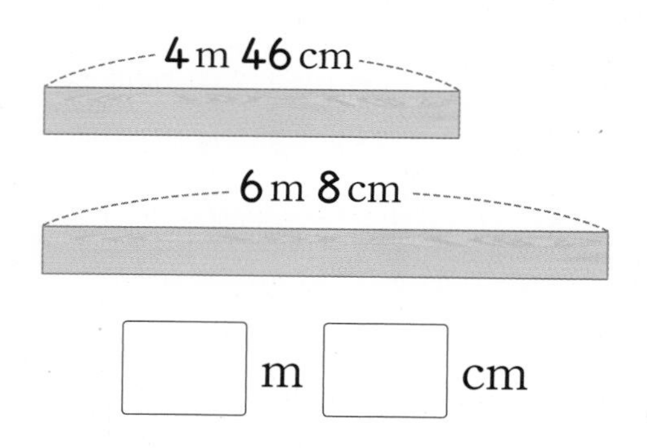

□ m □ cm

18 ○ 안에 >, =, <를 알맞게 써넣으세요.

4 m 63 cm + 2 m 52 cm

 7 m

내가 만드는 문제

19 두 길이를 골라 두 길이의 합은 몇 m 몇 cm인지 구해 보세요.

1 m 20 cm	3 m	25 cm
265 cm	4 m 12 cm	

고른 길이 ....

합 ....

서술형

20 털실을 지원이는 10 m 23 cm, 은지는 12 m 45 cm 가지고 있습니다. 두 사람이 가지고 있는 털실의 길이의 합은 몇 m 몇 cm인지 풀이 과정을 쓰고 답을 구해 보세요.

풀이 ....

답 ....

21 달팽이가 선을 따라 기어 가고 있습니다. 출발점에서 도착점까지 달팽이가 기어간 거리는 몇 m 몇 cm일까요?

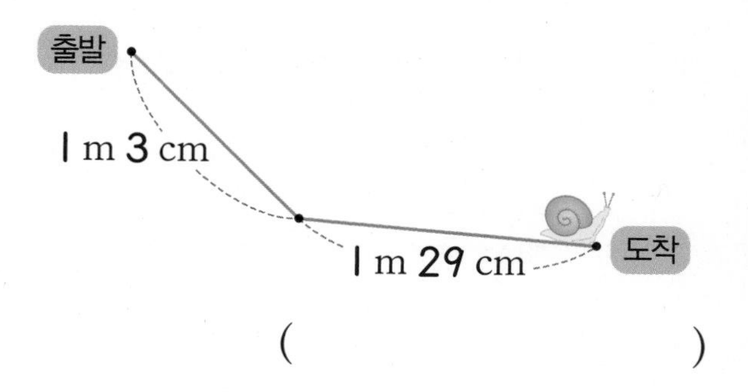

(　　　　　　　　)

22 길이가 더 긴 것을 찾아 기호를 써 보세요.

㉠ 20 m 46 cm + 29 m 30 cm
㉡ 35 m 57 cm + 14 m 27 cm

( )

23 □ 안에 알맞은 수를 써넣으세요.

471 cm + 3 m 28 cm
= □ m □ cm

24 가장 긴 길이와 가장 짧은 길이의 합은 몇 m 몇 cm일까요?

2 m 32 cm	206 cm	2 m 61 cm

( )

25 높이가 120 cm인 받침대 위에 높이가 246 cm인 조각상을 올려놓았습니다. 받침대 밑에서부터 조각상 꼭대기까지의 높이는 몇 m 몇 cm일까요?

( )

4 길이의 차 구하기

26 길이의 차를 구해 보세요.

(1) 4 m 56 cm − 1 m 32 cm

(2)
$$\begin{array}{r} 6\text{ m }73\text{ cm} \\ -\ 4\text{ m }21\text{ cm} \\ \hline \end{array}$$

27 □ 안에 알맞은 수를 써넣으세요.

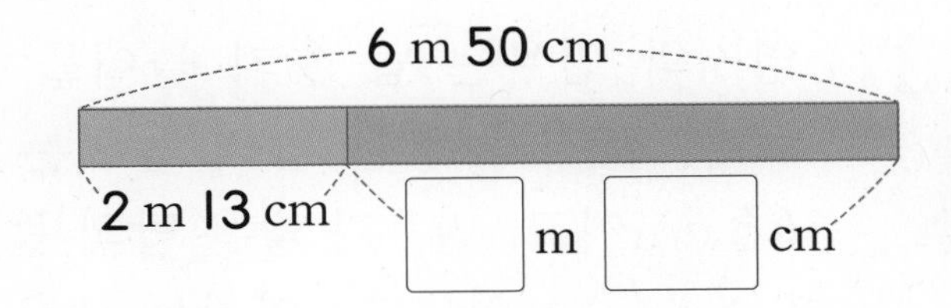

28 두 색 테이프의 길이의 차는 몇 m 몇 cm일까요?

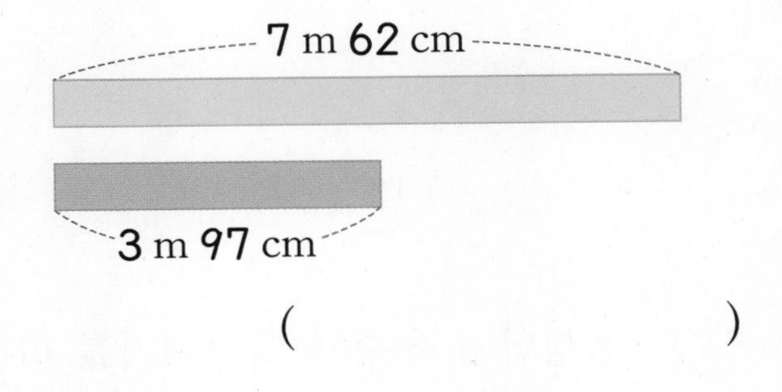

( )

29 계산이 틀린 곳을 찾아 바르게 계산해 보세요.

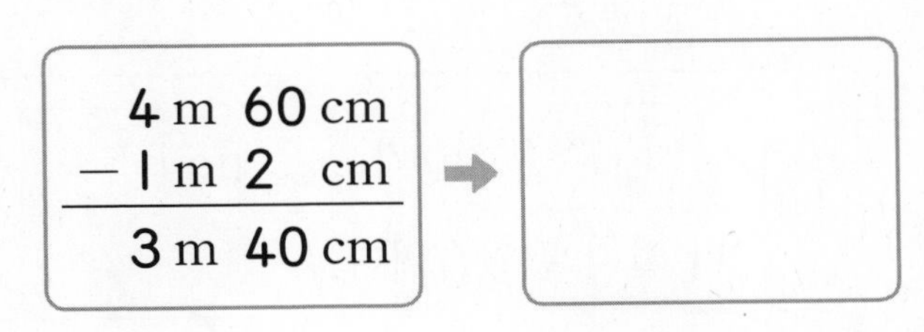

30 길이가 더 짧은 것을 찾아 기호를 써 보세요.

㉠ 9 m 63 cm − 4 m 30 cm
㉡ 5 m 40 cm

(   )

31 영지와 민우는 탑 쌓기 놀이를 했습니다. 영지가 쌓은 탑의 높이는 1 m 46 cm이고, 민우가 쌓은 탑의 높이는 1 m 14 cm입니다. 영지는 민우보다 탑을 몇 cm 더 높게 쌓았을까요?

(   )

32 선생님과 은수가 멀리뛰기를 하였습니다. 선생님은 2 m 32 cm를 뛰었고, 은수는 1 m 18 cm를 뛰었습니다. 누가 몇 m 몇 cm 더 멀리 뛰었는지 구해 보세요.

□이/가 □ m □ cm 더 멀리 뛰었습니다.

33 도서관과 놀이터 중에서 집에서 더 가까운 곳은 어디이고, 몇 m 몇 cm 더 가까운지 구해 보세요.

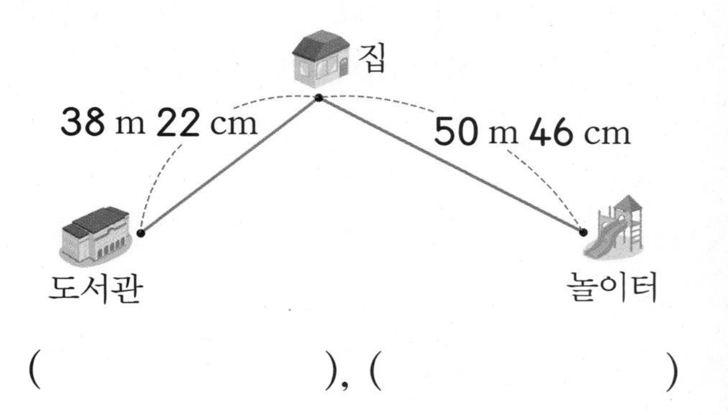

(   ), (   )

서술형

34 길이가 2 m 45 cm인 고무줄이 있습니다. 이 고무줄을 양쪽으로 잡아당겼더니 380 cm가 되었습니다. 고무줄이 늘어난 길이는 몇 m 몇 cm인지 풀이 과정을 쓰고 답을 구해 보세요.

풀이 ....

....

....

답 ....

35 수 카드를 한 번씩만 사용하여 알맞은 길이를 만들어 보세요.

1 4 9

5 길이 어림하기

36 길이가 1 m인 색 테이프로 밧줄의 길이를 어림하였습니다. 밧줄의 길이는 약 몇 m일까요?

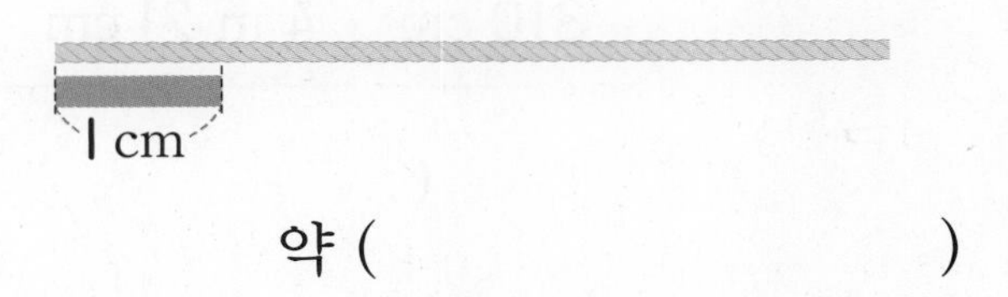

약 (　　　　　　　　)

37 1 m보다 긴 것을 모두 찾아 기호를 써 보세요.

㉠ 버스의 길이
㉡ 실내화의 길이
㉢ 학교 운동장 짧은 쪽의 길이
㉣ 젓가락의 길이를 두 번 더한 길이

(　　　　　　　　)

38 알맞은 길이를 골라 문장을 완성해 보세요.

1 m　2 m　10 m　50 m

- 교실 문의 높이는 약 □ 입니다.
- 게시판 짧은 쪽의 길이는 약 □ 입니다.
- 교실 긴 쪽의 길이는 약 □ 입니다.

내가 만드는 문제

39 □ 안에 수를 써넣어 길이를 만든 다음, 길이에 맞는 여러 가지 물건을 어림하여 찾아보세요.

길이	찾은 물건
약 □ m	

40 5 m보다 긴 것을 찾아 ○표 하세요.

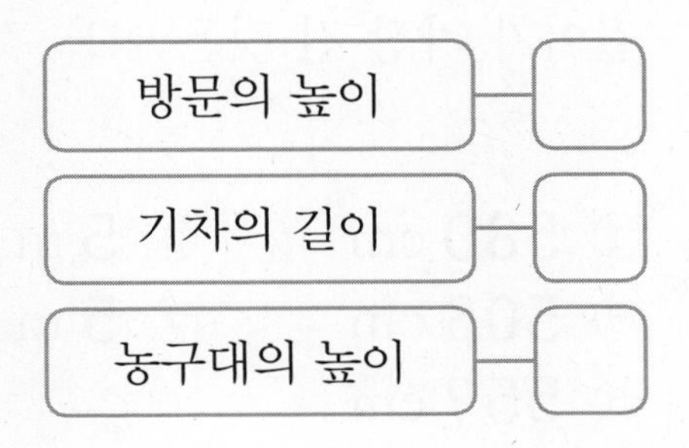

41 은정이가 뼘으로 창문의 높이를 재어 보았더니 약 10뼘이었습니다. 한 뼘이 12 cm일 때 창문의 높이는 약 몇 m 몇 cm일까요?

약 (　　　　　　　　)

42 예지의 두 걸음이 약 1 m라고 합니다. 사물함 긴 쪽의 길이가 예지의 걸음으로 8걸음이라면 사물함 긴 쪽의 길이는 약 몇 m일까요?

약 (　　　　　　　　)

STEP 3

자주 틀리는 유형

단위를 같게 한 다음 길이를 비교하자!

1 길이를 비교하여 ○ 안에 >, =, < 를 알맞게 써넣으세요.

(1) 185 cm ○ 2 m

(2) 6 m 6 cm ○ 660 cm

2 길이가 가장 긴 것은 어느 것일까요? (   )

① 580 cm ② 5 m 95 cm
③ 508 cm ④ 5 m 85 cm
⑤ 559 cm

3 서우의 키는 1 m 32 cm이고, 민석이의 키는 128 cm입니다. 서우와 민석이 중 키가 더 큰 사람은 누구일까요?

(   )

4 길이가 짧은 것부터 차례로 기호를 써 보세요.

㉠ 8 m 40 cm ㉡ 480 cm
㉢ 4 m 97 cm ㉣ 835 cm

(   )

단위를 같게 한 다음 합과 차를 구하자!

5 두 길이의 합은 몇 m 몇 cm인지 구해 보세요.

310 cm 4 m 21 cm

(   )

6 사용한 색 테이프의 길이는 몇 m 몇 cm인지 구해 보세요.

처음 길이: 5 m 60 cm

남은 길이: 245 cm

(   )

7 민호의 줄넘기의 길이는 아버지의 줄넘기의 길이보다 몇 m 몇 cm 더 짧은지 구해 보세요.

민호의 줄넘기	아버지의 줄넘기
184 cm	2 m 95 cm

(   )

같은 단위끼리 계산하자!

8 □ 안에 알맞은 수를 써넣으세요.

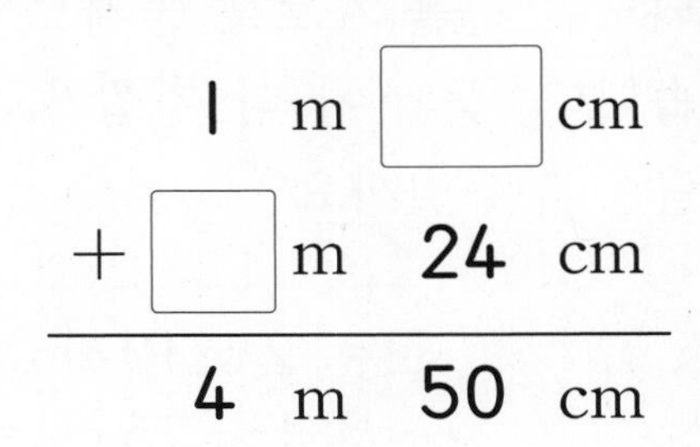

9 □ 안에 알맞은 수를 써넣으세요.

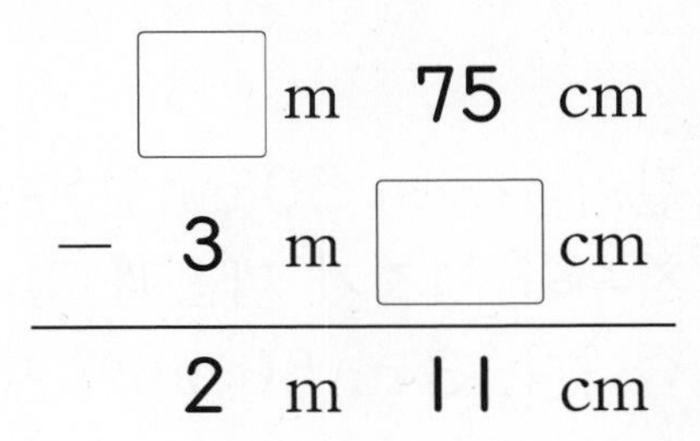

10 □ 안에 알맞은 수를 써넣으세요.

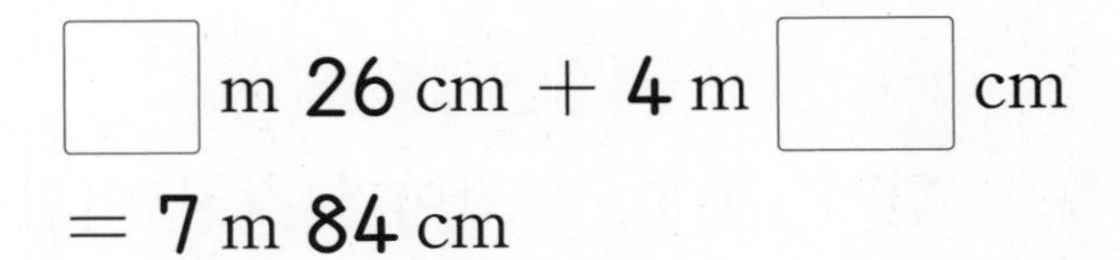

11 □ 안에 알맞은 수를 써넣으세요.

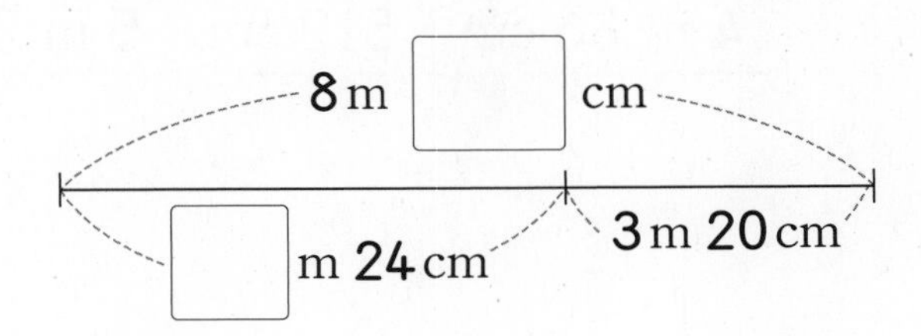

단위가 되는 길이가 몇 번인지 알아봐!

12 항아리의 높이가 50 cm일 때 장식장의 높이는 약 몇 m 몇 cm일까요?

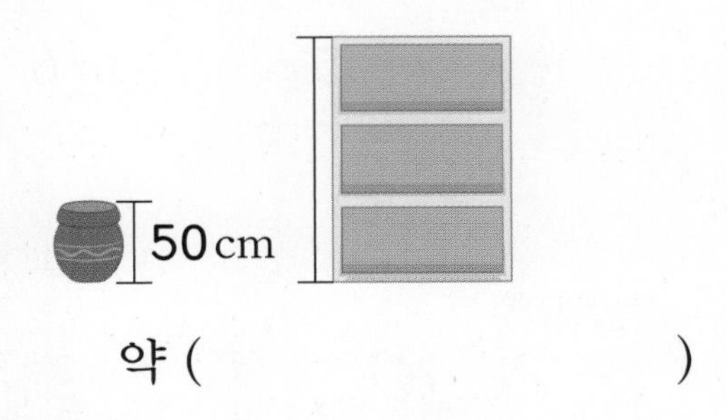

약 (   )

13 진수의 신발의 길이가 20 cm일 때 아이스하키 스틱의 길이는 약 몇 m 몇 cm일까요?

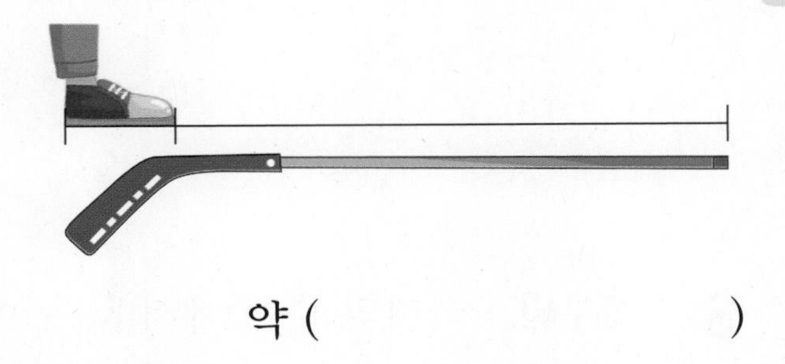

약 (   )

14 아버지의 한 뼘의 길이가 22 cm일 때 액자 긴 쪽의 길이는 약 몇 m 몇 cm일까요?

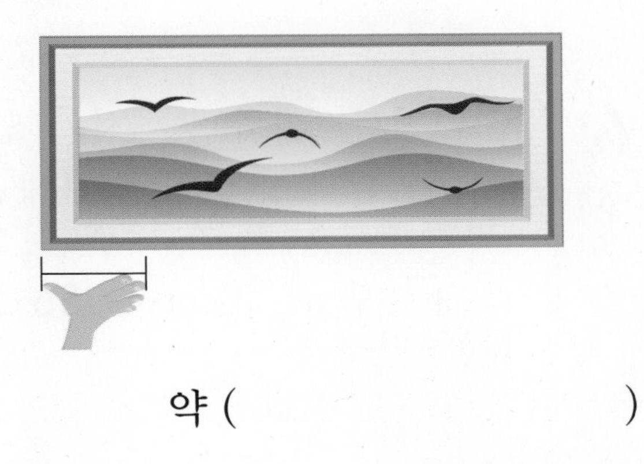

약 (   )

STEP 4 최상위 도전 유형

도전1 □ 안에 들어갈 수 있는 수 구하기

1 0부터 9까지의 수 중에서 □ 안에 들어갈 수 있는 수를 모두 구해 보세요.

4□5 cm > 4 m 69 cm

(   )

핵심 NOTE

■ m ▲ cm를 cm 단위로 바꾼 다음 세 자리 수의 크기 비교를 이용하여 □ 안에 들어갈 수 있는 수를 찾습니다.

2 1부터 9까지의 수 중에서 □ 안에 들어갈 수 있는 수를 모두 구해 보세요.

758 cm < 7 m □2 cm

(   )

3 0부터 9까지의 수 중에서 □ 안에 들어갈 수 있는 수는 모두 몇 개일까요?

3 m 45 cm > 3□8 cm

(   )

4 1부터 9까지의 수 중에서 □ 안에 들어갈 수 있는 가장 큰 수를 구해 보세요.

9 m □1 cm < 956 cm

(   )

도전2 더 가깝게 어림한 사람 구하기

5 현우와 민서가 각자 어림하여 2 m가 되도록 끈을 자르고 줄자로 재어 보았습니다. 2 m에 더 가깝게 어림한 사람은 누구일까요?

현우: 2 m 10 cm
민서: 1 m 95 cm

(   )

핵심 NOTE

실제 길이와 어림한 길이의 차가 작을수록 더 가깝게 어림한 것입니다.

6 길이가 3 m 50 cm인 철사의 길이를 지후와 영지가 다음과 같이 어림하였습니다. 3 m 50 cm에 더 가깝게 어림한 사람은 누구일까요?

지후	영지
3 m 35 cm	3 m 60 cm

(   )

7 한서, 동영, 유진이가 각자 어림하여 5 m가 되도록 털실을 자르고 줄자로 재어 보았습니다. 5 m에 가장 가깝게 어림한 사람은 누구일까요?

한서	동영	유진
4 m 86 cm	512 cm	5 m 5 cm

(   )

도전3 수 카드로 길이를 만들어 합 또는 차 구하기

8 수 카드의 수를 □ 안에 한 번씩만 써넣어 가장 긴 길이를 만들고, 그 길이와 1 m 25 cm의 합을 구해 보세요.

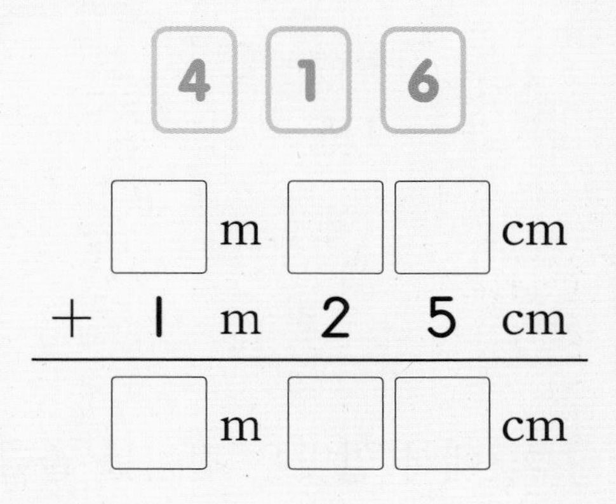

핵심 NOTE

- 가장 긴 길이를 만들려면 m 단위부터 큰 수를 차례로 씁니다.
- 가장 짧은 길이를 만들려면 m 단위부터 작은 수를 차례로 씁니다.

9 수 카드의 수를 □ 안에 한 번씩만 써넣어 가장 긴 길이와 가장 짧은 길이를 만들고, 그 차를 구해 보세요.

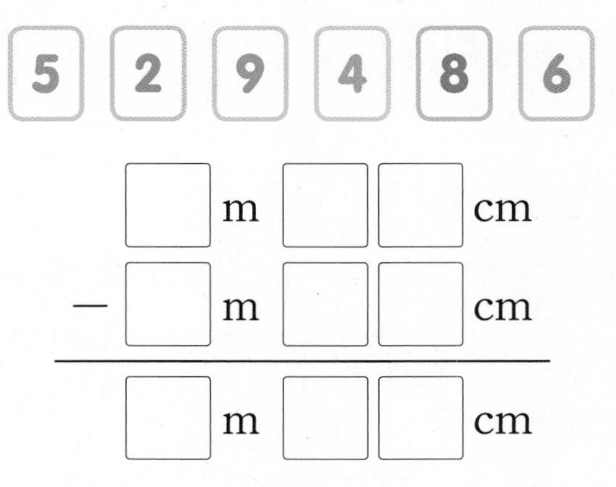

도전4 이어 붙인 색 테이프의 전체 길이 구하기

10 색 테이프 2장을 그림과 같이 겹치게 이어 붙였습니다. 이어 붙인 색 테이프의 전체 길이는 몇 m 몇 cm일까요?

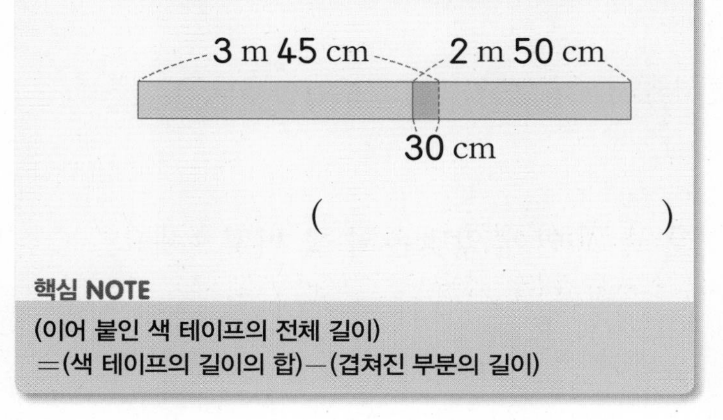

(　　　　　　　　)

핵심 NOTE

(이어 붙인 색 테이프의 전체 길이)
=(색 테이프의 길이의 합)−(겹쳐진 부분의 길이)

11 색 테이프 2장을 그림과 같이 겹치게 이어 붙였습니다. 이어 붙인 색 테이프의 전체 길이는 몇 m 몇 cm일까요?

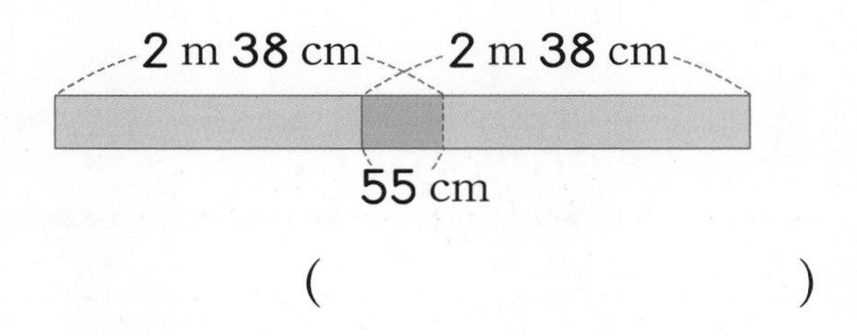

(　　　　　　　　)

도전 최상위

12 색 테이프 3장을 그림과 같이 겹치게 이어 붙였습니다. 이어 붙인 색 테이프의 전체 길이는 몇 m 몇 cm일까요?

1 m 50 cm　1 m 50 cm　1 m 50 cm

20 cm　20 cm

(　　　　　　　　)

수시 평가 대비 Level 1

3. 길이 재기

점수

확인

1 길이를 바르게 읽어 보세요.

3 m 15 cm

(   )

2 □ 안에 알맞은 수를 써넣으세요.

(1) 8 m = □ cm

(2) 409 cm = □ m □ cm

3 밧줄의 길이는 몇 m 몇 cm일까요?

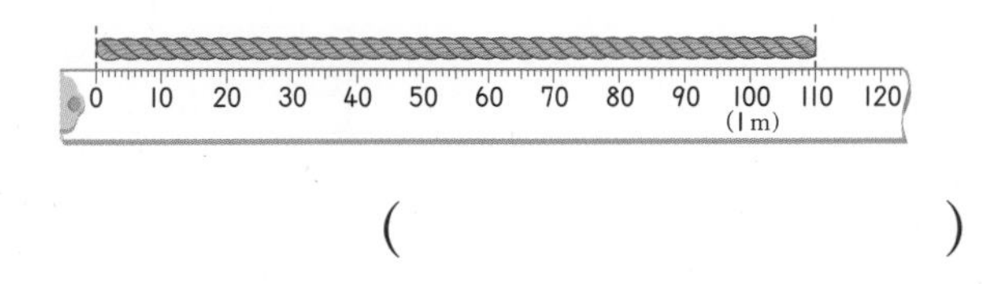

(   )

4 1 m보다 긴 것에 ○표, 1 m보다 짧은 것에 △표 하세요.

(1) 연필의 길이 (   )

(2) 국기 게양대의 높이 (   )

5 주어진 1 m로 끈의 길이를 어림하였습니다. 어림한 끈의 길이는 약 몇 m일까요?

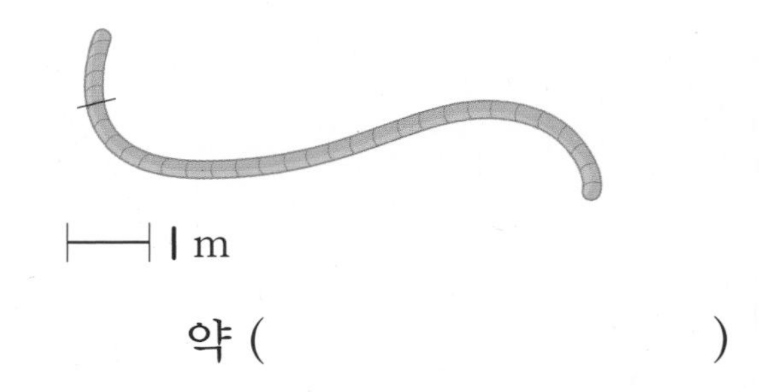

약 (   )

6 보기 에서 알맞은 길이를 골라 문장을 완성해 보세요.

보기

10 m   26 cm   175 cm   4 m

(1) 3층 건물의 높이는 약 □ 입니다.

(2) 아빠의 키는 약 □ 입니다.

7 틀린 것을 찾아 기호를 써 보세요.

㉠ 4 m = 400 cm

㉡ 909 cm = 99 m

㉢ 5 m 3 cm = 503 cm

㉣ 1 m 25 cm = 125 cm

(   )

정답과 풀이 26쪽

8 길이를 비교하여 ○ 안에 >, =, <를 알맞게 써넣으세요.

770 cm ○ 7 m 7 cm

9 길이의 합과 차를 구해 보세요.

(1)
```
   2 m 16 cm
 + 7 m  6 cm
 -----------
```

(2)
```
   5 m 60 cm
 - 2 m 38 cm
 -----------
```

10 □ 안에 알맞은 수를 써넣으세요.

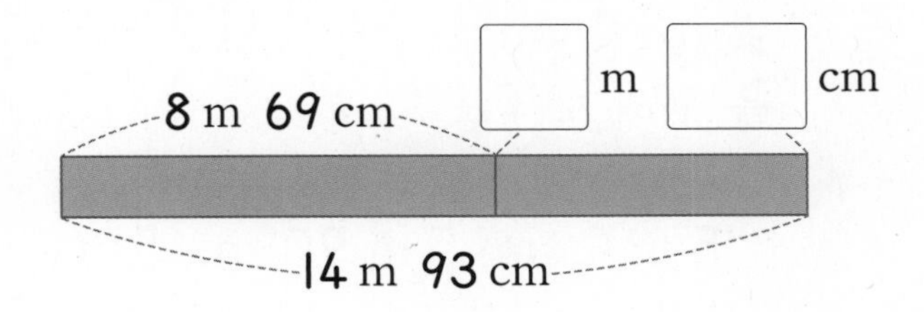

11 더 긴 길이를 어림한 사람의 이름을 써 보세요.

(   )

12 두 길이의 차는 몇 m 몇 cm일까요?

1 m 35 cm	8 m 52 cm

(   )

13 □ 안에 알맞은 수를 써넣으세요.

```
   3 m □ cm
 + □ m 15 cm
 -----------
   8 m 39 cm
```

14 재현이가 가지고 있는 리본의 길이는 4 m 15 cm이고 정민이는 재현이보다 2 m 25 cm 더 긴 리본을 가지고 있습니다. 정민이가 가지고 있는 리본의 길이는 몇 m 몇 cm일까요?

(   )

15 길이가 1 m 25 cm인 고무줄이 있습니다. 이 고무줄을 양쪽에서 잡아당겼더니 2 m 32 cm가 되었습니다. 처음보다 더 늘어난 길이는 몇 m 몇 cm일까요?

(   )

16 양팔을 벌린 길이가 약 130 cm인 친구 3명이 그림과 같이 물건의 길이를 재었습니다. 이 물건의 길이는 약 몇 m일까요?

약 (　　　　　　　　)

17 집에서 문구점을 거쳐 학교까지 가는 거리는 집에서 학교로 바로 가는 거리보다 몇 m 몇 cm 더 멀까요?

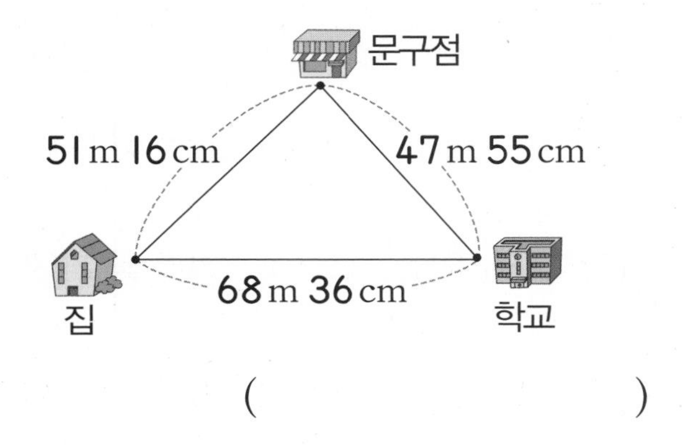

(　　　　　　　　)

18 수 카드의 수를 □ 안에 한 번씩만 써넣어 가장 긴 길이와 가장 짧은 길이를 만들고 그 차를 구해 보세요.

3　1　5　4　9　7

□ m □□ cm
− □ m □□ cm
□ m □□ cm

서술형 문제

정답과 풀이 26쪽

19 에어컨의 높이는 2 m보다 10 cm 더 높습니다. 에어컨의 높이는 몇 cm인지 풀이 과정을 쓰고 답을 구해 보세요.

풀이

답

20 가장 긴 길이와 가장 짧은 길이의 합은 몇 m 몇 cm인지 풀이 과정을 쓰고 답을 구해 보세요.

5 m 9 cm, 5 m 90 cm, 519 cm

풀이

답

수시 평가 대비 Level 2

점수

확인

1 다음 길이는 몇 m 몇 cm인지 쓰고 읽어 보세요.

1 m보다 50 cm 더 긴 길이

쓰기 (　　　　　　　　　　)

읽기 (　　　　　　　　　　)

2 색 테이프의 길이는 몇 m 몇 cm일까요?

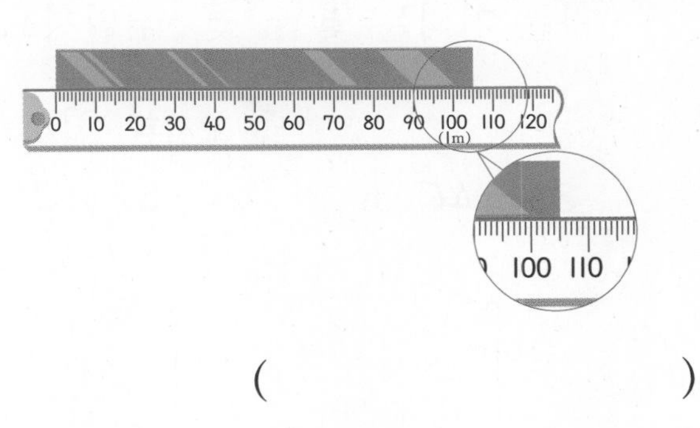

(　　　　　　　　　　)

3 cm와 m 중 알맞은 단위를 써 보세요.

(1) 우산의 길이는 약 80 ☐ 입니다.

(2) 트럭의 길이는 약 3 ☐ 입니다.

4 낙타의 키는 2 m 76 cm입니다. 낙타의 키는 몇 cm일까요?

(　　　　　　　　　　)

5 길이를 비교하여 ○ 안에 >, =, <를 알맞게 써넣으세요.

718 cm ○ 7 m 8 cm

6 준희가 양팔을 벌린 길이가 약 1 m일 때 칠판 긴 쪽의 길이는 약 몇 m일까요?

약 (　　　　　　　　　　)

7 소파의 길이를 잴 때 더 여러 번 재어야 하는 것을 찾아 기호를 써 보세요.

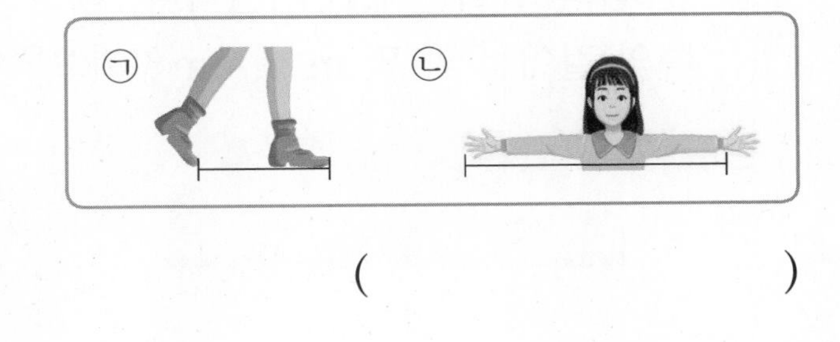

(　　　　　　　　　　)

8 길이를 잘못 나타낸 것을 찾아 ○표 하고, 길이를 바르게 써 보세요.

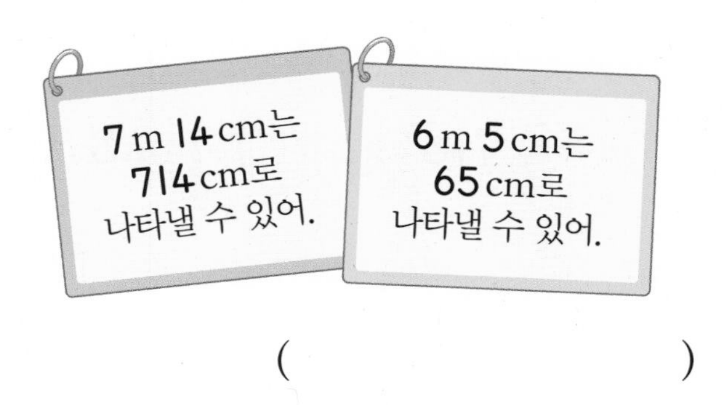

(　　　　　　　　)

9 길이의 합과 차를 구해 보세요.

(1)
$$\begin{array}{r} 2\text{ m } 60\text{ cm} \\ +\ 4\text{ m } 15\text{ cm} \\ \hline \end{array}$$

(2)
$$\begin{array}{r} 6\text{ m } 93\text{ cm} \\ -\ 5\text{ m } 72\text{ cm} \\ \hline \end{array}$$

10 0부터 9까지의 수 중에서 □ 안에 들어갈 수 있는 수를 모두 구해 보세요.

9 m 32 cm > 9□8 cm

(　　　　　　　　)

11 한 뼘의 길이는 15 cm입니다. 책상 긴 쪽의 길이는 약 몇 m 몇 cm일까요?

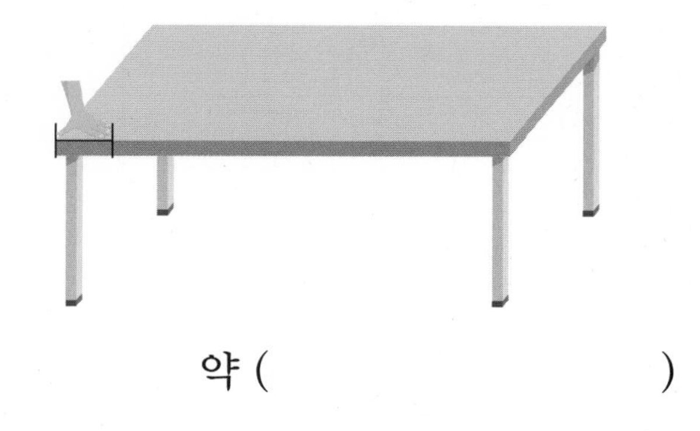

약 (　　　　　　　　)

12 □ 안에 알맞은 수를 써넣으세요.

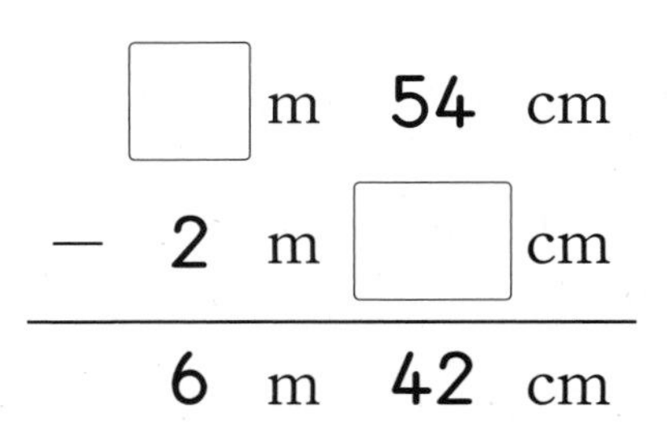

13 놀이터에서 도서관을 거쳐 문구점까지 가는 거리는 몇 m 몇 cm일까요?

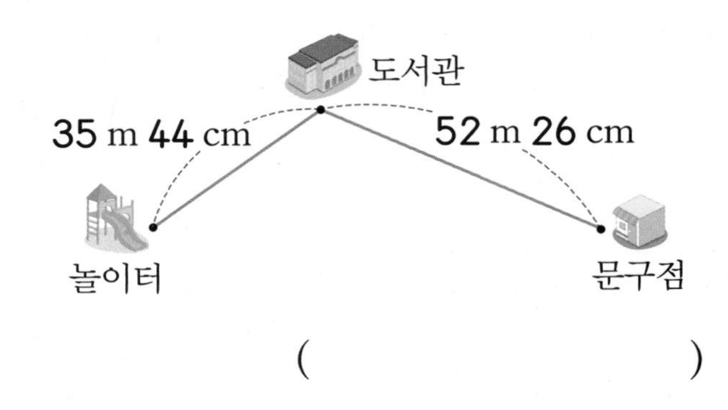

(　　　　　　　　)

14 □ 안에 알맞은 수를 써넣으세요.

(1) 5 m 63 cm + 217 cm
= □ m □ cm

(2) 697 cm − 4 m 38 cm
= □ m □ cm

서술형 문제

정답과 풀이 27쪽

15 영민이가 창문 긴 쪽의 길이를 뼘으로 재었더니 18뼘이었습니다. 영민이의 9뼘이 약 1 m일 때 창문 긴 쪽의 길이는 약 몇 m일까요?

약 (　　　　　　)

16 색 테이프 2장을 그림과 같이 겹치게 이어 붙였습니다. 이어 붙인 색 테이프의 전체 길이는 몇 m 몇 cm일까요?

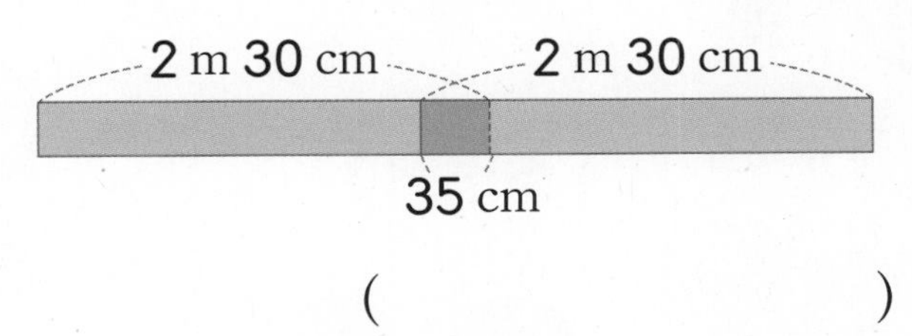

(　　　　　　)

17 길이가 더 짧은 것을 찾아 기호를 써 보세요.

㉠ 1 m 47 cm + 4 m 25 cm
㉡ 8 m 90 cm − 3 m 14 cm

(　　　　　　)

18 우주 어머니의 키는 1 m 64 cm이고 우주는 어머니보다 36 cm 더 작습니다. 아버지는 우주보다 49 cm 더 클 때 아버지의 키는 몇 m 몇 cm일까요?

(　　　　　　)

19 높이가 135 cm인 받침대 위에 높이가 3 m 20 cm인 조각상을 올려놓았습니다. 받침대 밑에서부터 조각상 꼭대기까지의 높이는 몇 m 몇 cm인지 풀이 과정을 쓰고 답을 구해 보세요.

풀이

답

20 다음 중 키가 가장 큰 나무는 키가 가장 작은 나무보다 몇 m 몇 cm 더 큰지 풀이 과정을 쓰고 답을 구해 보세요.

소나무	3 m 29 cm
은행나무	453 cm
단풍나무	4 m 35 cm

풀이

답

사고력이 반짝

● 목걸이 일부분을 나타내는 그림이 아닌 것을 찾아 기호를 써 보세요.

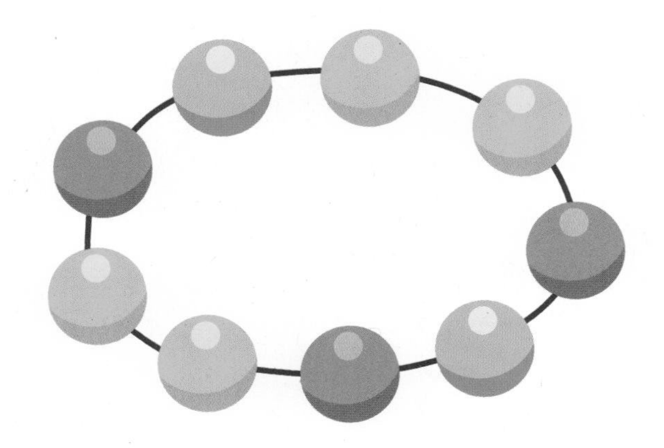

㉠ 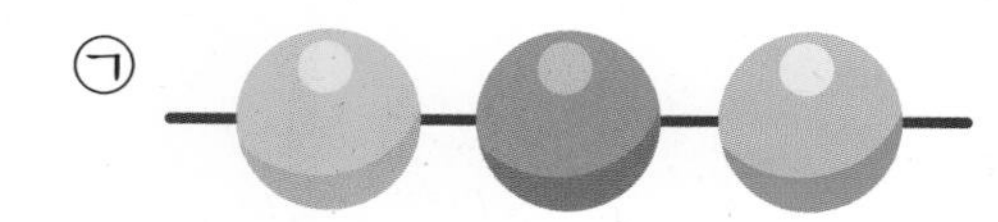

㉡ 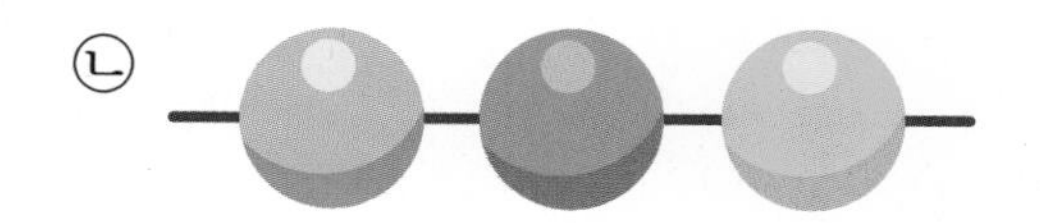

㉢ 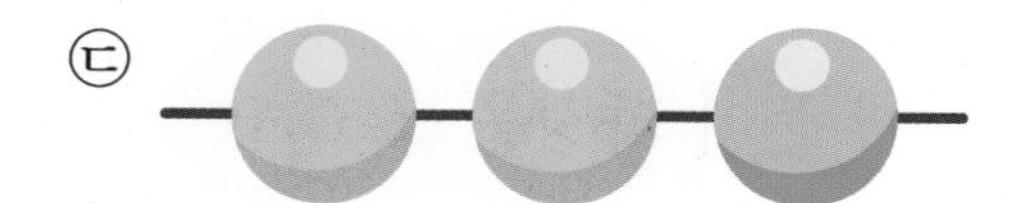

㉣ 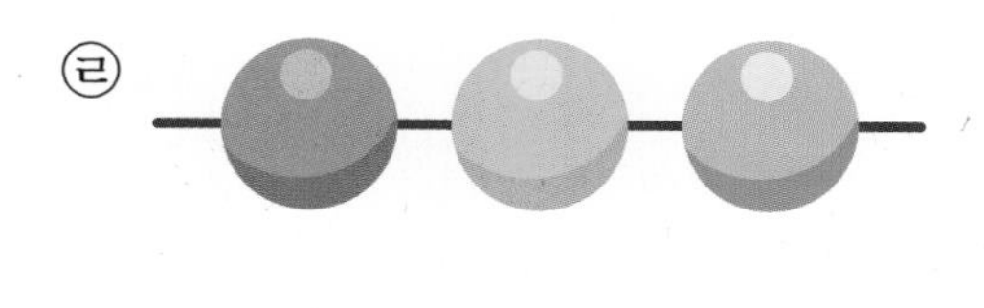

(　　　　　　　　　　)

4 시각과 시간

이번 단원에서
꼭 짚어야 할
핵심 개념을 알아보자.

핵심 1 몇 시 몇 분 읽기

5시 ☐분

핵심 2 여러 가지 방법으로 시각 읽기

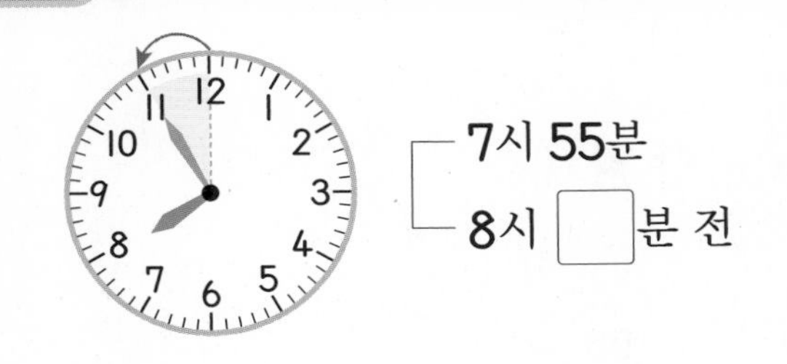

7시 55분

8시 ☐분 전

핵심 3 1시간 알아보기

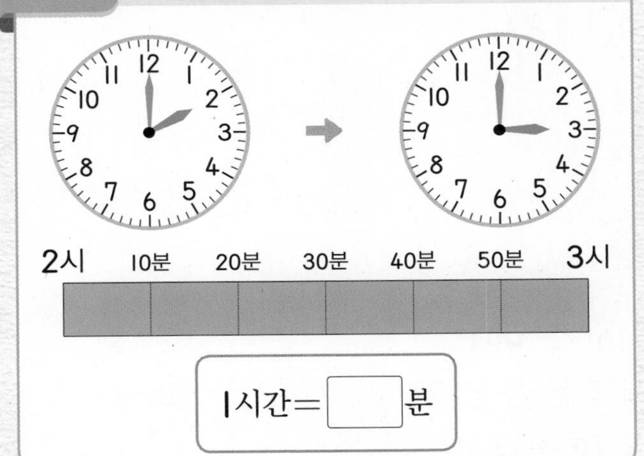

1시간=☐분

핵심 4 하루의 시간 알아보기

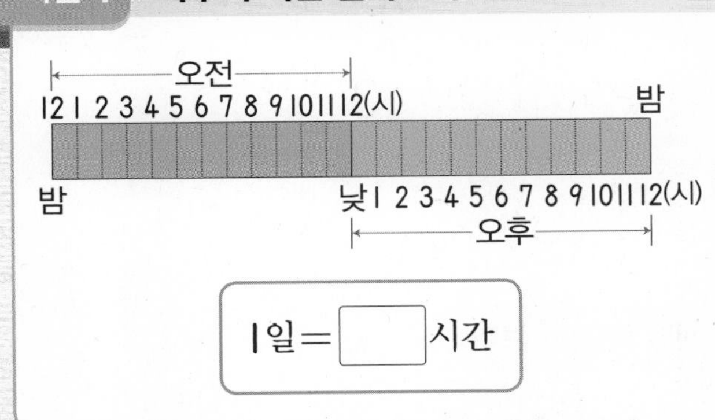

1일=☐시간

핵심 5 달력 알아보기

- 1주일은 ☐일이다.
- 1년은 ☐개월이다.

답 1. 12 2. 5 3. 60 4. 24 5. 7, 12

1. 몇 시 몇 분 읽기

● 몇 시 몇 분 알아보기

• 시계의 긴바늘이 가리키는 작은 눈금 한 칸은 1분을 나타냅니다.
• 시계의 긴바늘이 가리키는 숫자가 1이면 5분, 2이면 10분, 3이면 15분, ...입니다.

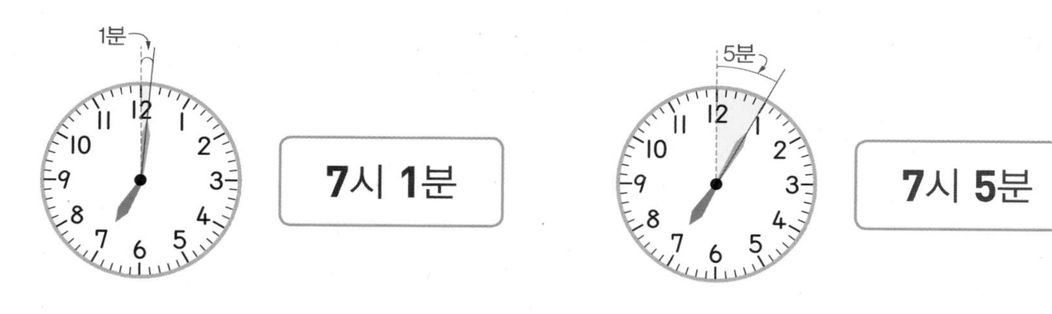

● 시각 읽기

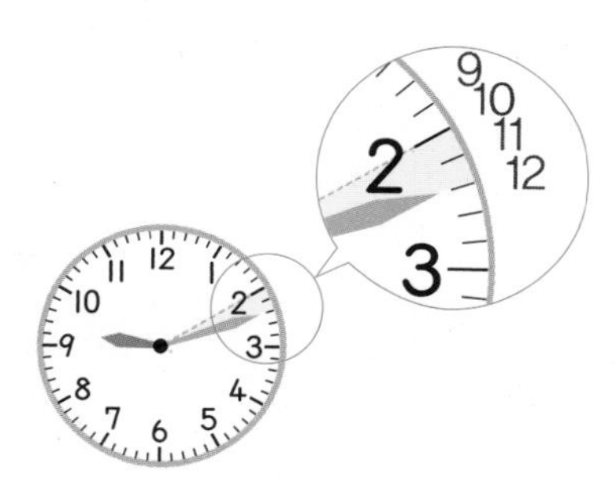

짧은바늘: 8과 9 사이 ➡ 8시
긴바늘: 3 ➡ 15분

• ■와 ● 사이일 때 앞의 수를 시로 읽습니다.

8시 15분

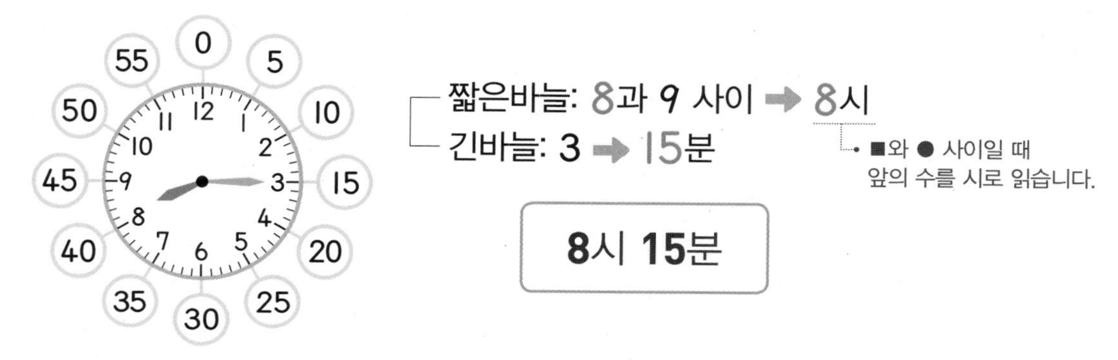

짧은바늘: 9와 10 사이 ➡ 9시
긴바늘: 2(10분)에서 작은 눈금 2칸 더 간 곳을 가리키므로
10분+1분+1분=12분 ➡ 12분

• 3(15분)에서 작은 눈금 3칸 덜 간 곳을 가리키므로 15분−1분−1분−1분=12분임을 알 수도 있습니다.

9시 12분

개념 자세히 보기

● 같은 숫자를 가리켜도 시곗바늘의 길이에 따라 나타내는 시각이 달라요!

3시

12시 15분

➲ 정답과 풀이 29쪽

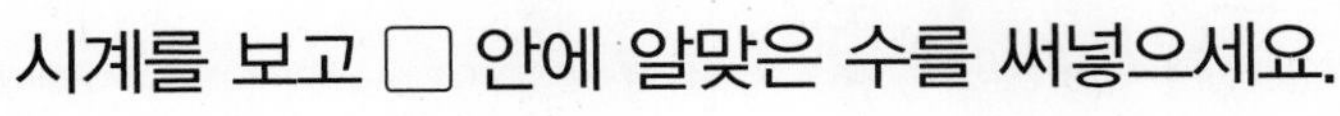

1 시계를 보고 □ 안에 알맞은 수를 써넣으세요.

① 짧은바늘은 □와/과 □ 사이를 가리키고 있습니다.

② 긴바늘은 □을/를 가리키고 있습니다.

③ 시계가 나타내는 시각은 □시 □분입니다.

2 시계를 보고 □ 안에 알맞은 수를 써넣으세요.

① 짧은바늘은 □와/과 □ 사이를 가리키고 있습니다.

② 긴바늘은 □에서 작은 눈금 □칸 더 간 곳을 가리키고 있습니다.

③ 시계가 나타내는 시각은 □시 □분입니다.

긴바늘이 가리키는 작은 눈금 한 칸은 1분을 나타내요.

3 시계를 보고 몇 시 몇 분인지 써 보세요.

①

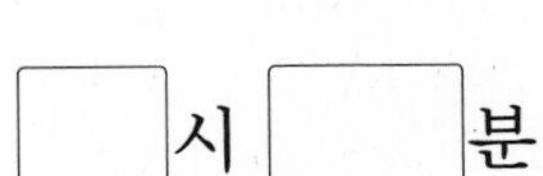

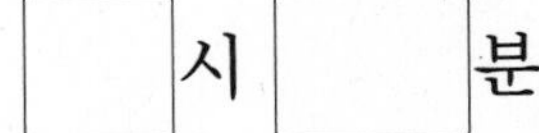

□시 □분

②

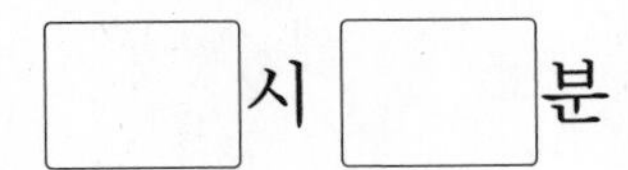

□시 □분

③

□시 □분

④

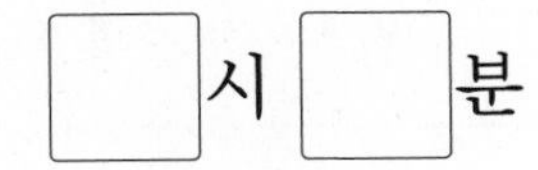

□시 □분

디지털시계에서 ':'의 왼쪽은 시, 오른쪽은 분을 나타내요.

STEP 1 교과 개념

2. 여러 가지 방법으로 시각 읽기

● **몇 시 몇 분 전으로 나타내기**

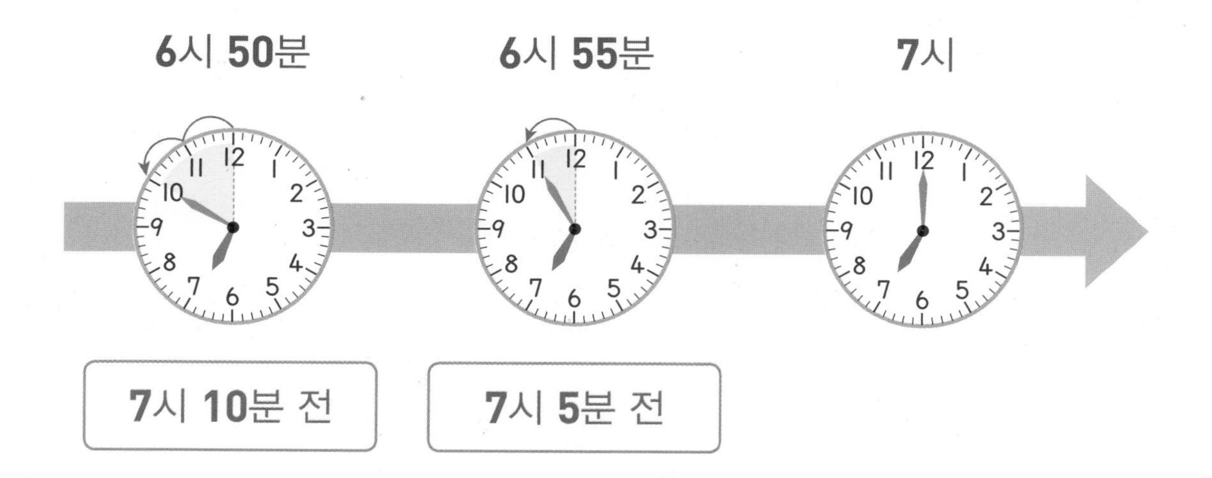

● **여러 가지 방법으로 시각 읽기**

① 2시 55분입니다.
② 3시가 되려면 5분이 더 지나야 합니다.
③ 이 시각은 3시 5분 전입니다.

2시 55분 = 3시 5분 전

개념 자세히 보기

● **시계의 긴바늘이 이동하는 방향을 알아보아요!**

■시를 기준으로 하여 시계의 긴바늘이 작은 눈금 ●칸을
- 시계 반대 방향으로 이동하면: ■시 ●분 전
- 시계 방향으로 이동하면: ■시 ●분

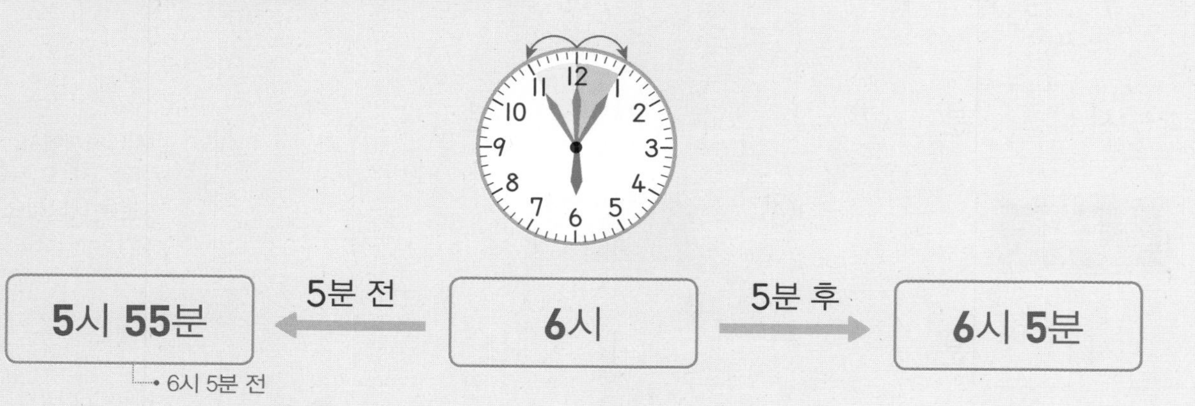

정답과 풀이 29쪽

1 여러 가지 방법으로 시계의 시각을 읽어 보려고 합니다. □ 안에 알맞은 수를 써넣으세요.

① 시계가 나타내는 시각은 □시 □분입니다.

② 8시가 되려면 □분이 더 지나야 합니다.

③ 이 시각은 □시 □분 전입니다.

긴바늘이 12에서 시계 반대 방향으로 작은 눈금 몇 칸을 가면 되는지 세면 몇 분 전 시각으로 나타낼 수 있어요.

2 시각을 두 가지 방법으로 읽어 보세요.

①

□시 □분

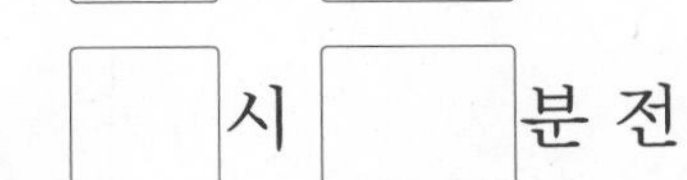

□시 □분 전

②

□시 □분

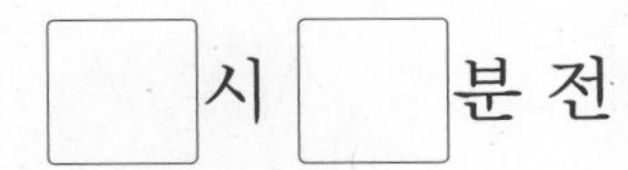

□시 □분 전

3 시계에 시각을 나타내 보세요.

2시 10분 전 ➡

4 주어진 시각의 10분 전과 10분 후의 시각을 각각 시계에 나타내 보세요.

STEP 1 교과 개념

3. 1시간, 걸린 시간 알아보기

● 1시간 알아보기

긴바늘이 12에서 한 바퀴 도는 동안 짧은바늘은 6에서 7로 숫자 눈금을 한 칸 움직입니다.

30분 후 → 30분 후

6시	10분	20분	30분	40분	50분	7시

• 시계의 긴바늘이 한 바퀴 도는 데 걸린 시간은 60분입니다.
• 60분은 1시간입니다.

60분 = 1시간

● 걸린 시간 알아보기

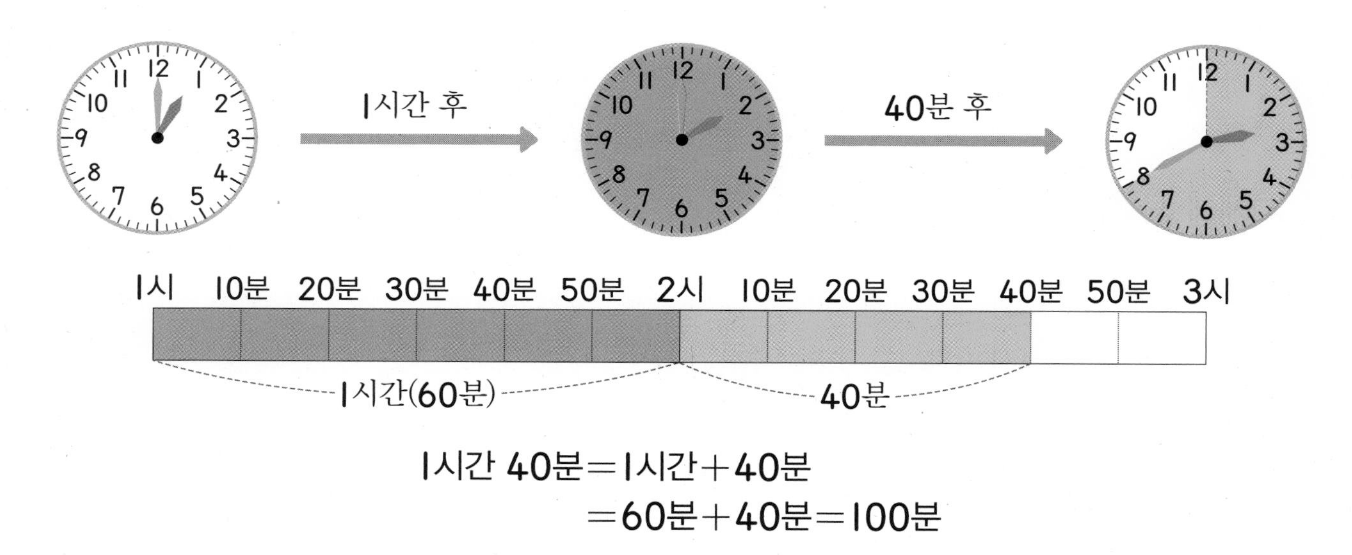

1시간 40분 = 1시간 + 40분
= 60분 + 40분 = 100분

개념 자세히 보기

● 어떤 시각에서 어떤 시각까지의 사이를 시간이라고 해요!

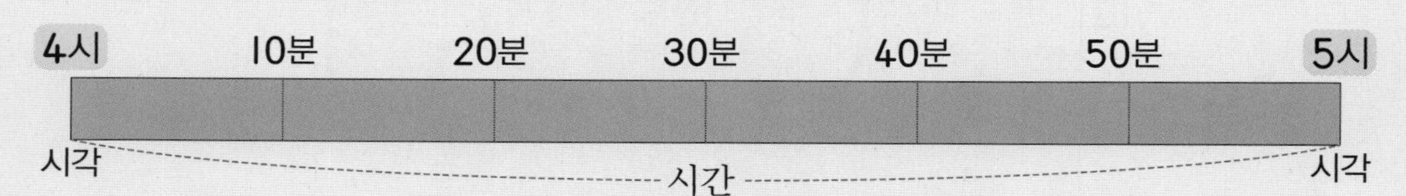

➲ 정답과 풀이 29쪽

1 영화를 보는 데 걸린 시간을 시간 띠에 색칠하고 구해 보세요.

시작한 시각

끝낸 시각

2시	10분	20분	30분	40분	50분	3시	10분	20분	30분	40분	50분	4시

영화를 보는 데 걸린 시간은 □ (분 , 시간)입니다.

2 □ 안에 알맞은 수를 써넣으세요.

① 2시간 = □분

② 60분 = □시간

③ 1시간 50분 = □분

④ 130분 = □시간 □분

예 90분=60분+30분
=1시간+30분
=1시간 30분

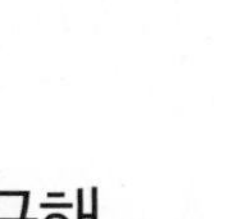

3 기차를 타고 이동하는 데 걸린 시간을 시간 띠에 색칠하고 구해 보세요.

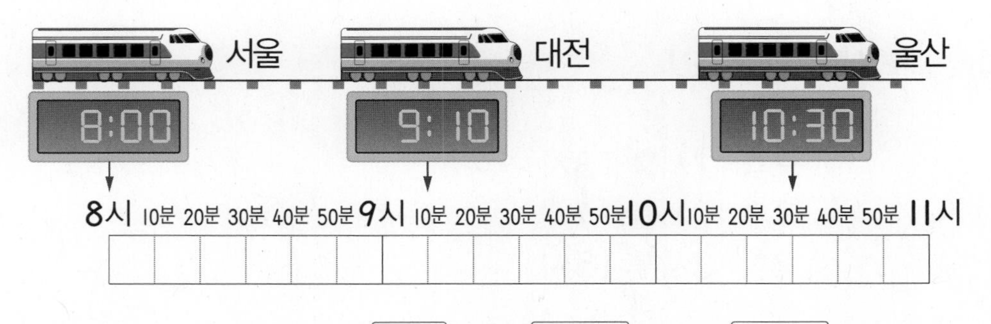

• 서울에서 대전까지: □시간 □분 = □분

• 대전에서 울산까지: □시간 □분 = □분

시간 띠 한 칸의 크기는 10분이므로 칸 수를 세어 보면 걸린 시간을 알 수 있어요.

4

STEP 1 교과 개념

4. 하루의 시간 알아보기

오전과 오후 알아보기

- 오전: 전날 밤 12시부터 낮 12시까지
- 오후: 낮 12시부터 밤 12시까지

하루의 시간 알아보기

- 하루는 24시간입니다.
- 시계의 짧은바늘은 하루 동안 2바퀴 돕니다.
- 시계의 긴바늘은 하루 동안 24바퀴 돕니다.

1일 = 24시간

1일 = 오전 + 오후
= 12시간 + 12시간
= 24시간

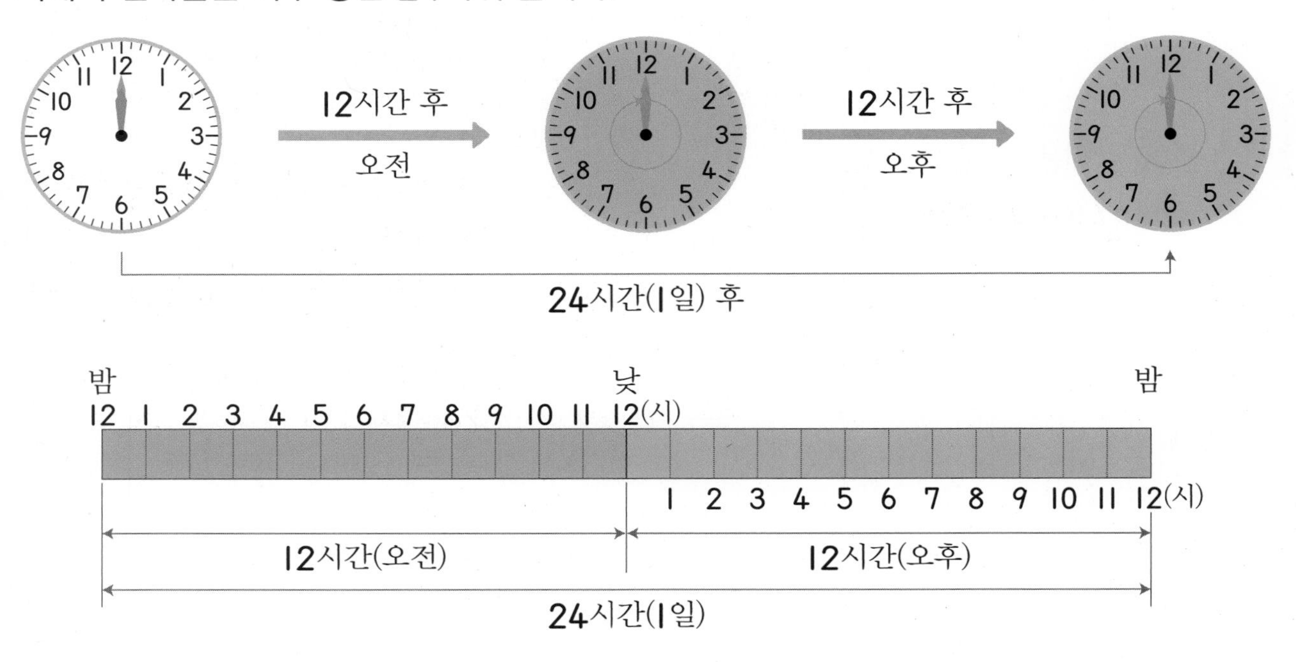

개념 자세히 보기

오후 시각을 두 가지로 나타낼 수 있어요!

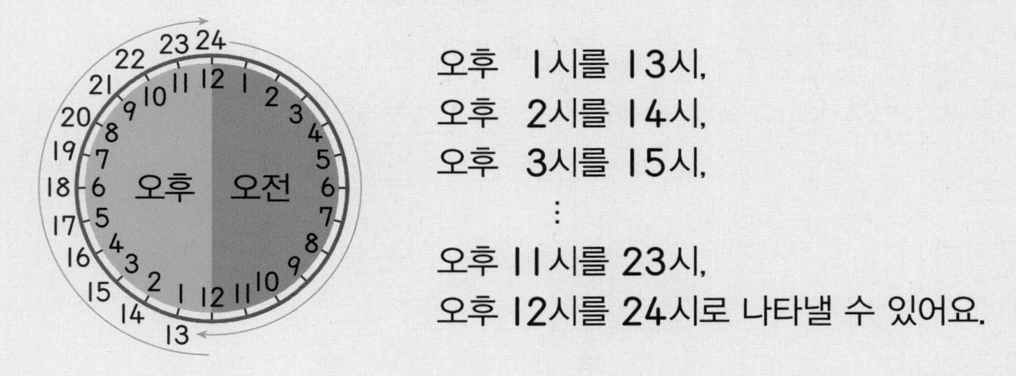

오후 1시를 13시,
오후 2시를 14시,
오후 3시를 15시,
⋮
오후 11시를 23시,
오후 12시를 24시로 나타낼 수 있어요.

정답과 풀이 30쪽

1 □ 안에 오전과 오후를 알맞게 써넣으세요.

① 새벽 3시 ➡ □　　② 낮 2시 ➡ □

2 □ 안에 알맞은 수를 써넣으세요.

예 30시간
=24시간+6시간
=1일+6시간
=1일 6시간

① 24시간 = □일　　② 2일 = □시간

③ 1일 5시간= □시간　④ 33시간= □일 □시간

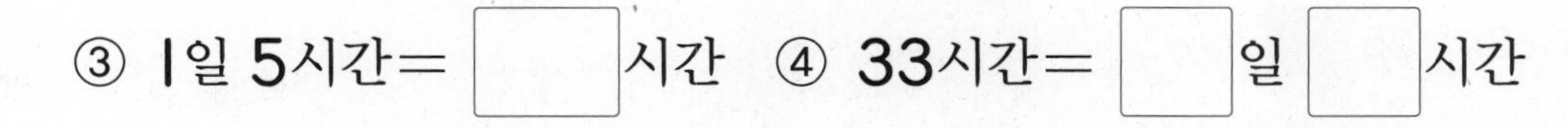

3 민수가 놀이공원에 있었던 시간을 구하려고 합니다. 물음에 답하세요.

① 민수가 놀이공원에 있었던 시간을 시간 띠에 색칠해 보세요.

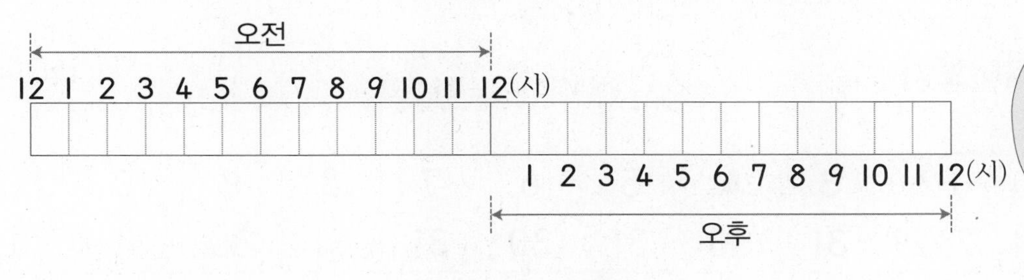

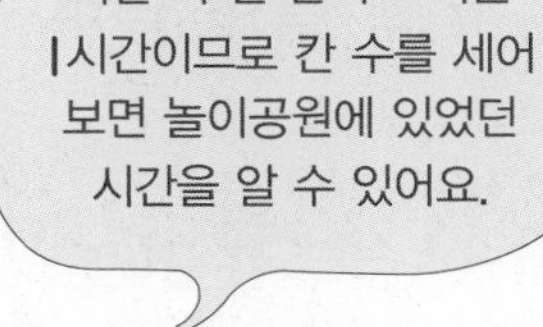

시간 띠 한 칸의 크기는 1시간이므로 칸 수를 세어 보면 놀이공원에 있었던 시간을 알 수 있어요.

② 민수가 놀이공원에 있었던 시간은 □시간입니다.

4 은미네 가족이 여행한 시간을 구해 보세요.

오늘 오전 10시부터 내일 오전 10시까지는 24시간이야.

(　　　　　　　　)

STEP 1 교과 개념

5. 달력 알아보기

● 달력 알아보기

8월

일	월	화	수	목	금	토
		1	2	3	4	5
6	7	8	9	10	11	12
13	14	15	16	17	18	19
20	21	22	23	24	25	26
27	28	29	30	31	1	2

+7일 +7일 +7일 +7일

9월 1일은 금요일입니다.

- 같은 요일은 7일마다 반복됩니다.
- 8월 26일은 넷째 토요일입니다.
- 주황색으로 색칠된 기간은 1주일입니다.
  일요일부터 토요일까지만 1주일인 것이 아니라 화요일부터 그다음 주 월요일까지도 1주일입니다.

1주일 = 7일

● 1년 알아보기

- 1년은 1월부터 12월까지 있습니다.
  1월부터 12월까지만 1년인 것이 아니라 2월부터 다음 해 1월까지도 1년입니다.

1년 = 12개월

● 각 월의 날수 알아보기

월	1	2	3	4	5	6	7	8	9	10	11	12
날수(일)	31	28(29)	31	30	31	30	31	31	30	31	30	31

2월 29일은 4년에 한 번씩 돌아옵니다.

개념 자세히 보기

● 주먹을 이용하여 각 월의 날수를 쉽게 알 수 있어요!

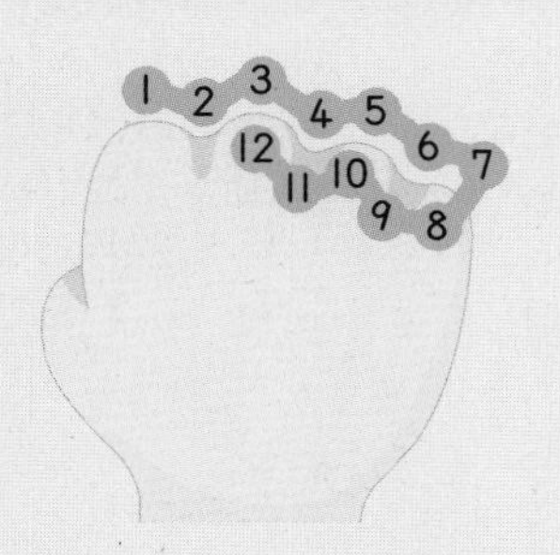

주먹을 쥐었을 때 높은 곳은 31일,
낮은 곳은 30일 또는 28일로 생각합니다.

- 30일까지 있는 월: 4월, 6월, 9월, 11월
- 31일까지 있는 월: 1월, 3월, 5월, 7월, 8월, 10월, 12월
- 28일(29일)까지 있는 월: 2월

1 어느 해의 5월 달력입니다. □ 안에 알맞은 수나 말을 써넣으세요.

5월

일	월	화	수	목	금	토
		1	2	3	4	5
6	7	8	9	10	11	12
13	14	15	16	17	18	19
20	21	22	23	24	25	26
27	28	29	30	31		

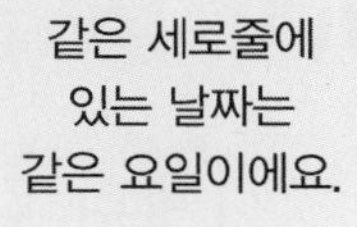

① 월요일이 □ 번 있습니다.

② 5월 5일 어린이날은 □ 요일입니다.

③ 어린이날로부터 1주일 후는 □ 일입니다.

2 각 월은 며칠로 이루어져 있는지 알아보세요.

월	1	2	3	4	5	6	7	8	9	10	11	12
날수 (일)	31	28 (29)		30	31		31		30			31

3 □ 안에 알맞은 수를 써넣으세요.

① 2주일 = 1주일 + 1주일 = 7일 + □ 일 = □ 일

② 2년 = 1년 + 1년 = 12개월 + □ 개월 = □ 개월

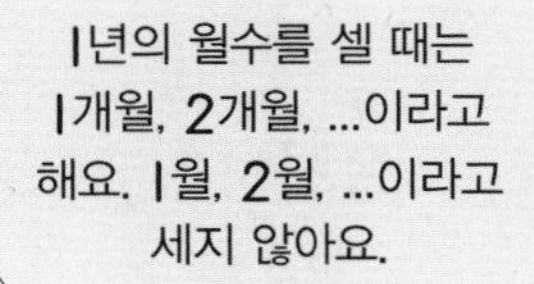

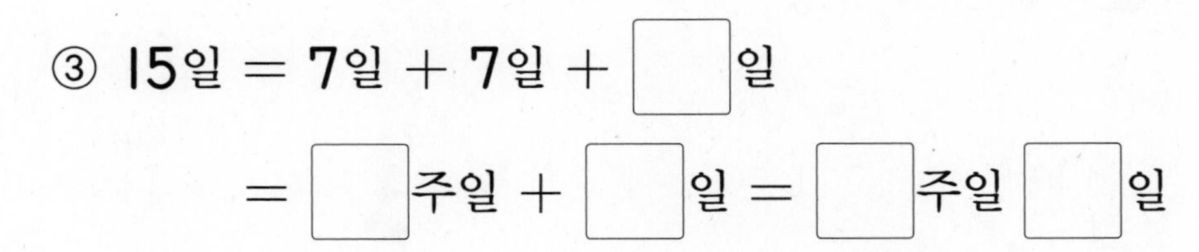

③ 15일 = 7일 + 7일 + □ 일

= □ 주일 + □ 일 = □ 주일 □ 일

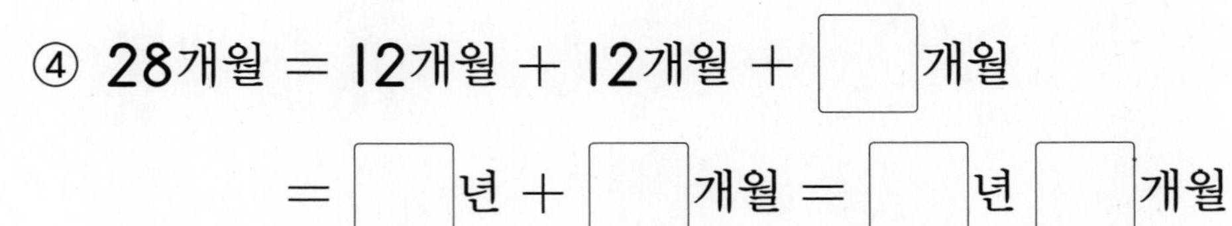

④ 28개월 = 12개월 + 12개월 + □ 개월

= □ 년 + □ 개월 = □ 년 □ 개월

STEP 2 꼭 나오는 유형

1 몇 시 몇 분 읽기 (1)

1 시계의 긴바늘이 각 숫자를 가리킬 때 몇 분을 나타내는지 써넣으세요.

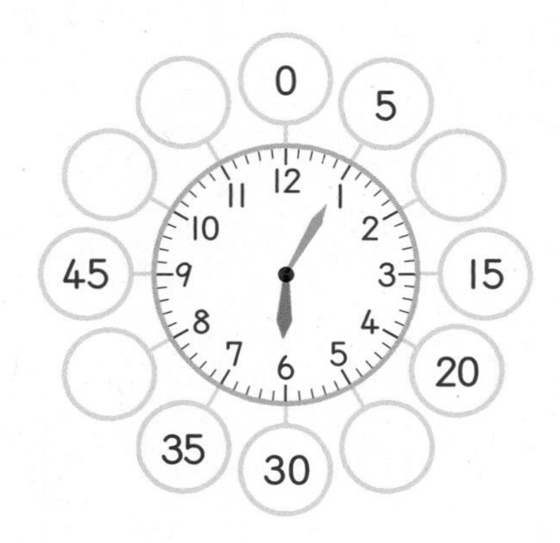

2 시계를 보고 몇 시 몇 분인지 써 보세요.

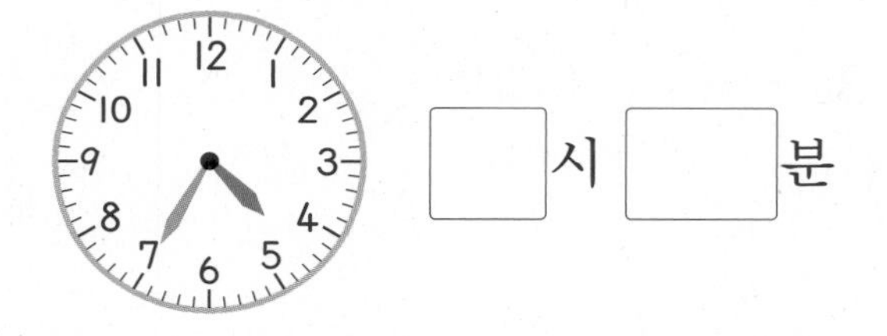

3 8시 10분을 바르게 나타낸 사람은 누구일까요?

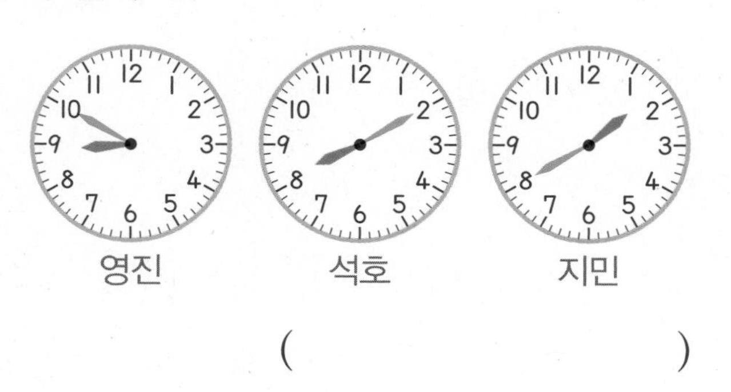

( )

4 시각에 맞게 긴바늘을 그려 넣으세요.

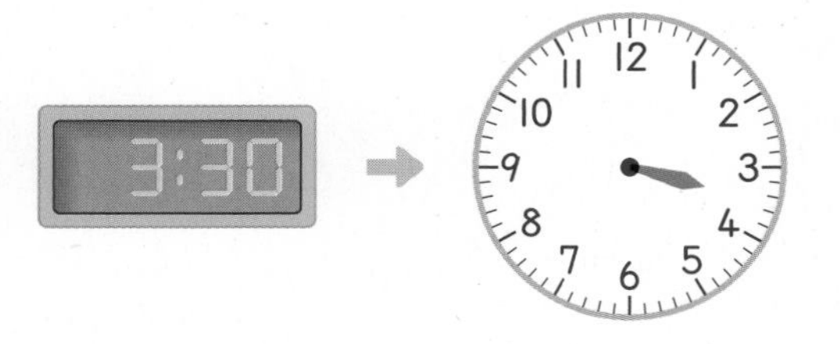

5 설명을 보고 알맞은 시각을 써 보세요.

- 시계의 짧은바늘이 10과 11 사이를 가리키고 있습니다.
- 시계의 긴바늘이 3을 가리킵니다.

( )

6 현지가 읽은 시각이 맞으면 ➡, 틀리면 ⬇로 가서 만나는 친구의 이름을 써 보세요.

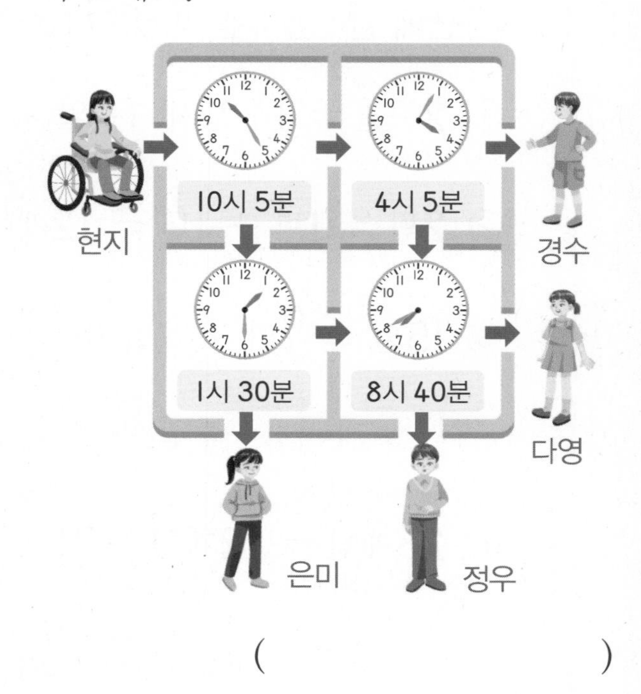

( )

2 몇 시 몇 분 읽기(2)

7 □ 안에 알맞은 수를 써넣으세요.

시계의 긴바늘이 가리키는 작은 눈금 한 칸은 □분을 나타냅니다.

8 시계를 보고 몇 시 몇 분인지 써 보세요.

(1)

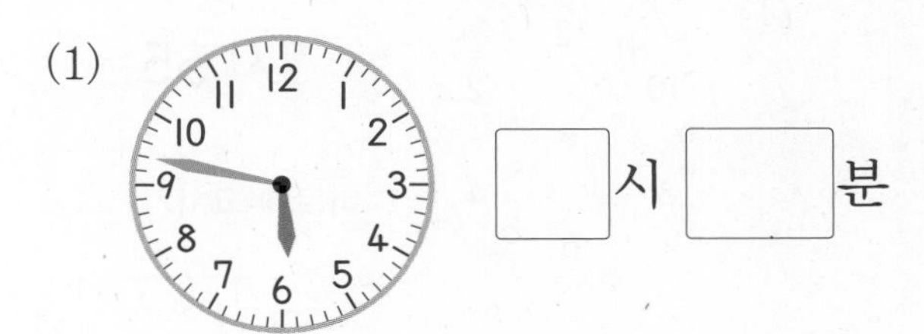

□시 □분

(2)

□시 □분

9 같은 시각끼리 이어 보세요.

10 시각에 맞게 긴바늘을 그려 넣으세요.

10시 17분 ➡

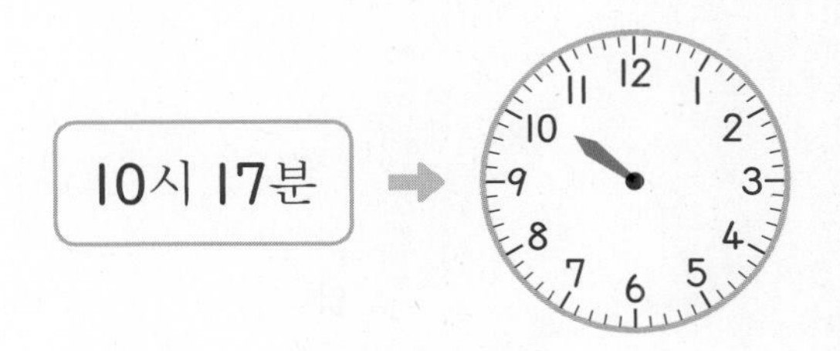

11 은서가 한 일과 시각을 써 보세요.

내가 만드는 문제

12 보기 와 같이 시계에 시각을 나타내고, 그 시각에 내가 한 일을 써 보세요.

보기

8시 53분에 교실로 들어와서 친구들과 인사를 했어.

13 시계의 짧은바늘은 2와 3 사이를 가리키고 긴바늘은 10에서 작은 눈금 2칸 더 간 곳을 가리키고 있습니다. 시계가 나타내는 시각은 몇 시 몇 분일까요?

( )

3 여러 가지 방법으로 시각 읽기

14 □ 안에 알맞은 수를 써넣으세요.

(1) 1시 55분은 2시 □분 전입니다.

(2) 6시 10분 전은 □시 □분 입니다.

15 같은 시각끼리 이어 보세요.

16 다음 시각에서 5분 전은 몇 시 몇 분 일까요?

( )

17 시각에 맞게 긴바늘을 그려 넣으세요.

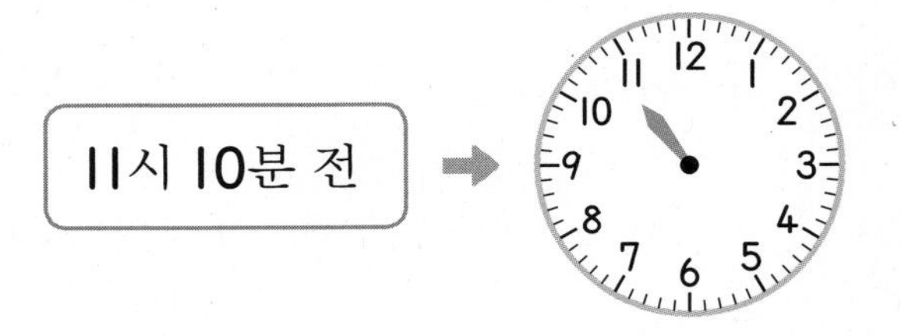

18 시계를 보고 바르게 고쳐 보세요.

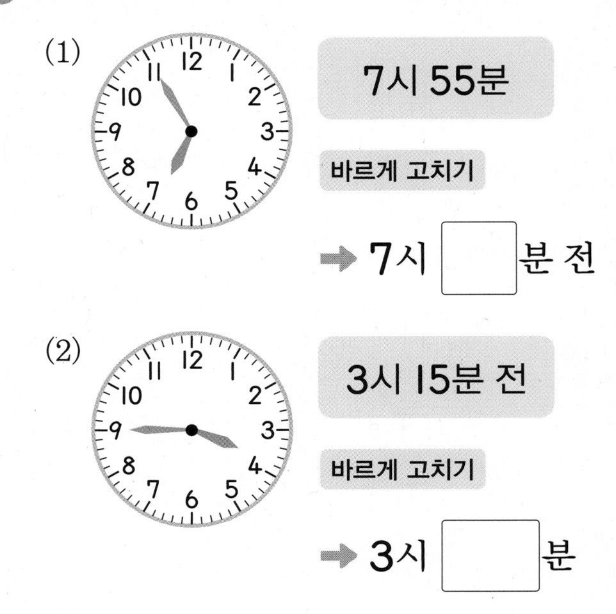

(1) 7시 55분 → 7시 □분 전

(2) 3시 15분 전 → 3시 □분

서술형

19 주아와 규리가 오늘 아침에 일어난 시각입니다. 더 일찍 일어난 사람은 누구인지 풀이 과정을 쓰고 답을 구해 보세요.

주아	7시 50분
규리	8시 15분 전

풀이

답

4 1시간, 걸린 시간 알아보기

20 시간이 얼마나 흘렀는지 시간 띠에 색칠하고 구해 보세요.

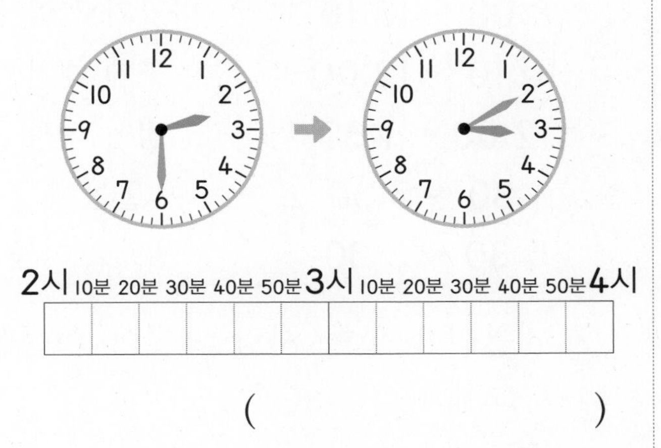

2시 10분 20분 30분 40분 50분 3시 10분 20분 30분 40분 50분 4시

( )

21 진영이가 수영을 시작한 시각과 끝낸 시각입니다. 진영이가 수영을 한 시간은 몇 시간 몇 분일까요?

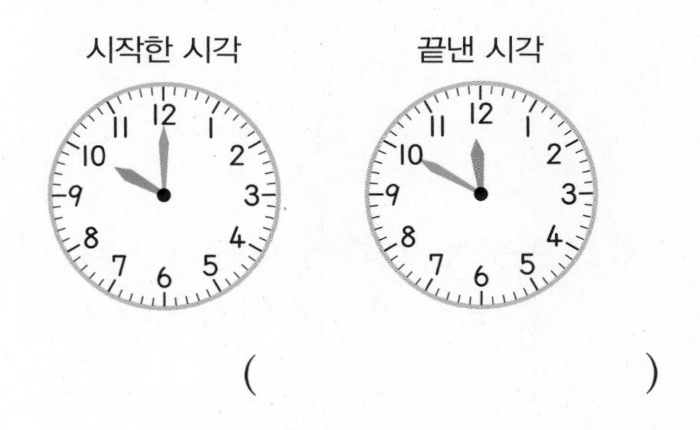

( )

내가 만드는 문제

22 □ 안에 1부터 9까지의 수 중에서 한 수를 써넣고 몇 시간 후의 시각을 오른쪽 시계에 나타내 보세요.

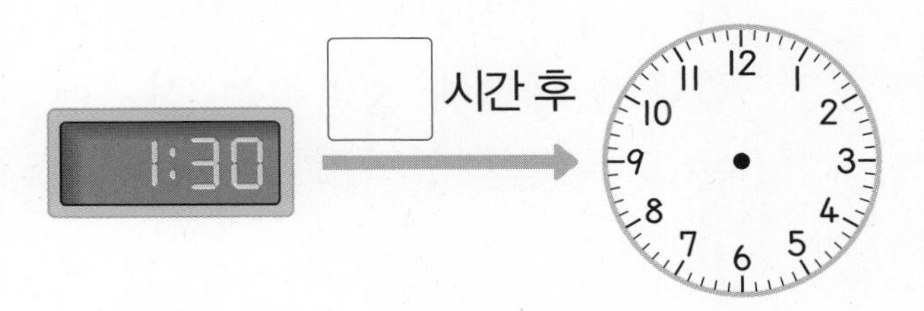

23 소미는 45분 동안 피아노 연습을 했습니다. 피아노 연습을 시작한 시각이 다음과 같을 때 피아노 연습을 마친 시각은 몇 시 몇 분일까요?

( )

24 준희는 1시에 시작하여 다음 두 가지 체험을 쉬지 않고 차례로 하였습니다. 체험을 마친 시각은 몇 시 몇 분일까요?

① 방송국 체험	30분
② 소방서 체험	40분

( )

25 건우는 뮤지컬을 보러 공연장에 갔습니다. 건우가 공연장에서 보낸 시간은 몇 시간 몇 분인지 구해 보세요.

공연 시간표	
1부	4:00 ~ 5:20
쉬는 시간	20분
2부	5:40 ~ 6:30

( )

5 하루의 시간 알아보기

26 (   ) 안에 오전과 오후를 알맞게 써넣으세요.

(1) 아침 7시 (   )

(2) 저녁 9시 (   )

(3) 낮 4시 (   )

27 다음 시각에서 시계의 바늘을 움직였을 때 나타내는 시각을 구해 보세요.

(1) 긴바늘이 한 바퀴 돌았을 때

➡ (오전 , 오후) □시 □분

(2) 짧은바늘이 한 바퀴 돌았을 때

➡ (오전 , 오후) □시 □분

내가 만드는 문제

28 박물관에서 나온 시각을 자유롭게 나타내고 박물관에 있었던 시간을 구해 보세요.

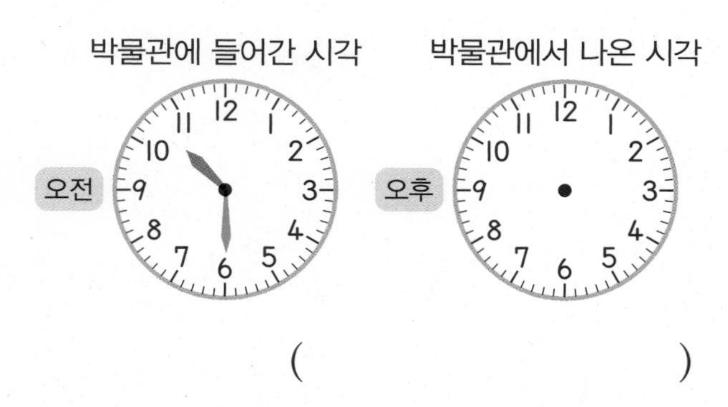

(   )

[29~30] 은수네 가족의 여행 일정표를 보고 물음에 답하세요.

시간	일정
8:00 ~ 10:10	바닷가로 이동
10:10 ~ 12:00	조개 캐기
12:00 ~ 1:30	점심 식사
1:30 ~ 5:30	물놀이
5:30 ~ 8:00	집으로 이동

29 틀리게 말한 사람을 찾아 이름을 써 보세요.

(   )

30 은수네 가족이 여행하는 데 걸린 시간은 모두 몇 시간일까요?

(   )

31 서울에서 전주행 버스의 첫차는 오전 6시 30분에 출발합니다. 첫차가 출발한 후 1시간마다 전주행 버스가 출발한다면 오전에 출발하는 전주행 버스는 모두 몇 대일까요?

(   )

6 달력 알아보기

32 □ 안에 알맞은 수를 써넣으세요.

(1) 3년은 □ 개월입니다.

(2) 14일은 □ 주일입니다.

33 날수가 같은 월끼리 짝 지은 것을 모두 색칠해 보세요.

1월, 10월	2월, 4월
3월, 6월	5월, 7월

34 연지의 생일은 11월 7일입니다. 달력을 보고 물음에 답하세요.

11월

일	월	화	수	목	금	토
					1	2
3	4	5	6	7 연지 생일	8	9
10	11	12	13	14	15	16

(1) 우진이의 생일은 연지 생일의 일주일 전입니다. 몇 월 며칠일까요?

( )

(2) 남현이의 생일은 연지 생일의 8일 후입니다. 몇 월 며칠이고 무슨 요일일까요?

( ), ( )

[35~36] 어느 해의 4월 달력을 보고 물음에 답하세요.

4월

일	월	화	수	목	금	토
1	2	3	4	5	6	7
8	9	10	11	12	13	14
15	16	17	18	19	20	21
22	23	24	25	26	27	28
29	30					

35 찬호는 매주 월요일과 수요일에 태권도 학원에 간다고 합니다. 4월 한 달 동안 찬호가 태권도 학원에 가는 날은 모두 며칠일까요?

( )

36 4월 넷째 토요일에 태권도 발표회를 합니다. 태권도 발표회를 하는 날은 몇 월 며칠일까요?

( )

서술형

37 어느 해의 8월 달력의 일부분입니다. 8월 24일은 무슨 요일인지 풀이 과정을 쓰고 답을 구해 보세요.

8월

일	월	화	수	목	금	토
				1	2	3

풀이

답

STEP 3

자주 틀리는 유형

1시간=60분, 1일=24시간, 1년=12개월이야!

1 틀린 것을 찾아 기호를 써 보세요.

㉠ 1시간 15분 = 75분
㉡ 140분 = 1시간 40분
㉢ 3시간 = 180분

(　　　　　　)

2 다음 중 틀린 것은 어느 것일까요? (　　)

① 1년 6개월 = 18개월
② 25개월 = 2년 3개월
③ 2주일 5일 = 19일
④ 12일 = 1주일 5일
⑤ 3년 3개월 = 39개월

3 옳은 것을 찾아 기호를 써 보세요.

㉠ 1시간 35분 = 85분
㉡ 23개월 = 1년 11개월
㉢ 1일 8시간 = 30시간
㉣ 50시간 = 2일 5시간

(　　　　　　)

작은 눈금이 몇 칸 있는지 세어야지!

4 태하는 시각을 잘못 읽었습니다. 잘못 읽은 까닭을 쓰고 바르게 읽어 보세요.

까닭 ....

바르게 읽기 ....

5 소희는 시계가 나타내는 시각을 3시 11분이라고 잘못 읽었습니다. 잘못 읽은 까닭을 쓰고 바르게 읽어 보세요.

까닭 ....

바르게 읽기 ....

단위를 같게 한 다음 비교하자!

6 농구를 승우는 1시간 10분 동안 하고, 동원이는 80분 동안 했습니다. 농구를 더 오랫동안 한 사람은 누구일까요?

(　　　　　　)

7 태현이와 준호가 공부한 시간입니다. 공부를 더 오랫동안 한 사람은 누구일까요?

태현	95분
준호	1시간 40분

(　　　　　　)

8 서연, 지우, 민경이가 피아노를 배운 기간입니다. 피아노를 가장 오랫동안 배운 사람은 누구일까요?

서연	38개월
지우	3년 5개월
민경	42개월

(　　　　　　)

짧은바늘과 긴바늘이 가리키는 곳을 찾아야지!

9 거울에 비친 시계의 모습입니다. 이 시계가 나타내는 시각은 몇 시 몇 분일까요?

(　　　　　　)

10 거울에 비친 시계의 모습입니다. 이 시계가 나타내는 시각은 몇 시 몇 분일까요?

(　　　　　　)

11 거울에 비친 시계의 모습입니다. 이 시계가 나타내는 시각은 몇 시 몇 분 전일까요?

(　　　　　　)

■시간 동안 긴바늘은 ■바퀴를 돌아!

12 다음과 같이 시간이 흐르는 동안 시계의 긴바늘은 몇 바퀴 돌까요?

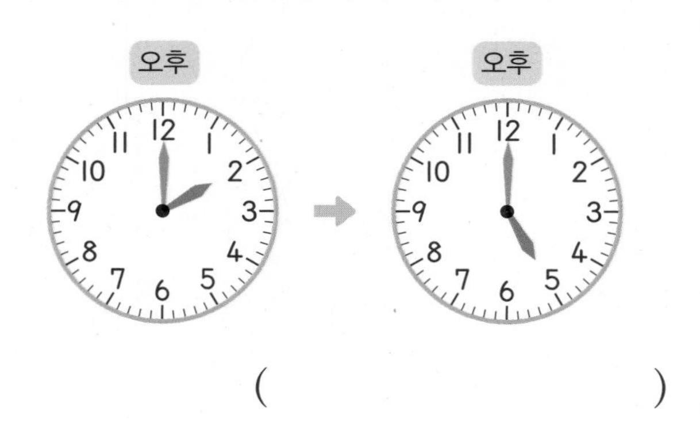

( )

13 오전 1시부터 오전 4시까지 시계의 긴바늘은 몇 바퀴 돌까요?

( )

14 오전 11시부터 오후 5시까지 시계의 긴바늘은 몇 바퀴 돌까요?

( )

15 시계의 짧은바늘이 3에서 10까지 가는 동안에 긴바늘은 몇 바퀴 돌까요?

( )

7일마다 같은 요일이 반복돼!

16 어느 해의 2월 날짜입니다. 같은 요일끼리 짝 지어지지 않은 것을 찾아 기호를 써 보세요.

㉠ 1일, 15일	㉡ 10일, 17일
㉢ 5일, 25일	㉣ 7일, 28일

( )

17 어느 해의 12월 날짜입니다. 같은 요일끼리 짝 지어지지 않은 것은 어느 것일까요? ( )

① 2일, 30일 ② 4일, 18일
③ 10일, 31일 ④ 15일, 23일
⑤ 21일, 28일

18 민유와 지후의 생일을 보고 매년 두 사람의 생일이 같은 요일이 되는 까닭을 써 보세요.

민유의 생일: 10월 18일
지후의 생일: 10월 25일

까닭

STEP 4 최상위 도전 유형

최상위 유형에 자주 나오는 문제로 학습함으로써 수학의 실력을 완성해 보세요.

정답과 풀이 33쪽

도전1 ■분 후의 시각 구하기

1 민주는 2시 40분에 줄넘기 연습을 시작하여 30분 동안 했습니다. 민주가 줄넘기 연습을 끝낸 시각은 몇 시 몇 분일까요?

( )

핵심 NOTE

1시간은 60분이므로 분 단위의 합이 60이 되도록 연습한 시간을 나누어 봅니다.

2 4시에 농구 경기를 시작하였습니다. 후반전이 시작된 시각은 몇 시 몇 분일까요?

전반전 경기 시간	20분
휴식 시간	15분
후반전 경기 시간	20분

( )

3 세아네 학교는 오전 9시에 1교시 수업을 시작하여 40분 동안 수업을 하고 10분 동안 쉽니다. 2교시 수업이 끝나는 시각은 오전 몇 시 몇 분일까요?

( )

도전2 시작 시각 구하기

4 도윤이는 1시간 30분 동안 영화를 보았습니다. 영화가 끝난 시각이 4시 50분이라면 영화가 시작된 시각은 몇 시 몇 분일까요?

( )

핵심 NOTE

영화가 시작된 시각은 영화가 끝난 시각에서 1시간 30분 전입니다.

5 영재는 2시간 40분 동안 봉사 활동을 하였습니다. 봉사 활동을 끝낸 시각이 5시 10분이라면 봉사 활동을 시작한 시각은 몇 시 몇 분일까요?

( )

6 해상이는 100분 동안 공연을 보았습니다. 공연이 끝난 시각이 다음과 같다면 공연이 시작된 시각은 몇 시 몇 분일까요?

( )

도전3 걸린 시간 비교하기

7 태석이와 진수가 야구를 시작한 시각과 끝낸 시각입니다. 야구를 더 오랫동안 한 사람은 누구일까요?

	시작한 시각	끝낸 시각
태석	10시	12시 30분
진수	9시 30분	11시 50분

( )

핵심 NOTE
① 태석이가 야구를 한 시간 구하기
② 진수가 야구를 한 시간 구하기
③ 두 사람이 야구를 한 시간 비교하기

8 민주와 형석이가 공부를 시작한 시각과 끝낸 시각입니다. 공부를 더 오랫동안 한 사람은 누구일까요?

	시작한 시각	끝낸 시각
민주	6:30	8:10
형석	(시계)	(시계)

( )

도전4 기간 구하기

9 지후는 3월 25일부터 4월 18일까지 장수풍뎅이를 관찰하였습니다. 지후가 장수풍뎅이를 관찰한 기간은 며칠일까요?

( )

핵심 NOTE
3월은 31일까지 있습니다.

10 환경 사진전이 9월 10일부터 10월 28일까지 열립니다. 사진전이 열리는 기간은 며칠일까요?

( )

11 어린이 미술 작품 전시회가 6월 15일부터 8월 10일까지 열립니다. 전시회가 열리는 기간은 며칠일까요?

( )

도전5 찢어진 달력의 활용

12 어느 해의 1월 달력의 일부분입니다. 이 달의 금요일인 날짜를 모두 써 보세요.

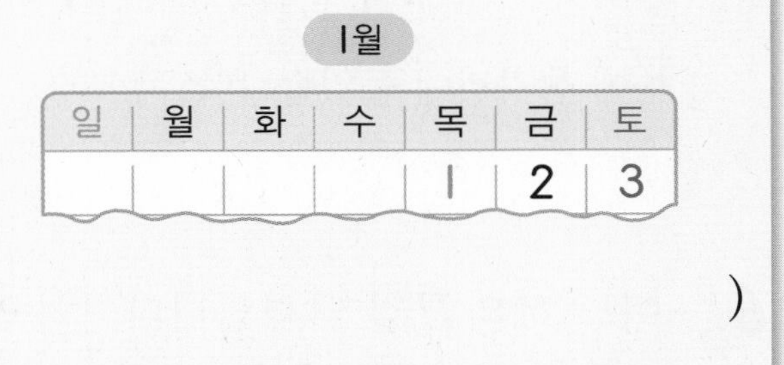

( )

핵심 NOTE

같은 요일은 7일마다 반복됩니다. 이때 각 월의 날수에 주의합니다.

13 어느 해의 9월 달력의 일부분입니다. 이 달에는 화요일이 모두 몇 번 있을까요?

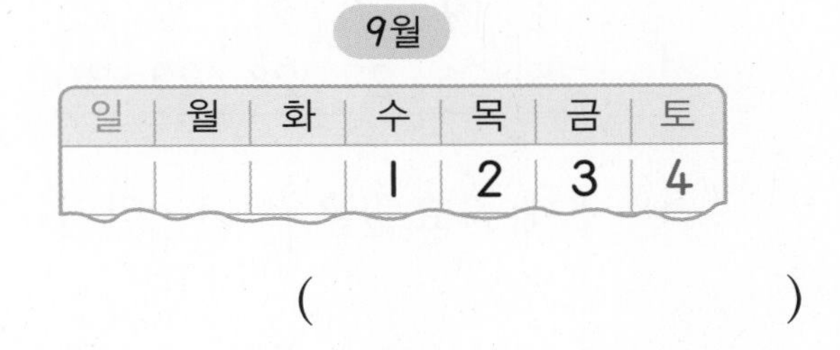

( )

도전 최상위

14 어느 해의 4월 달력의 일부분입니다. 이 해의 어린이날은 무슨 요일일까요?

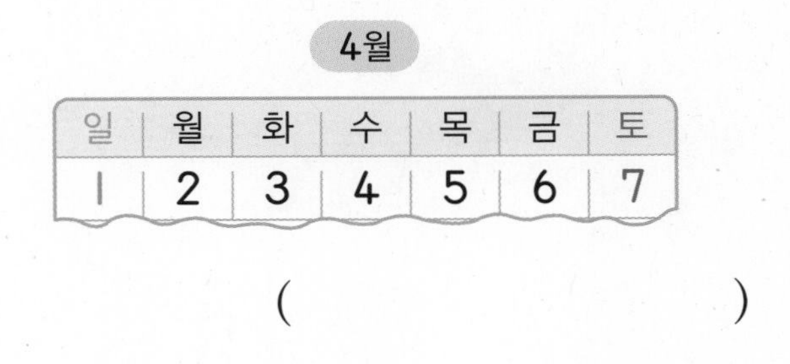

( )

도전6 빨라지는 시계의 시각 구하기

15 1시간에 1분씩 빨라지는 시계가 있습니다. 이 시계의 시각을 오늘 오전 6시에 정확하게 맞추었습니다. 내일 오전 6시에 이 시계가 가리키는 시각은 오전 몇 시 몇 분일까요?

( )

핵심 NOTE

오늘 오전 ■시부터 내일 오전 ■시까지는 하루입니다.

16 1시간에 2분씩 빨라지는 시계가 있습니다. 이 시계의 시각을 오늘 오전 9시에 정확하게 맞추었습니다. 오늘 오후 3시에 이 시계가 가리키는 시각은 오후 몇 시 몇 분일까요?

( )

17 찬우의 시계는 하루에 4분씩 빨라집니다. 찬우 시계의 시각을 오늘 오전 8시에 정확하게 맞추었습니다. 오늘부터 5일 후 오전 8시에 찬우의 시계가 가리키는 시각은 오전 몇 시 몇 분일까요?

( )

수시 평가 대비 Level 1

점수

확인

1 12시 30분을 바르게 나타낸 것에 ○표 하세요.

(　　　　)　(　　　　)

2 시계를 보고 몇 시 몇 분인지 써 보세요.

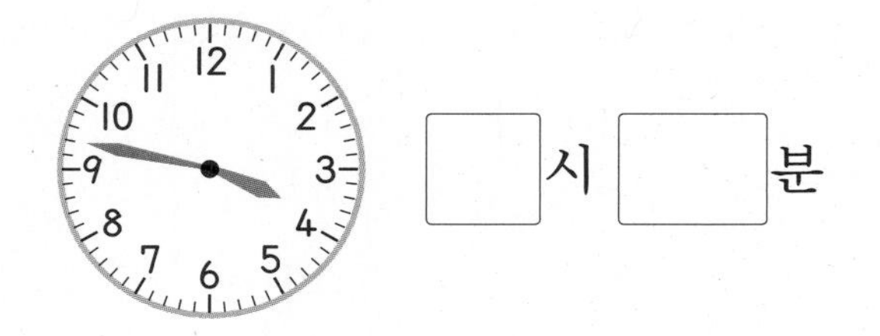

☐시 ☐분

3 ☐ 안에 알맞은 수를 써넣으세요.

(1) 1시간은 ☐분입니다.

(2) 100분은 ☐시간 ☐분입니다.

4 시계를 보고 ☐ 안에 알맞은 수를 써넣으세요.

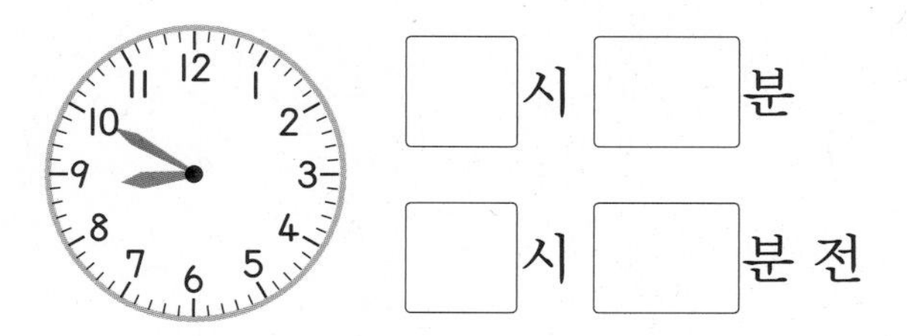

☐시 ☐분

☐시 ☐분 전

5 ☐ 안에 오전 또는 오후를 알맞게 써넣으세요.

서하는 저녁 식사 후 ☐ 9시 30분에 잠자리에 들었습니다.

6 어느 해의 7월 달력입니다. ☐ 안에 알맞은 수나 말을 써넣으세요.

7월

일	월	화	수	목	금	토
				1	2	3
4	5	6	7	8	9	10
11	12	13	14	15	16	17
18	19	20	21	22	23	24
25	26	27	28	29	30	31

(1) 넷째 금요일은 ☐일입니다.

(2) 26일의 8일 전은 ☐요일입니다.

7 지선이가 한 일과 시각을 써 보세요.

정답과 풀이 35쪽

8 □ 안에 알맞은 수를 써넣으세요.

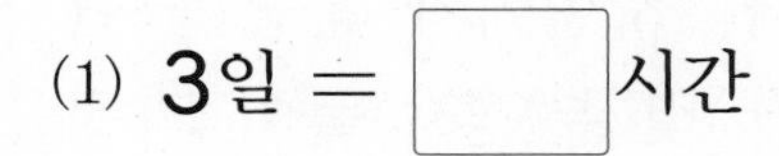
(1) 3일 = □시간

(2) 38시간 = □일 □시간

9 다음 시각에서 5분 전은 몇 시 몇 분일까요?

( )

10 선우가 시각을 잘못 읽었습니다. 잘못 읽은 까닭을 쓰고 올바른 시각을 써 보세요.

까닭

( )

11 다음 중 날수가 나머지 넷과 다른 달은 어느 것일까요? ( )

① 3월 ② 5월 ③ 6월
④ 7월 ⑤ 12월

12 다음 시각에서 60분이 지나면 몇 시 몇 분일까요?

( )

13 경후와 진아가 학교가 끝난 후 집에 도착한 시각입니다. 더 일찍 도착한 사람은 누구일까요?

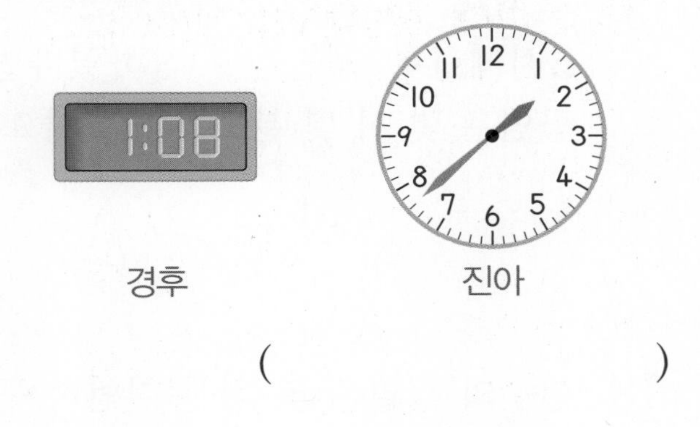

( )

14 민지는 집에서 출발하여 15분 동안 걸은 후 시계를 보니 6시였습니다. 민지가 집에서 출발한 시각은 몇 시 몇 분일까요?

( )

15 준서는 오전 8시부터 오후 3시까지 등산을 하였습니다. 준서가 등산을 한 시간은 몇 시간일까요?

( )

16 □ 안에 알맞은 수를 써넣으세요.

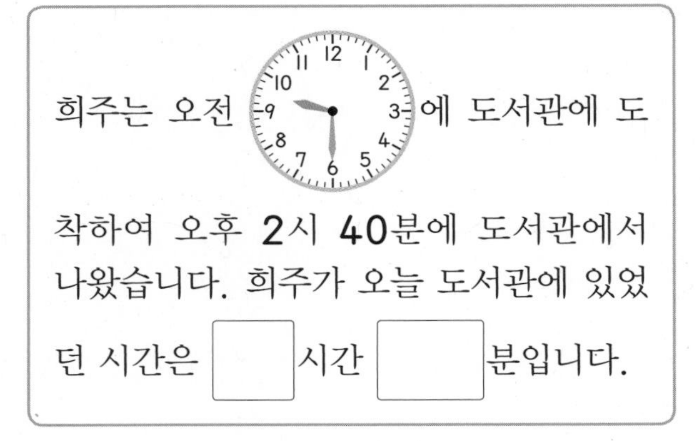

17 음악회에서 50분 동안 1부 공연을 하고 15분 쉰 후 바로 2부 공연을 합니다. 5시에 1부 공연을 시작하였다면 2부 공연은 몇 시 몇 분에 시작할까요?

( )

18 민구의 생일은 몇 월 며칠인지 구해 보세요.

송희: 내 생일은 5월 마지막 날이야.
민구: 내 생일은 네 생일의 9일 전이야.

( )

서술형 문제

정답과 풀이 35쪽

19 지현이가 운동을 시작한 시각과 끝낸 시각입니다. 지현이가 운동을 한 시간은 몇 시간 몇 분인지 풀이 과정을 쓰고 답을 구해 보세요.

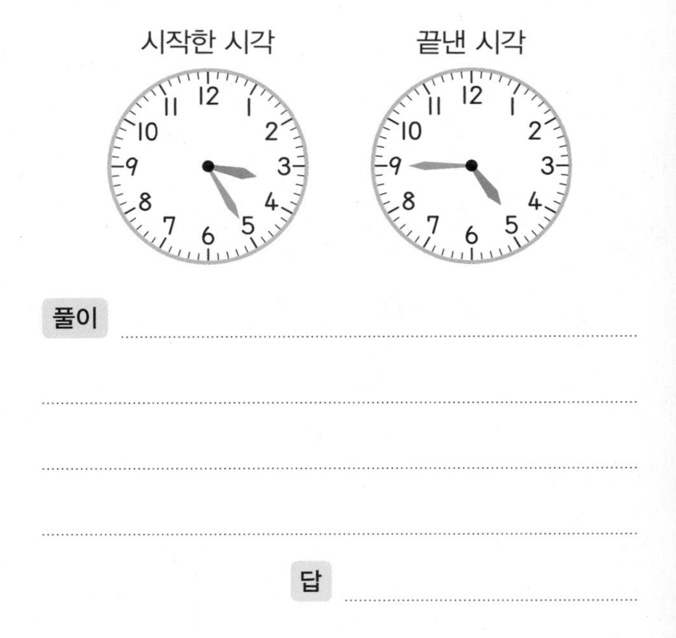

20 어느 해 10월 달력의 일부분입니다. 이 달의 마지막 날은 무슨 요일인지 풀이 과정을 쓰고 답을 구해 보세요.

10월

일	월	화	수	목	금	토
			1	2	3	4

풀이

답

수시 평가 대비 Level 2

점수

확인

1 시계를 보고 몇 시 몇 분인지 써 보세요.

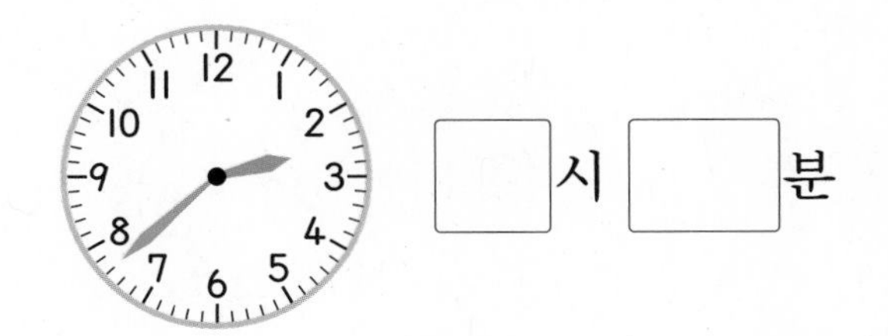

☐시 ☐분

2 ☐ 안에 알맞은 수를 써넣으세요.

9시 50분은 10시 ☐분 전입니다.

3 시각에 맞게 긴바늘을 그려 넣으세요.

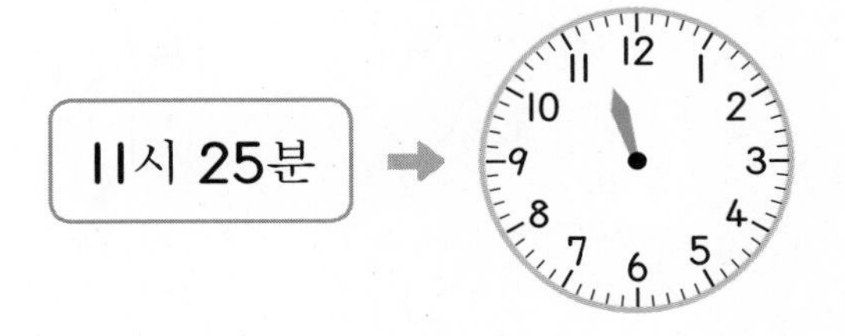

4 한별이가 시각을 잘못 읽은 부분을 찾아 바르게 고쳐 보세요.

바르게 고치기 ....

....

5 ☐ 안에 알맞은 수를 써넣으세요.

(1) 1시간 25분 = ☐분

(2) 170분 = ☐시간 ☐분

6 승아의 방학 동안 하루 계획표의 일부분입니다. 오전에 하는 활동을 모두 찾아 기호를 써 보세요.

시간	활동
7:00 ~ 8:30	일어나기 / 운동
8:30 ~ 9:30	아침 식사
9:30 ~ 11:00	책 읽기
11:00 ~ 12:00	공부하기
12:00 ~ 1:30	점심 식사
1:30 ~ 2:30	피아노
2:30 ~ 5:00	자유 시간
⋮	⋮

㉠ 피아노 ㉡ 공부하기 ㉢ 점심 식사
㉣ 운동 ㉤ 자유 시간 ㉥ 책 읽기

( )

7 설명을 보고 알맞은 시각을 써 보세요.

- 시계의 짧은바늘이 9와 10 사이를 가리키고 있습니다.
- 시계의 긴바늘이 3에서 작은 눈금 4칸 더 간 곳을 가리킵니다.

( )

4

8 시각에 맞게 긴바늘을 그려 넣으세요.

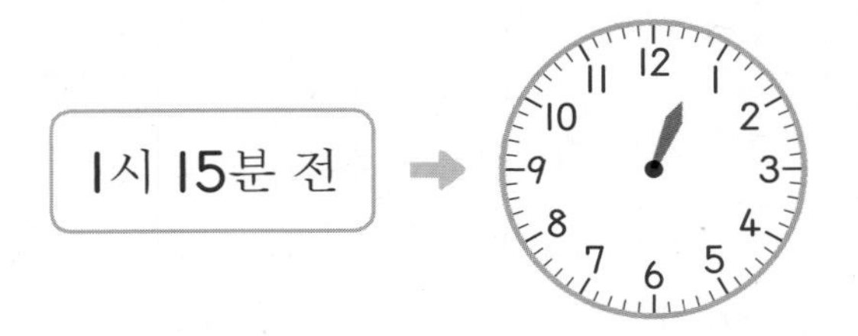

[9~10] 어느 해의 11월 달력을 보고 물음에 답하세요.

11월

일	월	화	수	목	금	토
				2		
5	6				10	11
19	20			23	24	25
26						

9 위의 달력을 완성해 보세요.

10 현진이는 11월 다섯째 수요일에 식물원에 갑니다. 현진이가 식물원에 가는 날은 몇 월 며칠일까요?

( )

11 동수는 수영을 4년 7개월 동안 배웠습니다. 동수가 수영을 배운 기간은 모두 몇 개월일까요?

( )

12 다음 시각에서 짧은바늘이 한 바퀴 돌았을 때의 시각을 나타내 보세요.

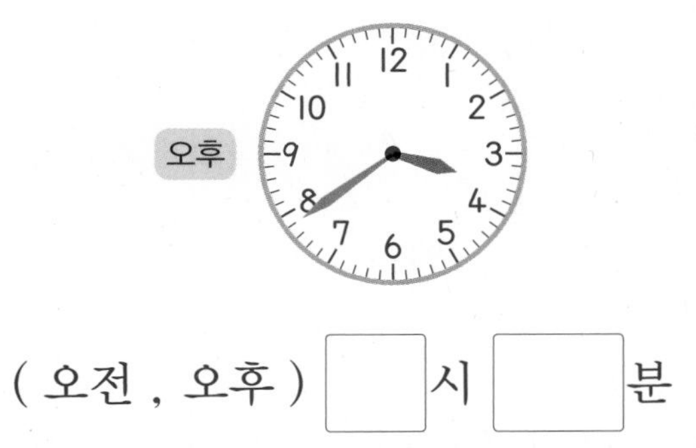

(오전 , 오후) ☐ 시 ☐ 분

13 민주네 가족이 집에서 출발한 시각과 동물원에 도착한 시각을 나타낸 것입니다. 민주네 가족이 동물원에 가는 데 걸린 시간은 몇 시간 몇 분일까요?

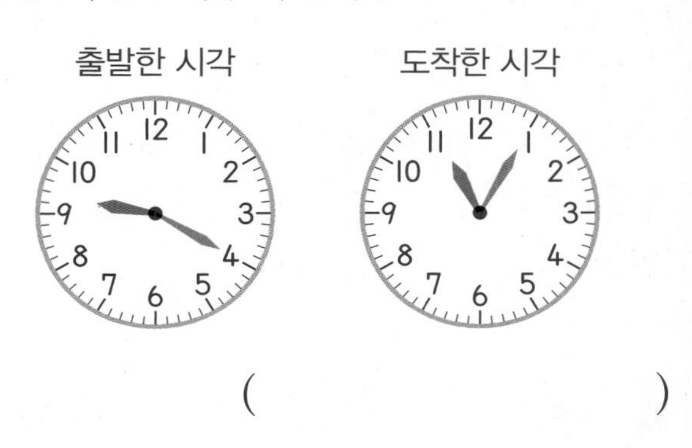

( )

14 3시에 축구 경기를 시작하였습니다. 축구 경기가 끝난 시각은 몇 시 몇 분일까요?

전반전 경기 시간	45분
휴식 시간	15분
후반전 경기 시간	45분

( )

서술형 문제

정답과 풀이 36쪽

15 거울에 비친 시계를 보고 몇 시 몇 분 전으로 읽어 보세요.

(　　　　　　　　　)

16 현서는 5시 35분에 집에서 출발하여 할머니 댁으로 갔습니다. 할머니 댁까지 가는 데 80분이 걸렸다면 할머니 댁에 도착한 시각은 몇 시 몇 분일까요?

(　　　　　　　　　)

17 주미는 2시간 10분 동안 영화를 봤습니다. 영화가 끝난 시각이 3시 55분이라면 영화가 시작한 시각은 몇 시 몇 분일까요?

(　　　　　　　　　)

18 승우가 지난 주말에 운동을 시작한 시각과 끝낸 시각입니다. 운동을 더 오랫동안 한 날은 무슨 요일일까요?

	시작한 시각	끝낸 시각
토요일	오전 11시 20분	오후 2시 50분
일요일	오후 2시 50분	오후 6시 10분

(　　　　　　　　　)

19 정현이는 6월 1일부터 7월 마지막 날까지 강낭콩을 길렀습니다. 정현이가 강낭콩을 기른 기간은 모두 며칠인지 풀이 과정을 쓰고 답을 구해 보세요.

풀이

답

20 1시간에 2분씩 느려지는 시계가 있습니다. 이 시계의 시각을 오늘 오전 10시에 정확하게 맞추었습니다. 오늘 오후 2시에 이 시계가 가리키는 시각은 오후 몇 시 몇 분인지 풀이 과정을 쓰고 답을 구해 보세요.

풀이

답

사고력이 반짝

● 물고기를 잡은 고양이를 찾아 ○표 하세요.

5 표와 그래프

이번 단원에서
꼭 짚어야 할
핵심 개념을 알아보자.

핵심 1 자료를 표로 나타내기

한희네 모둠 학생들이 좋아하는 과일

이름	과일	이름	과일
한희	사과	민규	딸기
은지	배	정인	딸기
영진	딸기	원태	사과

• 표로 나타내기

한희네 모둠 학생들이 좋아하는 과일별 학생 수

과일	사과	배	딸기	합계
학생 수(명)	2	1	3	□

핵심 2 그래프로 나타내기

가로: □, 세로: 학생 수

한희네 모둠 학생들이 좋아하는 과일별 학생 수

3			○
2	○		○
1	○	○	○
학생 수(명) / 과일	사과	배	딸기

핵심 3 표와 그래프의 내용 알기

• 핵심 1 의 표를 보고 알 수 있는 내용
사과를 좋아하는 학생 수: 2명
조사한 전체 학생 수: □명

• 핵심 2 의 그래프를 보고 알 수 있는 내용
가장 많은 학생들이 좋아하는 과일: □
가장 적은 학생들이 좋아하는 과일: 배

핵심 4 표와 그래프로 나타내기

민지네 모둠 학생들이 좋아하는 색깔

이름	색깔	이름	색깔
민지	빨강	지선	노랑
영서	파랑	정호	파랑

• 표로 나타내기

색깔	빨강	파랑	노랑	합계
학생 수(명)	1	2	□	4

• 그래프로 나타내기

2		○	
1	○	○	○
학생 수(명) / 색깔	빨강	파랑	노랑

답 1. 6 2. 과일 3. 6, 딸기 4. 1

STEP 1 교과 개념

1. 자료를 분류하여 표로 나타내기

● 자료를 분류하여 표로 나타내기

민주네 반 학생들이 좋아하는 과일

민주	세나	영지	지수	명선
동우	나영	지희	정훈	시연
영진	미현	주영	은수	찬재

① 조사한 자료를 기준에 따라 분류합니다.

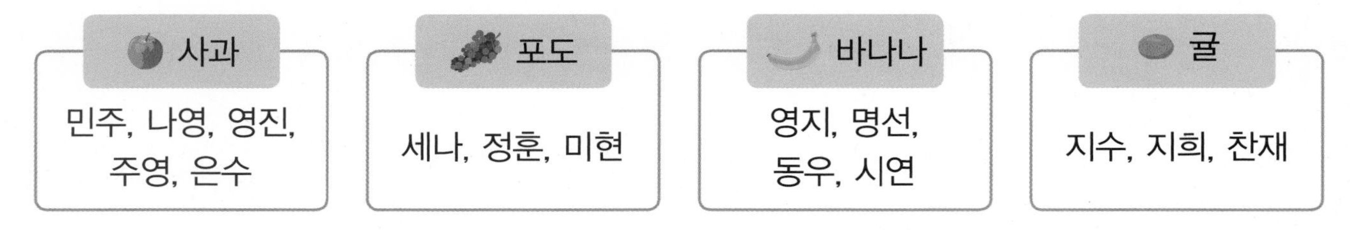

② 분류한 기준에 맞게 수를 세어 표로 나타냅니다.

민주네 반 학생들이 좋아하는 과일별 학생 수

과일	사과	포도	바나나	귤	합계
학생 수(명)	5	3	4	3	15

• 합계에는 조사한 전체 학생 수를 씁니다.

● 자료와 표의 비교

자료	• 누가 어떤 과일을 좋아하는지 알 수 있습니다.
표	• 과일별 좋아하는 학생 수를 한눈에 알아보기 쉽습니다. • 조사한 전체 학생 수를 쉽게 알 수 있습니다.

개념 자세히 보기

● 민주네 반 학생들이 좋아하는 과일을 조사하는 방법을 알아보아요!

① 한 사람씩 좋아하는 과일을 말합니다.
② 과일별로 좋아하는 사람이 손을 듭니다.
③ 이름과 좋아하는 과일을 써서 붙입니다.
④ 좋아하는 과일에 이름을 써서 붙입니다.

➡ 정답과 풀이 38쪽

1

지수네 반 학생들이 좋아하는 동물을 조사하였습니다. 물음에 답하세요.

지수네 반 학생들이 좋아하는 동물

자료를 보면 누가 어떤 동물을 좋아하는지 알 수 있어요.

① 지수네 반 학생들이 좋아하는 동물에 따라 분류하여 학생들의 이름을 써넣으세요.

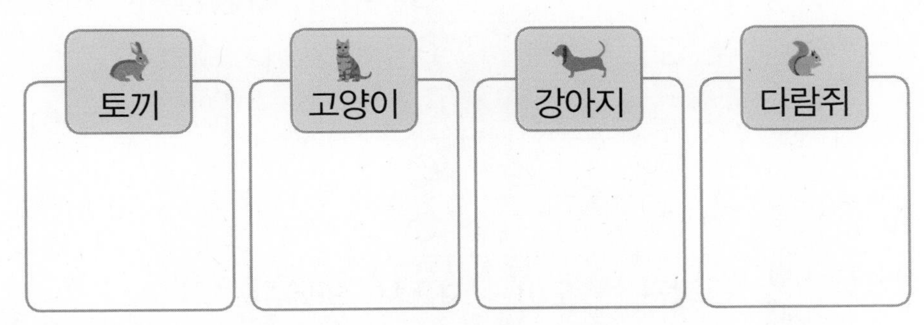

② 자료를 보고 표로 나타내 보세요.

지수네 반 학생들이 좋아하는 동물별 학생 수

동물	토끼	고양이	강아지	다람쥐	합계
학생 수(명)	5				

표를 보면 좋아하는 동물별 학생 수를 한눈에 알아보기 쉬워요.

5

2

재석이네 반 학생들이 좋아하는 곤충을 조사하였습니다. 자료를 보고 표로 나타내 보세요.

재석이네 반 학생들이 좋아하는 곤충

나비	잠자리	사슴벌레	메뚜기	잠자리	나비	잠자리
사슴벌레	메뚜기	나비	잠자리	나비	잠자리	사슴벌레

재석이네 반 학생들이 좋아하는 곤충별 학생 수

곤충	나비	잠자리	사슴벌레	메뚜기	합계
학생 수(명)					

2. 자료를 분류하여 그래프로 나타내기

● 그래프로 나타내기

지희네 반 학생들이 좋아하는 채소별 학생 수

채소	당근	오이	시금치	양배추	합계
학생 수(명)	4	3	6	2	15

④ 지희네 반 학생들이 좋아하는 채소별 학생 수

6			○	
5			○	
4	③○		○	
3	○	○	○	
2	○	○	○	○
1	○	○	○	○
① 학생 수(명) / 채소	②당근	오이	시금치	양배추

① 가로와 세로에 무엇을 쓸지 정하기 ➡ 가로: 채소, 세로: 학생 수

② 가로와 세로를 각각 몇 칸으로 할지 정하기
➡ 가로: 채소가 4종류이므로 4칸, 세로: 가장 많은 학생 수가 6명이므로 6칸

③ 그래프에 ○, ×, / 등을 이용하여 학생 수만큼 그리기
➡ 아래에서 위로 한 칸에 하나씩 빈칸 없이 채워서 그립니다.

④ 그래프의 제목 쓰기 ➡ 그래프의 제목을 가장 먼저 써도 됩니다.

개념 자세히 보기

● 그래프에 ○를 그릴 때에는 한 칸에 하나씩 빈칸 없이 채워서 표시해야 해요!

윤서가 가지고 있는 학용품 수

3		○	
2		○	○
1	○○	○	○
수(개) / 학용품	지우개	연필	색연필

윤서가 가지고 있는 학용품 수

3		○	
2	○		○
1		○	○
수(개) / 학용품	지우개	연필	색연필

➔ 정답과 풀이 38쪽

1 영호가 가지고 있는 공깃돌의 색깔을 조사하여 표로 나타냈습니다. 표를 보고 ○를 이용하여 그래프로 나타내 보세요.

영호가 가지고 있는 색깔별 공깃돌 수

색깔	노랑	빨강	파랑	초록	합계
공깃돌 수(개)	5	2	6	4	17

영호가 가지고 있는 색깔별 공깃돌 수

6				
5				
4				
3				
2				
1				
공깃돌 수(개) / 색깔	노랑	빨강	파랑	초록

○표 한 높이를 비교하면 가장 많은 공깃돌의 색깔을 한눈에 알 수 있어요.

2 석주네 반 학생들이 좋아하는 운동을 조사하여 표로 나타냈습니다. 표를 보고 ×를 이용하여 그래프로 나타내 보세요.

석주네 반 학생들이 좋아하는 운동별 학생 수

운동	축구	수영	농구	태권도	합계
학생 수(명)	8	4	5	3	20

석주네 반 학생들이 좋아하는 운동별 학생 수

태권도								
농구								
수영								
축구								
운동 / 학생 수(명)	1	2	3	4	5	6	7	8

가로에 학생 수를 나타낸 그래프는 왼쪽에서 오른쪽으로 ×를 빈칸 없이 채워서 그려요.

STEP 1 교과 개념

3. 표와 그래프의 내용 알기

● 표의 내용 알기

형수네 반 학생들이 좋아하는 간식별 학생 수

간식	떡볶이	김밥	라면	만두	합계
학생 수(명)	6	4	3	4	17

① 형수네 반 학생들이 좋아하는 간식은 떡볶이, 김밥, 라면, 만두입니다.
② 떡볶이를 좋아하는 학생은 6명입니다.
③ 만두를 좋아하는 학생은 4명입니다.
④ 조사한 학생은 모두 17명입니다.

● 그래프의 내용 알기

형수네 반 학생들이 좋아하는 간식별 학생 수

6	○			
5	○			
4	○	○		○
3	○	○	○	○
2	○	○	○	○
1	○	○	○	○
학생 수(명) / 간식	떡볶이	김밥	라면	만두

① 가장 많은 학생들이 좋아하는 간식은 떡볶이입니다.
② 가장 적은 학생들이 좋아하는 간식은 라면입니다.
③ 김밥과 만두를 좋아하는 학생 수는 같습니다.

● 표와 그래프의 비교

표	• 조사한 자료의 전체 수를 알아보기 편리합니다. • 조사한 자료별 수를 알기 쉽습니다.
그래프	• 조사한 자료별 수를 한눈에 비교하기 쉽습니다. • 가장 많은 것, 가장 적은 것을 한눈에 알아보기 편리합니다.

정답과 풀이 38쪽

[1~4] 민유네 반 학생들이 가 보고 싶은 체험 학습 장소를 조사하여 표와 그래프로 나타냈습니다. 물음에 답하세요.

민유네 반 학생들이 가 보고 싶은 체험 학습 장소별 학생 수

장소	박물관	동물원	과학관	식물원	합계
학생 수(명)	5	7	3	4	19

민유네 반 학생들이 가 보고 싶은 체험 학습 장소별 학생 수

7		/		
6		/		
5	/	/		
4	/	/		/
3	/	/	/	/
2	/	/	/	/
1	/	/	/	/
학생 수(명) / 장소	박물관	동물원	과학관	식물원

표로 나타내면 조사한 자료의 전체 수를 알아보기 편리해요.

1 민유네 반 학생은 모두 몇 명일까요?

( )

2 식물원에 가 보고 싶은 학생은 몇 명일까요?

( )

그래프에서 /이 가장 높게 올라간 장소를 찾아요.

3 가장 많은 학생들이 가 보고 싶은 장소는 어디일까요?

( )

4 가 보고 싶은 학생이 4명보다 많은 체험 학습 장소를 모두 찾아 써 보세요.

( )

STEP 2 꼭 나오는 유형

1 자료를 분류하여 표로 나타내기

[1~3] 준수네 반 학생들이 좋아하는 아이스크림을 조사하였습니다. 물음에 답하세요.

준수네 반 학생들이 좋아하는 아이스크림

딸기 맛, 멜론 맛, 초콜릿 맛, 바닐라 맛

준수	경아	현모	진하
명수	형돈	재희	은진
도희	연수	가희	태호
윤정	현성	정훈	시윤

1 준수가 좋아하는 아이스크림은 무슨 맛일까요?

( )

2 자료를 보고 표로 나타내 보세요.

준수네 반 학생들이 좋아하는 아이스크림별 학생 수

아이스크림	딸기 맛	멜론 맛	초콜릿 맛	바닐라 맛	합계
학생 수(명)					

3 준수네 반 학생은 모두 몇 명일까요?

( )

[4~6] 현지네 반 학생들이 태어난 계절을 조사하였습니다. 물음에 답하세요.

현지네 반 학생들이 태어난 계절

이름	계절	이름	계절	이름	계절
현지	봄	지호	가을	준기	겨울
영호	가을	명규	봄	우진	가을
지은	여름	동섭	봄	소은	겨울
민국	겨울	동윤	여름	도영	봄

4 봄에 태어난 학생들의 이름을 모두 써 보세요.

( )

5 자료를 보고 표로 나타내 보세요.

현지네 반 학생들이 태어난 계절별 학생 수

계절	봄	여름	가을	겨울	합계
학생 수(명)					

6 5와 같이 현지네 반 학생들이 태어난 계절을 표로 나타냈을 때 편리한 점을 찾아 기호를 써 보세요.

㉠ 누가 어떤 계절에 태어났는지 알 수 있습니다.
㉡ 계절별 태어난 학생 수를 한눈에 알아보기 쉽습니다.

( )

[7~8] 지우가 가지고 있던 쿠키 중에서 먹고 남은 쿠키입니다. 물음에 답하세요.

7 모양별 쿠키 수를 표로 나타내 보세요.

먹고 남은 모양별 쿠키 수

모양	●	♥	★	합계
쿠키 수(개)				

8 지우와 이서의 대화입니다. □ 안에 알맞은 수를 써넣으세요.

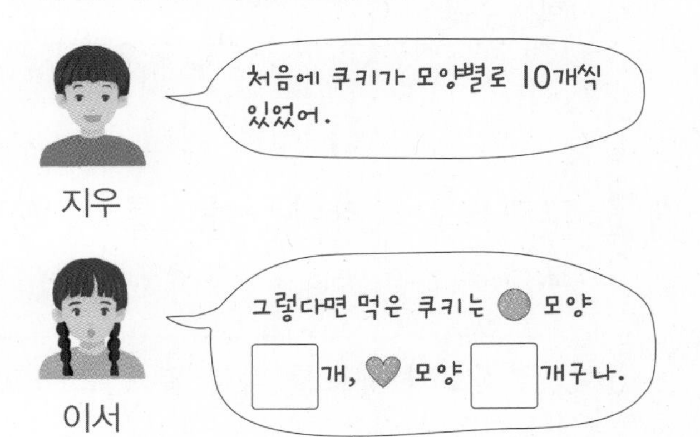

내가 만드는 문제

9 내가 가지고 있는 학용품을 보고 표로 나타내 보세요.

내가 가지고 있는 학용품 수

학용품	연필	지우개	색연필	자	합계
수(개)					

[10~11] 오른쪽 모양을 만드는 데 사용한 조각 수를 세어 표로 나타내려고 합니다. 물음에 답하세요.

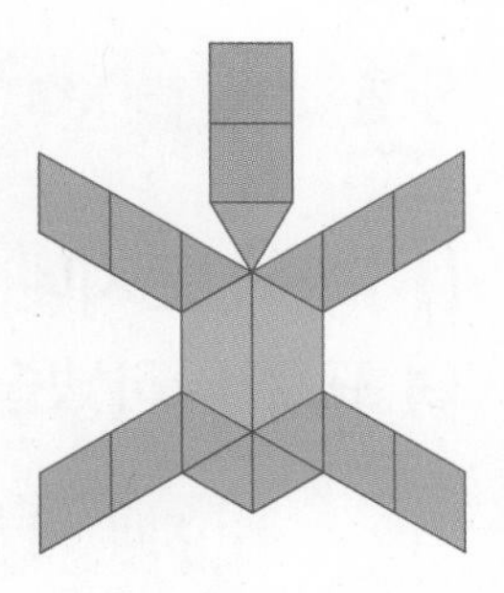

10 사용한 조각 수를 표로 나타내 보세요.

모양을 만드는 데 사용한 조각 수

조각	△	□	◇	⏢	합계
조각 수(개)					

서술형

11 가장 많이 사용한 조각은 무엇인지 구하려고 합니다. 풀이 과정을 쓰고 알맞은 조각에 ○표 하세요.

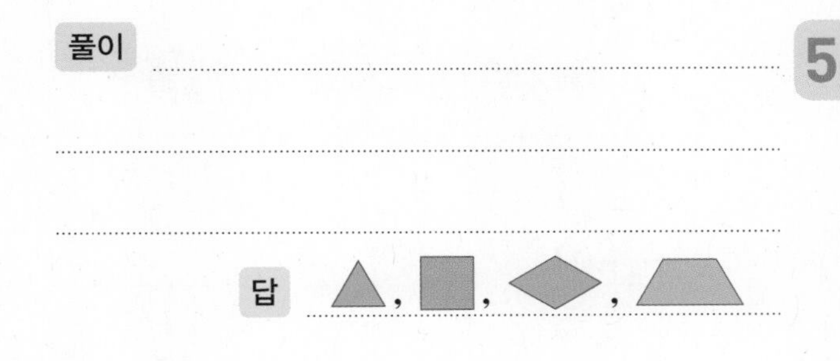

풀이

답 △, □, ◇, ⏢

12 리듬을 보고 음표 수를 표로 나타내 보세요.

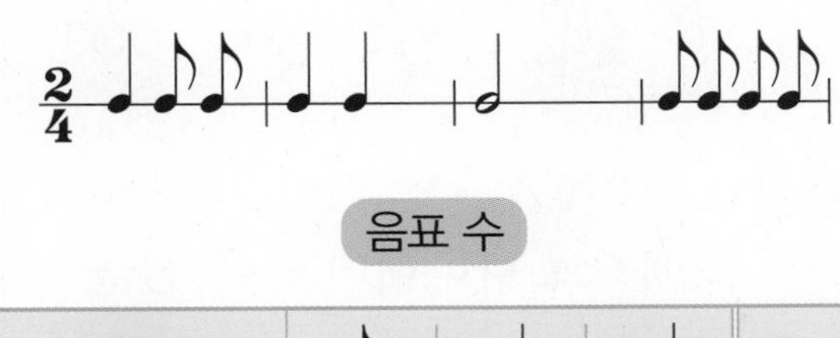

음표 수

음표	♪	♩	𝅗𝅥	합계
음표 수(개)				

2 자료를 분류하여 그래프로 나타내기

[13~15] 은지네 반 학생들의 혈액형을 조사하여 표로 나타냈습니다. 물음에 답하세요.

은지네 반 학생들의 혈액형별 학생 수

혈액형	A형	B형	O형	AB형	합계
학생 수(명)	6	4	7	3	20

13 표를 보고 그래프로 나타낼 때 그래프의 가로와 세로에는 각각 어떤 것을 나타내는 것이 좋을까요?

가로 (　　　　　　　　　)
세로 (　　　　　　　　　)

14 표를 보고 ○를 이용하여 그래프로 나타내 보세요.

은지네 반 학생들의 혈액형별 학생 수

7				
6				
5				
4				
3				
2				
1				
학생 수(명) / 혈액형	A형	B형	O형	AB형

서술형

15 그래프로 나타내면 좋은 점을 써 보세요.

좋은 점 ....

[16~21] 승빈이네 반 학생들이 좋아하는 주스를 조사하였습니다. 물음에 답하세요.

승빈이네 반 학생들이 좋아하는 주스

•사과 주스 •딸기 주스 •키위 주스 •레몬 주스

승빈	민주	수호	성하
호영	규진	형식	재영
동건	진우	민건	서현
민서	은유	현수	세정

16 자료를 보고 표로 나타내 보세요.

승빈이네 반 학생들이 좋아하는 주스별 학생 수

주스	사과 주스	딸기 주스	키위 주스	레몬 주스	합계
학생 수(명)					

17 그래프로 나타내는 순서를 기호로 써 보세요.

㉠ 가로와 세로를 각각 몇 칸으로 할지 정합니다.
㉡ 조사한 자료를 살펴봅니다.
㉢ 가로와 세로에 무엇을 쓸지 정합니다.
㉣ 좋아하는 주스별 학생 수를 ○, ×, / 등으로 표시합니다.

□ ➡ □ ➡ □ ➡ □

18 16의 표를 보고 ○를 이용하여 그래프로 나타내 보세요.

승빈이네 반 학생들이 좋아하는 주스별 학생 수

6				
5				
4				
3				
2				
1				
학생 수(명) / 주스	사과 주스	딸기 주스	키위 주스	레몬 주스

19 18의 그래프에서 가로에 나타낸 것은 무엇일까요?

( )

20 16의 표를 보고 ×를 이용하여 그래프로 나타내 보세요.

승빈이네 반 학생들이 좋아하는 주스별 학생 수

레몬 주스						
키위 주스						
딸기 주스						
사과 주스						
주스 / 학생 수(명)	1	2	3	4	5	6

21 20의 그래프에서 가로에 나타낸 것은 무엇일까요?

( )

[22~23] 지아네 반 학생들이 가 보고 싶은 장소별 학생 수를 조사하여 표로 나타냈습니다. 물음에 답하세요.

지아네 반 학생들이 가 보고 싶은 장소별 학생 수

장소	산	바다	계곡	공원	합계
학생 수(명)	4	5	6	2	17

서술형

22 표를 보고 그래프로 나타내려고 합니다. 그래프를 완성할 수 없는 까닭을 써 보세요.

지아네 반 학생들이 가 보고 싶은 장소별 학생 수

공원					
계곡					
바다					
산					
장소 / 학생 수(명)	1	2	3	4	5

까닭

23 표를 보고 /을 이용하여 그래프로 나타내 보세요.

지아네 반 학생들이 가 보고 싶은 장소별 학생 수

공원	
계곡	
바다	
산	
장소 / 학생 수(명)	

3 표와 그래프의 내용 알기

[24~26] 동규네 반 학생들의 장래 희망을 조사하여 표로 나타냈습니다. 물음에 답하세요.

동규네 반 학생들의 장래 희망별 학생 수

장래 희망	의사	운동 선수	선생님	과학자	합계
학생 수(명)	3	6	4	7	

24 동규네 반 학생은 모두 몇 명일까요?

( )

25 표를 보고 /을 이용하여 그래프로 나타내 보세요.

동규네 반 학생들의 장래 희망별 학생 수

7				
6				
5				
4				
3				
2				
1				
학생 수(명) / 장래 희망	의사	운동 선수	선생님	과학자

26 가장 많은 학생들의 장래 희망은 무엇일까요?

( )

[27~29] 은호네 반 학생들이 좋아하는 놀이 기구를 조사하여 표와 그래프로 나타냈습니다. 물음에 답하세요.

은호네 반 학생들이 좋아하는 놀이 기구별 학생 수

놀이 기구	그네	시소	미끄럼틀	정글짐	합계
학생 수(명)	6	4	2	4	16

은호네 반 학생들이 좋아하는 놀이 기구별 학생 수

6	○			
5	○			
4	○	○		○
3	○	○		○
2	○	○	○	○
1	○	○	○	○
학생 수(명) / 놀이 기구	그네	시소	미끄럼틀	정글짐

27 가장 적은 학생들이 좋아하는 놀이 기구는 무엇이고, 몇 명이 좋아할까요?

( ), ( )

28 표와 그래프를 보고 알 수 있는 내용이 아닌 것을 찾아 기호를 써 보세요.

> ㉠ 은호네 반 학생들이 좋아하는 놀이 기구의 종류
> ㉡ 은호가 좋아하는 놀이 기구
> ㉢ 가장 많은 학생들이 좋아하는 놀이 기구

( )

내가 만드는 문제

29 은호네 학교에서 운동장에 놀이터를 만들려고 합니다. 그래프를 보고 은호네 반 학생들의 의견을 선생님께 전해 보세요.

선생님, 운동장에 만드는 놀이터에

....

....

....

[30~35] 어느 해 1월의 날씨를 조사하였습니다. 물음에 답하세요.

1월의 날씨

일	월	화	수	목	금	토
1	2	3	4	5	6	7
8	9	10	11	12	13	14
15	16	17	18	19	20	21
22	23	24	25	26	27	28
29	30	31				

30 자료를 보고 1월의 날씨별 날수를 조사하여 표로 나타내 보세요.

1월의 날씨별 날수

날씨	맑음	흐림	비	눈	합계
날수(일)					

31 1월에 맑은 날은 며칠일까요?

( )

32 1월에 눈이 온 날은 비가 온 날보다 며칠 더 많을까요?

( )

33 30의 표를 보고 △를 이용하여 그래프로 나타내 보세요.

1월의 날씨별 날수

눈									
비									
흐림									
맑음									
날씨 / 날수(일)	1	2	3	4	5	6	7	8	9

34 날수가 7일보다 많은 날씨를 모두 써 보세요.

( )

35 1월 한 달 동안 어떤 날씨가 며칠인지 알아보기에 편리한 것은 표와 그래프 중 어느 것일까요?

( )

STEP 3 자주 틀리는 유형

합계에서 나머지 자료의 수를 빼야지!

1 민지네 모둠 학생들이 한 달 동안 모은 붙임딱지 수를 조사하여 표로 나타냈습니다. 도영이가 모은 붙임딱지는 몇 장일까요?

민지네 모둠 학생들이 모은 붙임딱지 수

이름	민지	산호	도영	은주	합계
붙임딱지 수(장)	7	5		10	30

(　　　　　　)

2 현서가 가지고 있는 색연필의 색깔을 조사하여 표로 나타냈습니다. 현서가 가장 많이 가지고 있는 색연필의 색깔은 무엇일까요?

현서가 가지고 있는 색깔별 색연필 수

색깔	빨강	초록	노랑	파랑	합계
수(자루)		5	3	6	21

(　　　　　　)

3 윤희네 학교 2학년의 반별 여학생 수를 조사하여 표로 나타냈습니다. 1반과 2반의 여학생 수가 같을 때 2반 여학생은 몇 명일까요?

윤희네 학교 2학년의 반별 여학생 수

반	1반	2반	3반	4반	합계
여학생 수(명)			11	8	37

(　　　　　　)

그래프를 바르게 그리는 방법을 생각해 봐!

4 어떤 자료를 보고 나타낸 그래프에서 잘못된 부분을 찾아 까닭을 써 보세요.

호진이네 반 학생들이 좋아하는 꽃별 학생 수

4	○			○
3	○	○	○	○
2		○		○
1		○	○	○
학생 수(명) / 꽃	장미	튤립	백합	무궁화

까닭 ....

....

5 표를 보고 나타낸 그래프에서 잘못된 부분을 찾아 바르게 고쳐 보세요.

승우네 반 학생들이 배우고 싶은 악기별 학생 수

악기	오카리나	피아노	우쿨렐레	합계
학생 수(명)	3	5	4	12

승우네 반 학생들이 배우고 싶은 악기별 학생 수

우쿨렐레	××	××			
피아노	×				×
오카리나	×		××		
악기 / 학생 수(명)	1	2	3	4	5

➡

우쿨렐레					
피아노					
오카리나					
악기 / 학생 수(명)	1	2	3	4	5

표로 나타낸 수와 자료의 수를 비교해 봐!

6 정아네 반 학생들이 받고 싶은 선물을 조사하였습니다. 민건이가 받고 싶은 선물은 무엇일까요?

정아네 반 학생들이 받고 싶은 선물

이름	선물	이름	선물	이름	선물
정아	인형	민호	로봇	주희	책
성수	책	지영	인형	민건	
하나	로봇	현선	인형	영서	로봇

정아네 반 학생들이 받고 싶은 선물별 학생 수

선물	인형	책	로봇	합계
학생 수(명)	3	2	4	9

(　　　　　　　　)

7 준기네 반 학생들이 좋아하는 계절을 조사하였습니다. 재희가 좋아하는 계절은 무엇일까요?

준기네 반 학생들이 좋아하는 계절

이름	계절	이름	계절	이름	계절
준기	봄	규아	가을	명수	여름
시은	여름	재희		형진	겨울
영민	겨울	희진	여름	미수	봄

준기네 반 학생들이 좋아하는 계절별 학생 수

계절	봄	여름	가을	겨울	합계
학생 수(명)	2	3	2	2	9

(　　　　　　　　)

표와 그래프의 내용이 같아야 해!

8 어느 가게에서 팔린 붕어빵을 조사하여 표와 그래프로 나타냈습니다. 표와 그래프를 각각 완성해 보세요.

어느 가게에서 팔린 붕어빵 수

종류	슈크림	초코	팥	치즈	합계
수(봉지)	3		4		12

어느 가게에서 팔린 붕어빵 수

4				
3				○
2		○		○
1		○		○
수(봉지) / 종류	슈크림	초코	팥	치즈

9 혜수네 반 학생들이 좋아하는 간식을 조사하여 표와 그래프로 나타냈습니다. 표와 그래프를 각각 완성해 보세요.

혜수네 반 학생들이 좋아하는 간식별 학생 수

간식	튀김	라면	김밥	떡볶이	합계
학생 수(명)		3		5	

혜수네 반 학생들이 좋아하는 간식별 학생 수

떡볶이						
김밥	/	/				
라면						
튀김	/	/	/	/	/	/
간식 / 학생 수(명)	1	2	3	4	5	6

STEP 4 최상위 도전 유형

도전1 합계를 이용하여 그래프 완성하기

1 영재네 반 학생 18명이 좋아하는 곤충을 조사하여 그래프로 나타냈습니다. 꿀벌을 좋아하는 학생 수를 구하여 그래프를 완성해 보세요.

영재네 반 학생들이 좋아하는 곤충별 학생 수

7		○		
6		○		
5	○	○		
4	○	○		
3	○	○		
2	○	○		○
1	○	○		○
학생 수(명) / 곤충	개미	나비	꿀벌	무당벌레

핵심 NOTE
① 꿀벌을 좋아하는 학생 수 구하기
② 그래프 완성하기

2 동민이네 반 학생 20명이 원하는 학급 티셔츠 색깔을 조사하여 그래프로 나타냈습니다. 노란색을 원하는 학생 수를 구하여 그래프를 완성해 보세요.

동민이네 반 학생들이 원하는 학급 티셔츠 색깔별 학생 수

보라	/	/	/	/			
초록	/	/	/	/	/	/	/
노랑							
빨강	/	/	/				
색깔 / 학생 수(명)	1	2	3	4	5	6	7

도전2 표와 그래프 완성하기

3 지영이네 모둠 학생들이 가지고 있는 연결 모형 수를 조사하여 표로 나타냈습니다. 호재가 재인이보다 1개 더 많이 가지고 있을 때 표를 완성해 보세요.

지영이네 모둠 학생별 가지고 있는 연결 모형 수

이름	지영	호재	별희	재인	합계
연결 모형 수(개)	6		10		33

핵심 NOTE
① 호재와 재인이가 가지고 있는 연결 모형 수의 합 구하기
② 호재와 재인이가 가지고 있는 연결 모형 수 각각 구하기
③ 표 완성하기

4 민재네 반 학생 18명이 좋아하는 케이크를 조사하여 그래프로 나타냈습니다. 치즈 케이크를 좋아하는 학생이 딸기 케이크를 좋아하는 학생보다 2명 더 많을 때 그래프를 완성해 보세요.

민재네 반 학생들이 좋아하는 케이크별 학생 수

6	△			
5	△			
4	△		△	
3	△		△	
2	△		△	
1	△		△	
학생 수(명) / 케이크	생크림	치즈	초콜릿	딸기

도전3 표의 내용 알기

5 윤호네 모둠 학생들이 고리 던지기를 하여 성공한 횟수와 실패한 횟수를 조사하여 표로 나타냈습니다. 한 사람이 고리를 10개씩 던졌을 때 성공한 횟수가 가장 많은 사람은 누구일까요?

윤호네 모둠 학생별 고리 던지기 결과

이름	윤호	민정	찬재	석규
성공한 횟수(회)	7			
실패한 횟수(회)		7	2	4

(　　　　　　　　)

핵심 NOTE
(성공한 횟수)+(실패한 횟수)=10을 이용하여 빈칸에 알맞은 수를 써넣습니다.

6 철우네 모둠 학생들이 독서 퀴즈 대회에서 맞힌 문제 수와 틀린 문제 수를 조사하여 표로 나타냈습니다. 한 사람이 문제를 10개씩 풀었을 때 가장 많이 맞힌 사람은 누구일까요?

철우네 모둠 학생별 독서 퀴즈 대회 결과

이름	철우	연지	석진	혜민
맞힌 문제 수(개)		5		
틀린 문제 수(개)	4		6	3

(　　　　　　　　)

도전4 얻은 점수 구하기

7 민혁이가 짝과 가위바위보를 8번 한 결과를 조사하여 표로 나타냈습니다. 가위바위보를 하여 이기면 3점을 얻고, 비기면 2점을 얻고, 지면 1점을 잃는다고 합니다. 민혁이가 얻은 점수는 몇 점일까요?

민혁이의 가위바위보 결과별 횟수

결과	이김	비김	짐	합계
횟수(번)	3	1	4	8

(　　　　　　　　)

핵심 NOTE
(얻은 점수)
=(이겨서 얻은 점수)+(비겨서 얻은 점수)−(져서 잃은 점수)

도전 최상위

8 현영이가 짝과 가위바위보를 9번 한 결과를 조사하여 표로 나타냈습니다. 가위바위보를 하여 이기면 3점을 얻고, 비기면 2점을 얻고, 지면 1점을 잃는다고 합니다. 현영이가 얻은 점수는 몇 점일까요?

현영이의 가위바위보 결과별 횟수

결과	이김	비김	짐	합계
횟수(번)	4	3		9

(　　　　　　　　)

수시 평가 대비 Level 1

점수

확인

[1~4] 희서네 반 학생들이 가 보고 싶은 나라를 조사하였습니다. 물음에 답하세요.

희서네 반 학생들이 가 보고 싶은 나라

이름	나라	이름	나라	이름	나라
희서	미국	민지	프랑스	종호	호주
은주	스위스	원영	미국	혜수	미국
연재	스위스	서경	스위스	연우	스위스
정규	미국	윤수	스위스	지석	프랑스
성호	호주	경민	프랑스	재홍	스위스

1 연재가 가 보고 싶은 나라는 어디일까요?

( )

2 자료를 보고 표로 나타내 보세요.

희서네 반 학생들이 가 보고 싶은 나라별 학생 수

나라	미국	스위스	호주	프랑스	합계
학생 수(명)					

3 미국을 가 보고 싶어 하는 학생은 몇 명일까요?

( )

4 희서네 반 학생은 모두 몇 명일까요?

( )

[5~8] 우혁이네 반 학생들이 좋아하는 과목을 조사하여 나타낸 표를 보고 그래프로 나타내려고 합니다. 물음에 답하세요.

우혁이네 반 학생들이 좋아하는 과목별 학생 수

과목	국어	수학	과학	체육	합계
학생 수(명)	4	5	4	7	20

5 그래프의 가로와 세로에는 각각 어떤 것을 나타내는 것이 좋을까요?

가로 ( ), 세로 ( )

6 표를 보고 ○를 이용하여 그래프로 나타내 보세요.

우혁이네 반 학생들이 좋아하는 과목별 학생 수

7				
6				
5				
4				
3				
2				
1				
학생 수(명) / 과목	국어	수학	과학	체육

7 가장 많은 학생들이 좋아하는 과목은 무엇일까요?

( )

8 좋아하는 과목별 학생 수가 같은 과목을 써 보세요.

(,)

정답과 풀이 42쪽

[9~12] 민주네 반 학생들이 좋아하는 색깔을 조사하여 표와 그래프로 나타냈습니다. 물음에 답하세요.

민주네 반 학생들이 좋아하는 색깔별 학생 수

색깔	빨강	노랑	파랑	초록	합계
학생 수(명)	4		5		

민주네 반 학생들이 좋아하는 색깔별 학생 수

5				
4				
3		/		
2		/		/
1		/		/
학생 수(명) / 색깔	빨강	노랑	파랑	초록

9 표와 그래프를 완성해 보세요.

10 조사한 학생은 모두 몇 명일까요?

( )

11 가장 많은 학생들이나 가장 적은 학생들이 좋아하는 색깔을 알아보기에 편리한 것은 표와 그래프 중 어느 것일까요?

( )

12 체육대회 날 민주네 반 학생들에게 모자를 나누어 주려고 합니다. 모자 색깔을 정해 보고 그 까닭을 써 보세요.

모자 색깔 ....

까닭 ....

....

[13~15] 경우네 모둠 학생들이 퀴즈 대회에서 문제를 맞히면 ○표, 틀리면 ×표를 하여 나타냈습니다. 물음에 답하세요.

경우네 모둠 학생들의 퀴즈 대회 결과

이름 \ 문제	1번	2번	3번	4번	5번
경우	×	○	×	○	×
미희	○	×	○	○	×
준영	○	×	×	○	○
인규	○	○	○	○	○
세린	○	×	○	○	○

13 자료를 보고 학생들이 맞힌 문제 수를 세어 표로 나타내 보세요.

경우네 모둠 학생별 맞힌 문제 수

이름	경우	미희	준영	인규	세린	합계
문제 수(개)						17

14 자료를 보고 문제 번호별 맞힌 학생 수를 세어 표로 나타내 보세요.

경우네 모둠 학생들의 문제 번호별 맞힌 학생 수

문제	1번	2번	3번	4번	5번	합계
학생 수(명)						17

15 맞힌 문제 수가 가장 많은 학생은 누구일까요?

( )

서술형 문제

정답과 풀이 42쪽

[16~18] 정우네 반 학생들이 일주일 동안 읽은 책 수를 조사하여 표로 나타냈습니다. 물음에 답하세요.

정우네 반 학생들이 읽은 책 수별 학생 수

책 수	2권	3권	4권	5권	6권	합계
학생 수(명)	3	5	7	1	2	18

16 표를 보고 ○를 이용하여 그래프로 나타내 보세요.

정우네 반 학생들이 읽은 책 수별 학생 수

6권							
5권							
4권							
3권							
2권							
책 수 / 학생 수(명)	1	2	3	4	5	6	7

17 읽은 책 수가 4권보다 많은 학생들에게 공책을 한 권씩 주려고 합니다. 필요한 공책은 모두 몇 권일까요?

(　　　　　　　)

18 표와 그래프를 보고 정우의 일기를 완성해 보세요.

제목: 우리 반 학생들이 읽은 책 수를 조사한 날
날짜: ○○월 ○○일　　　날씨: 흐림
오늘 수학 시간에 우리 반 학생들이 읽은 책 수를 조사했다. 가장 많은 수의 친구들이 읽은 책 수는 (　　　)권으로 (　　　)명이었다. 둘째로 많은 수의 친구들이 읽은 책 수는 (　　　)권으로 (　　　)명이었다.

[19~20] 윤경이네 반 학생 23명이 좋아하는 운동을 조사하여 표로 나타냈습니다. 야구를 좋아하는 학생 수가 수영을 좋아하는 학생 수의 2배일 때 물음에 답하세요.

윤경이네 반 학생들이 좋아하는 운동별 학생 수

운동	축구	야구	농구	수영	배구	합계
학생 수(명)			4	3	2	23

19 축구를 좋아하는 학생은 몇 명인지 풀이 과정을 쓰고 답을 구해 보세요.

풀이

답

20 가장 많은 학생들이 좋아하는 운동과 가장 적은 학생들이 좋아하는 운동의 학생 수의 차는 몇 명인지 풀이 과정을 쓰고 답을 구해 보세요.

풀이

답

수시 평가 대비 Level 2

5. 표와 그래프

점수

확인

[1~4] 미라네 반 학생들이 좋아하는 텔레비전 프로그램을 조사하였습니다. 물음에 답하세요.

미라네 반 학생들이 좋아하는 텔레비전 프로그램

이름	프로그램	이름	프로그램
미라	만화	건호	만화
준서	예능	윤지	드라마
정민	드라마	동원	예능
경규	뉴스	진수	만화
영미	만화	서은	예능

1 자료를 보고 표로 나타내 보세요.

미라네 반 학생들이 좋아하는 텔레비전 프로그램별 학생 수

프로그램	만화	예능	드라마	뉴스	합계
학생 수(명)					

2 예능을 좋아하는 학생은 몇 명일까요?

( )

3 좋아하는 학생 수가 4명인 프로그램은 무엇일까요?

( )

4 좋아하는 프로그램별 학생 수를 알아보기에 편리한 것은 자료와 표 중 어느 것일까요?

( )

[5~8] 어느 해 9월부터 12월까지 비 온 날수를 조사하여 그래프로 나타냈습니다. 물음에 답하세요.

9월부터 12월까지 월별 비 온 날수

12월	△	△	△	△					
11월	△	△	△	△	△	△	△		
10월	△	△	△	△	△	△	△	△	△
9월	△	△	△	△	△	△			
월 / 날수(일)	1	2	3	4	5	6	7	8	9

5 그래프에서 가로에 나타낸 것은 무엇일까요?

( )

6 12월에 비 온 날수는 며칠일까요?

( )

7 비 온 날수가 가장 많은 달은 몇 월일까요?

( )

8 비 온 날수가 적은 달부터 차례로 써 보세요.

( )

5

[9~11] 효주네 반 학생들이 여행갈 때 타고 싶은 교통수단별 학생 수를 조사하여 표로 나타냈습니다. 물음에 답하세요.

효주네 반 학생들이 타고 싶은 교통수단별 학생 수

교통수단	기차	배	버스	비행기	합계
학생 수(명)	5	6	3		18

9 여행갈 때 비행기를 타고 싶은 학생은 몇 명일까요?

( )

10 표를 보고 ×를 이용하여 그래프로 나타내 보세요.

효주네 반 학생들이 타고 싶은 교통수단별 학생 수

6				
5				
4				
3				
2				
1				
학생 수(명) / 교통수단	기차	배	버스	비행기

11 타고 싶은 학생 수가 비행기보다 많고 배보다 적은 교통수단은 무엇일까요?

( )

[12~15] 승기네 반 학급 문고에 있는 종류별 책 수를 조사하여 표와 그래프로 나타냈습니다. 물음에 답하세요.

승기네 반 학급 문고에 있는 종류별 책 수

종류	동화책	위인전	과학책	만화책	합계
책 수(권)		4		4	

승기네 반 학급 문고에 있는 종류별 책 수

5	○			
4	○			
3	○			
2	○		○	
1	○		○	
책 수(권) / 종류	동화책	위인전	과학책	만화책

12 학급 문고에 있는 동화책은 몇 권일까요?

( )

13 학급 문고에 있는 과학책은 몇 권일까요?

( )

14 표와 그래프를 각각 완성해 보세요.

15 학급 문고에 가장 많이 있는 책은 가장 적게 있는 책보다 몇 권 더 많이 있을까요?

( )

서술형 문제

정답과 풀이 43쪽

16 세희네 반 학생 15명이 가고 싶은 산을 조사하여 그래프로 나타냈습니다. 설악산에 가고 싶은 학생은 몇 명일까요?

세희네 반 학생들이 가고 싶은 산별 학생 수

지리산	/	/	/	/		
설악산						
백두산	/	/	/	/	/	/
한라산	/	/	/			
산 / 학생 수(명)	1	2	3	4	5	6

( )

[17~18] 규아네 모둠 학생들이 투호놀이를 하여 각각 화살을 10개씩 던져 항아리에 넣은 화살 수와 넣지 못한 화살 수를 조사하여 표로 나타냈습니다. 물음에 답하세요.

규아네 모둠 학생별 투호놀이 결과

이름	규아	혜나	창민	주성
넣은 화살 수(개)		4		5
넣지 못한 화살 수(개)	3		2	

17 넣지 못한 화살 수가 가장 많은 사람은 누구일까요?

( )

18 넣은 화살 수 한 개당 점수를 5점 얻을 때 얻은 점수가 가장 높은 사람의 점수는 몇 점일까요?

( )

19 희수네 반 학생들이 좋아하는 생선을 조사하여 그래프로 나타냈습니다. 그래프를 보고 알 수 있는 내용을 2가지 써 보세요.

희수네 반 학생들이 좋아하는 생선별 학생 수

4			○	
3	○		○	
2	○		○	○
1	○	○	○	○
학생 수(명) / 생선	갈치	꽁치	고등어	조기

20 재민이네 반 학생들이 받고 싶은 생일 선물을 조사하여 표로 나타냈습니다. 인형을 받고 싶은 학생이 로봇을 받고 싶은 학생보다 1명 더 적을 때 인형을 받고 싶은 학생은 몇 명인지 풀이 과정을 쓰고 답을 구해 보세요.

재민이네 반 학생들이 받고 싶은 생일 선물별 학생 수

선물	인형	가방	로봇	책	합계
학생 수(명)		8		3	22

풀이

답

사고력이 반짝

● 4개의 줄로 만든 모양을 뒤쪽에서 볼 때 알맞은 것을 찾아 기호를 써 보세요.

㉠

㉡

㉢

㉣

(　　　　　　　　　)

6 규칙 찾기

핵심 1 무늬에서 규칙 찾기

- 모양: ○, □, ♡가 반복된다.
- 색깔: 빨간색, ☐이 반복된다.
- ☐ 안에 알맞은 모양을 그리고 색칠하면 ☐이다.

핵심 2 쌓은 모양에서 규칙 찾기

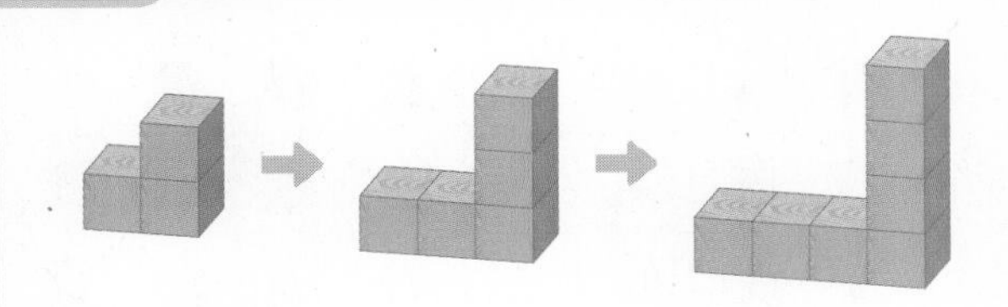

- 쌓기나무가 ☐개씩 늘어난다.

핵심 3 덧셈표에서 규칙 찾기

+	0	1	2	3
0	0	1	2	3
1	1	2	3	4
2	2	3	4	5
3	3	4	5	6

- ▬으로 색칠한 수는 아래로 내려갈수록 1씩 커진다.
- ▬으로 색칠한 수는 오른쪽으로 갈수록 ☐씩 커진다.

핵심 4 곱셈표에서 규칙 찾기

×	1	2	3
1	1	2	3
2	2	4	6
3	3	6	9

- ▬으로 색칠한 수는 아래로 내려갈수록 ☐씩 커진다.
- ▬으로 색칠한 수는 오른쪽으로 갈수록 2씩 커진다.

핵심 5 생활에서 규칙 찾기

전화기 버튼의 수는

- 오른쪽으로 갈수록 ☐씩 커진다.
- 아래로 내려갈수록 ☐씩 커진다.

답 1. 초록색, ● 2. 2 3. 1 4. 3 5. 1, 3

STEP 1 교과개념

1. 무늬에서 규칙 찾기

● 색깔이 반복되는 규칙 찾기

• 빨간색, 초록색, 노란색이 반복됩니다.
• ↘ 방향으로 똑같은 색깔이 놓입니다.

● 색깔과 모양이 반복되는 규칙 찾기

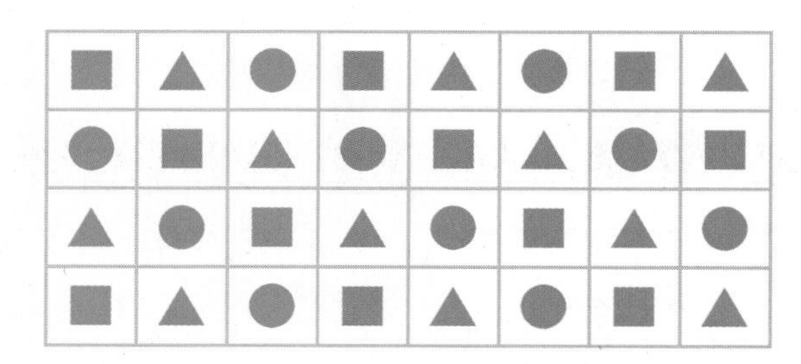

• 빨간색, 파란색이 반복됩니다.
• □, △, ○가 반복됩니다.

● 위치가 변하는 규칙 찾기

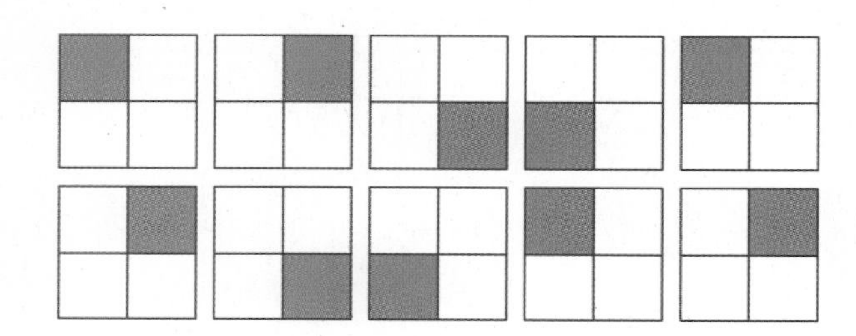

• ㉠㉡/㉣㉢일 때, ㉠, ㉡, ㉢, ㉣의 순서로 색칠됩니다.
• 시계 방향으로 한 칸씩 돌아가며 색칠됩니다.

● 수가 늘어나는 규칙 찾기

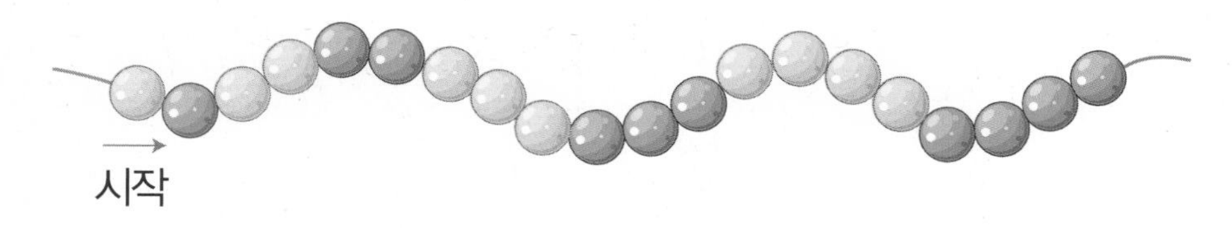

• 노란색 구슬과 파란색 구슬이 반복됩니다.
• 노란색 구슬 수와 파란색 구슬 수가 각각 1개씩 늘어납니다.

➔ 정답과 풀이 45쪽

① 그림을 보고 반복되는 부분을 ( )로 묶고 빈칸에 알맞은 모양을 그려 넣으세요.

◆	▲	●	◆	▲	●	◆	▲
●	◆	▲	●	◆		●	◆
▲	●	◆	▲				●

색깔이 초록색으로 똑같으므로 모양에서 규칙을 찾아봐요.

② 그림을 보고 물음에 답하세요.

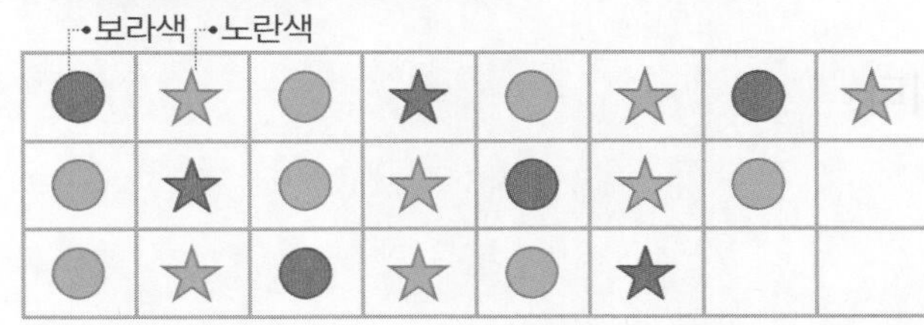

① 규칙을 찾아보세요.

색깔 보라색, [ ], [ ]이 반복됩니다.

모양 ○, [ ]이 반복됩니다.

반복되는 색깔, 모양에 /, ∨ 등의 표시를 하면 규칙을 쉽게 찾을 수 있어요.

② 빈칸에 알맞은 모양을 그리고 색칠해 보세요.

③ 사탕을 그림과 같이 진열해 놓았습니다. 그림에서 (사탕)은 1, (막대사탕)은 2, (도넛 사탕)은 3으로 바꾸어 나타내고, 규칙을 찾아보세요.

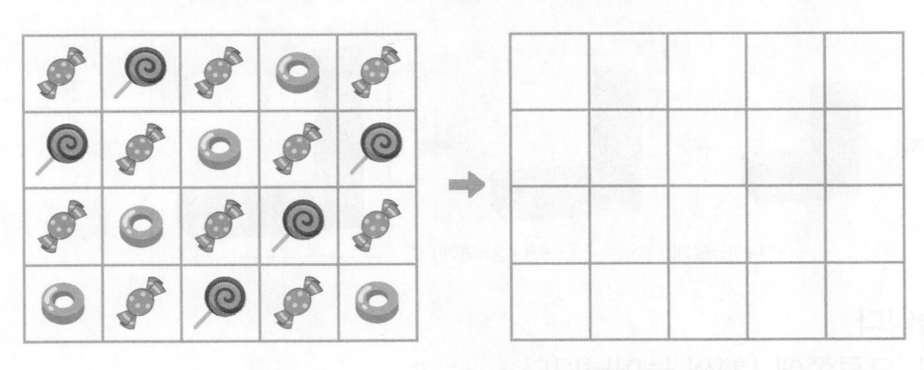

규칙 [ ], [ ], [ ], [ ]이/가 반복됩니다.

④ 규칙을 찾아 ●을 알맞게 그려 넣으세요.

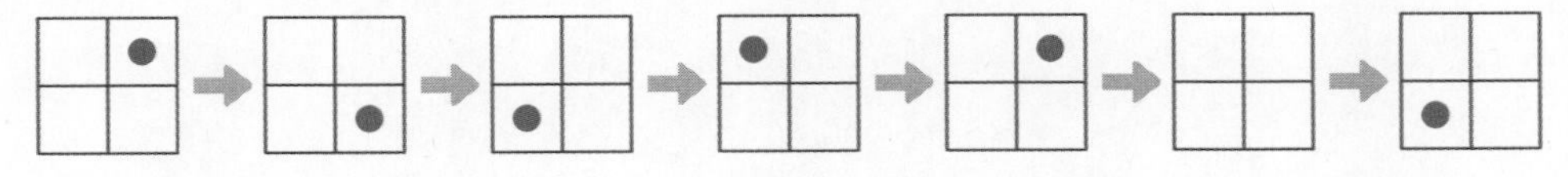

2 쌓은 모양에서 규칙 찾기

● 쌓기나무가 쌓인 모양 알기

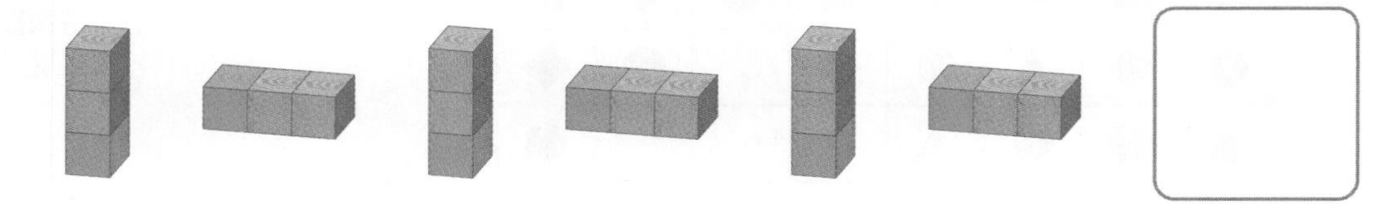

• 빨간색 쌓기나무가 있고 쌓기나무 2개가 위, 오른쪽으로 번갈아 가며 놓입니다.

• ☐ 안에 알맞은 모양은 입니다.

● 쌓은 모양에서 규칙 찾기

• 쌓기나무를 3층, 1층이 반복되게 쌓았습니다.
• 쌓기나무의 수가 왼쪽에서 오른쪽으로 3개, 1개씩 반복됩니다.

● 다음에 이어질 모양에 쌓을 쌓기나무의 수 알기

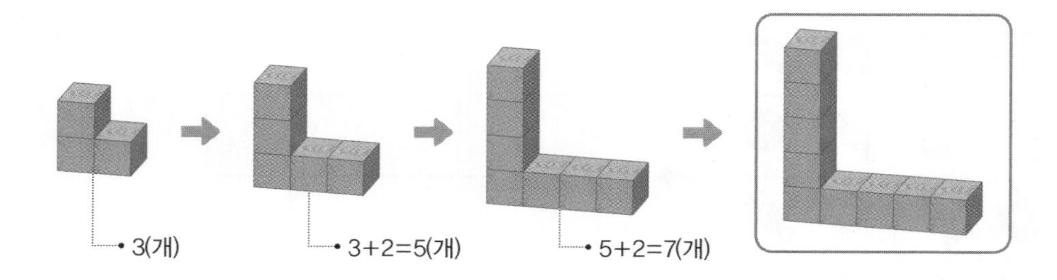

• 'ㄴ'자 모양으로 쌓았습니다.
• 쌓기나무가 위쪽에 1개, 오른쪽에 1개씩 늘어납니다.
• 쌓기나무가 2개씩 늘어납니다.
• 다음에 이어질 모양에 쌓을 쌓기나무는 모두 $7+2=9$(개)입니다.

➔ 정답과 풀이 45쪽

1 규칙에 따라 쌓기나무를 쌓았습니다. □ 안에 알맞은 수를 써넣으세요.

① 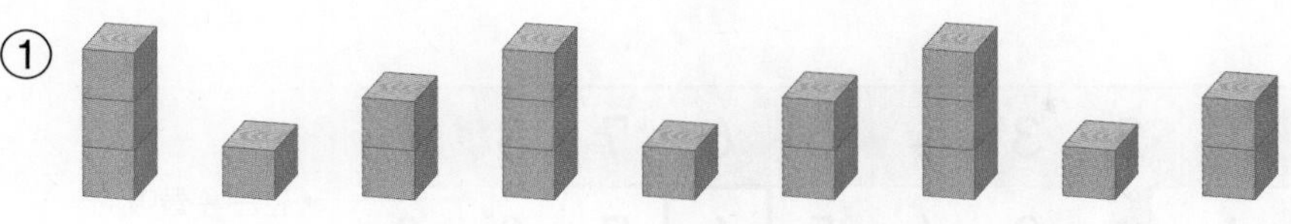

쌓기나무가 3층, □층, □층으로 반복됩니다.

② 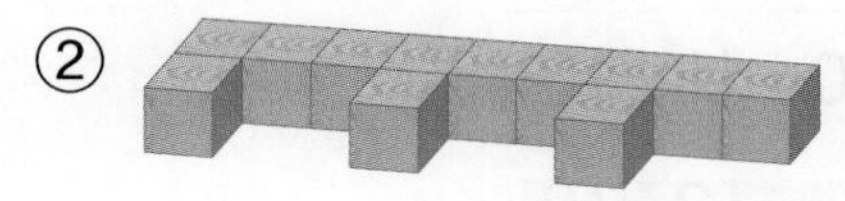

쌓기나무의 수가 왼쪽에서 오른쪽으로 □개, □개, □개씩 반복됩니다.

2 오른쪽 쌓기나무를 보고 규칙을 찾으려고 합니다. 물음에 답하세요.

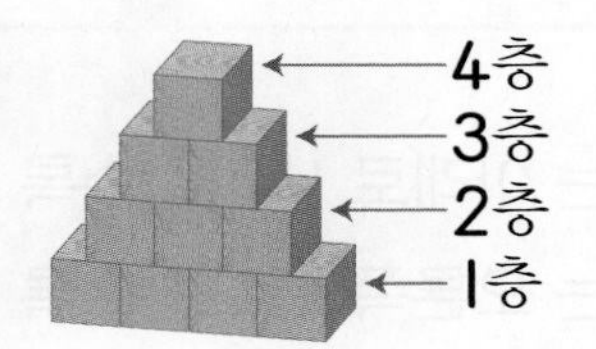

① 각 층의 쌓기나무의 수를 구해 보세요.

층	1층	2층	3층	4층
쌓기나무의 수(개)	4			

② 쌓은 규칙을 찾아보세요.

윗층으로 올라갈수록 쌓기나무가 □개씩 줄어듭니다.

3 규칙에 따라 쌓기나무를 쌓았습니다. 쌓은 규칙을 써 보세요.

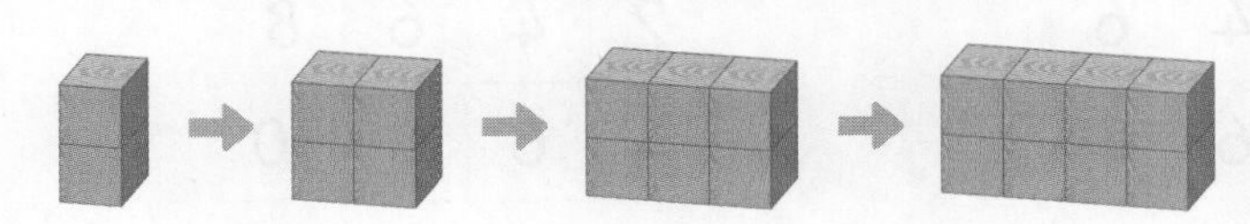

규칙 ....

....

STEP 1 교과 개념

3. 덧셈표에서 규칙 찾기

● 덧셈표에서 규칙 찾기

+	0	1	2	3	4	5	6	7	8	9
0	0	1	2	3	4	5	6	7	8	9
1	1	2	3	4	5	6	7	8	9	10
2	2	3	4	5	6	7	8	9	10	11
3	3	4	5	6	7	8	9	10	11	12
4	4	5	6	7	8	9	10	11	12	13
5	5	6	7	8	9	10	11	12	13	14
6	6	7	8	9	10	11	12	13	14	15
7	7	8	9	10	11	12	13	14	15	16
8	8	9	10	11	12	13	14	15	16	17
9	9	10	11	12	13	14	15	16	17	18

같은 수들이 있습니다.

↓ 방향에도 똑같은 수가 있습니다.

2씩 커집니다.

- ▇으로 색칠한 수는 아래로 내려갈수록 1씩 커집니다.
- ▇으로 색칠한 수는 오른쪽으로 갈수록 1씩 커집니다.
- → 방향(가로줄)에 있는 수들은 반드시 ↓방향(세로줄)에도 똑같이 있습니다.
- ↙ 방향에 있는 수는 모두 같습니다.
- ↘ 방향으로 갈수록 2씩 커집니다.
- - - - -을 따라 접었을 때 만나는 수들은 서로 같습니다.

개념 자세히 보기

● 홀수끼리 또는 짝수끼리 덧셈표를 만들면 덧셈표 안에 있는 수들은 모두 짝수예요!

+	1	3	5
1	2	4	6
3	4	6	8
5	6	8	10

+	2	4	6
2	4	6	8
4	6	8	10
6	8	10	12

[1~5] 덧셈표에서 규칙을 찾으려고 합니다. 물음에 답하세요.

+	0	1	2	3	4	5	6	7	8	9
0	0	1	2	3	4	5	6	7	8	9
1	1	2	3	4	5	6	7	8	9	10
2	2	3	4	5		7	8	9	10	11
3	3		5	6	7			10	11	12
4	4	5		7		9		11		13
5	5	6	7	8	9	10	11	12	13	14
6	6	7	8	9		11	12	13		

세로줄(↓)과 가로줄(→)이 만나는 칸에 두 수의 합을 써넣어요.

1 빈칸에 알맞은 수를 써넣으세요.

2 ▬으로 색칠한 수에는 어떤 규칙이 있는지 찾아보세요.

아래로 내려갈수록 ☐씩 커집니다.

3 ▬으로 색칠한 수에는 어떤 규칙이 있는지 찾아보세요.

오른쪽으로 갈수록 ☐씩 커집니다.

4 ▬으로 색칠한 수에는 어떤 규칙이 있는지 찾아보세요.

↘ 방향으로 갈수록 ☐씩 커집니다.

5 덧셈표에서 찾을 수 있는 규칙이 아닌 것을 찾아 기호를 써 보세요.

㉠ 왼쪽으로 갈수록 1씩 작아집니다.
㉡ ↙ 방향으로 갈수록 2씩 커집니다.
㉢ ▬으로 색칠한 수는 모두 홀수입니다.

(　　　　　　　　)

• 짝수: 2, 4, 6, 8, ...
• 홀수: 1, 3, 5, 7, 9, ...

6

4. 곱셈표에서 규칙 찾기

곱셈표에서 규칙 찾기

×	1	2	3	4	5	6	7	8	9
1	1	2	3	4	5	6	7	8	9
2	2	4	6	8	10	12	14	16	18
3	3	6	9	12	15	18	21	24	27
4	4	8	12	16	20	24	28	32	36
5	5	10	15	20	25	30	35	40	45
6	6	12	18	24	30	36	42	48	54
7	7	14	21	28	35	42	49	56	63
8	8	16	24	32	40	48	56	64	72
9	9	18	27	36	45	54	63	72	81

3×8 =4×6 =24

■단 곱셈구구의 곱은 ■씩 커집니다.

■단 곱셈구구의 곱은 ■씩 커집니다.

점선을 따라 접었을 때 만나는 수들은 서로 같습니다.

- ▭으로 색칠한 수는 아래로 내려갈수록 4씩 커집니다.
- ▭으로 색칠한 수는 오른쪽으로 갈수록 7씩 커집니다.
- 5단 곱셈구구에서 곱의 일의 자리 숫자는 5와 0이 반복됩니다.
- 2, 4, 6, 8단 곱셈구구의 곱은 모두 짝수입니다.
- 1, 3, 5, 7, 9단 곱셈구구의 곱은 홀수와 짝수가 반복됩니다.
- ⊞ 안에서 ⤡ 방향의 두 수의 곱은 같습니다. ➡ $3\times8=4\times6=24$

개념 자세히 보기

홀수끼리 곱셈표를 만들면 곱셈표에 있는 수들은 모두 홀수, 짝수끼리 곱셈표를 만들면 곱셈표에 있는 수들은 모두 짝수예요!

×	1	3	5
1	1	3	5
3	3	9	15
5	5	15	25

홀수

×	2	4	6
2	4	8	12
4	8	16	24
6	12	24	36

짝수

정답과 풀이 45쪽

[1~5] 곱셈표에서 규칙을 찾으려고 합니다. 물음에 답하세요.

×	1	2	3	4	5	6
1	1	2	3	4	5	6
2	2	4	6	8		12
3		6	9		15	
4	4	8	12	16	20	24
5	5	10			25	
6	6	12	18	24	30	36

세로줄(↓)과 가로줄(→)이 만나는 칸에 두 수의 곱을 써넣어요.

1 빈칸에 알맞은 수를 써넣으세요.

2 ■으로 색칠한 수에는 어떤 규칙이 있는지 찾아보세요.

아래로 내려갈수록 □씩 커집니다.

3 ■으로 색칠한 수에는 어떤 규칙이 있는지 찾아보세요.

오른쪽으로 갈수록 □씩 커집니다.

6

4 알맞은 말에 ○표 하세요.

—을 따라 접었을 때 만나는 수들은 서로 (같습니다 , 다릅니다).

5 ■으로 칠해진 수들의 규칙이 아닌 것을 찾아 기호를 써 보세요.

㉠ 모두 짝수입니다.
㉡ 오른쪽으로 갈수록 6씩 커집니다.
㉢ 4단 곱셈구구의 곱입니다.

(   )

STEP 1 교과 개념

5. 생활에서 규칙 찾기

● 무늬를 보고 규칙 찾기

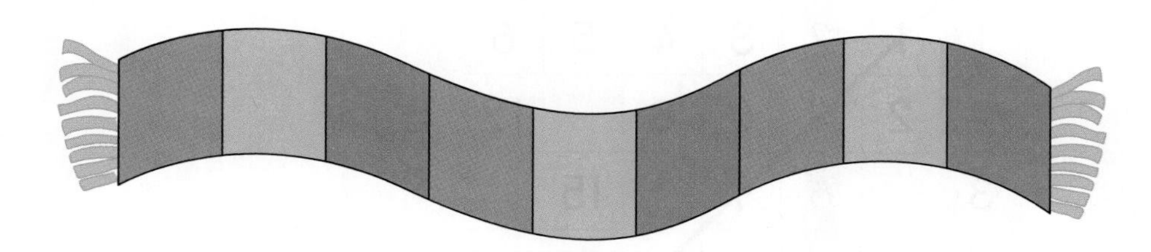

• 목도리의 색이 왼쪽에서 오른쪽으로 빨간색, 노란색, 파란색이 반복됩니다.

● 번호를 보고 규칙 찾기

1	2	3	4	5	6	7	8	9	10
11	12	13	14	15	16	17	18	19	20
21	22	23	24	25	26	27	28	29	30
31	32	33	34	35	36	37	38	39	40

• 신발장의 번호는 오른쪽으로 갈수록 1씩 커집니다.
• 신발장의 번호는 아래로 내려갈수록 10씩 커집니다.

● 달력을 보고 규칙 찾기

12월

일	월	화	수	목	금	토
						1
2	3	4	5	6	7	8
9	10	11	12	13	14	15
16	17	18	19	20	21	22
23	24	25	26	27	28	29
30	31					

• 모든 요일은 7일마다 반복됩니다.
• 가로로 1씩 커집니다.
• 세로로 7씩 커집니다.
• ↙ 방향으로 6씩 커집니다.
• ↘ 방향으로 8씩 커집니다.

➜ 정답과 풀이 46쪽

1 옷 무늬의 색이 초록색과 흰색이 반복되는 것에 ○표 하세요.

(　　　)　(　　　)

2 사물함 번호에 있는 규칙을 찾아 떨어진 번호판의 숫자를 써 보세요.

1	2	3	4		6	7	8	9
10	11		13	14	15	16	17	18
19	20	21	22	23		25	26	
	29	30	31	32	33	34		36

수를 순서대로 써 보아요.

3 달력을 보고 규칙을 찾으려고 합니다. 물음에 답하세요.

11월

일	월	화	수	목	금	토
				1	2	3
4	5	6	7	8	9	10
11	12	13	14	15	16	17
18	19	20	21	22	23	24
25	26	27	28	29	30	

① 월요일은 □일마다 반복됩니다.

② 3부터 ↙ 방향으로 □씩 커집니다.

③ 달력에서 다른 규칙을 찾아 써 보세요.

규칙 ....

같은 세로줄에 있는 날짜는 같은 요일이에요.

STEP 2 꼭 나오는 유형

1 무늬에서 규칙 찾기 (1)

1 규칙을 찾아 □ 안에 알맞은 모양을 그리고 색칠해 보세요.

2 그림을 보고 물음에 답하세요.

(1) 규칙에 맞게 □ 안에 알맞은 모양을 그려 넣으세요.

(2) 위 그림에서 ♥은 1, ★은 2, ◆은 3으로 바꾸어 나타내 보세요.

1	2	3	1	2	3	1	2
3	1	2					

(3) (2)에서 규칙을 찾아 써 보세요.

규칙 ……………………………………

3 한글 무늬로 도화지를 꾸미고 있습니다. 규칙을 찾아 빈칸을 완성해 보세요.

내가 만드는 문제

4 3가지 색을 이용하여 자신만의 규칙을 정한 다음, 빈칸에 색칠해 보세요.

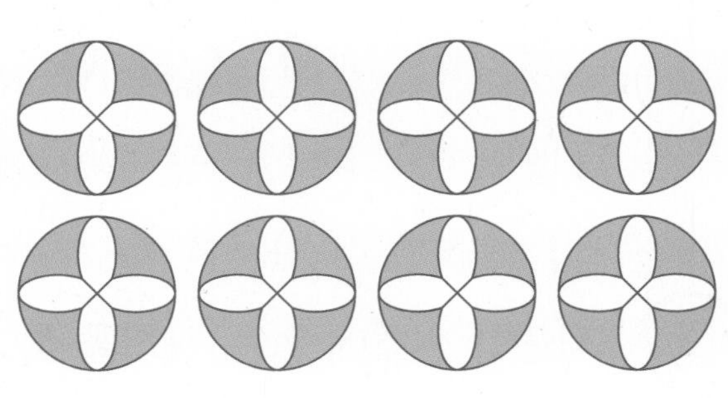

서술형

5 규칙을 찾아 □ 안에 알맞은 모양을 그리고 색칠한 다음, 규칙을 써 보세요.

빨간색 초록색 노란색

규칙 ……………………………………

……………………………………

……………………………………

2 무늬에서 규칙 찾기 (2)

6 규칙을 찾아 알맞게 색칠해 보세요.

(1)

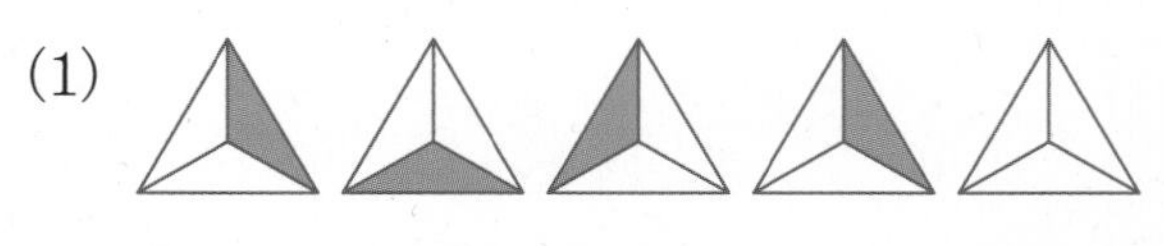

(2)

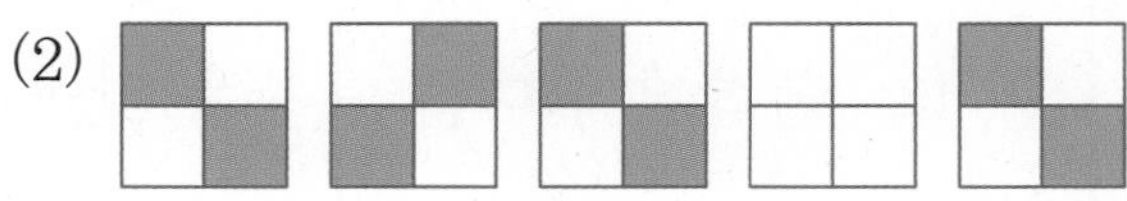

(3)

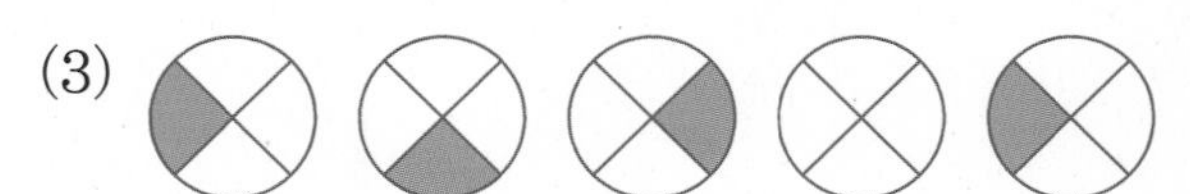

7 규칙을 찾아 도형 안에 •을 알맞게 그려 보세요.

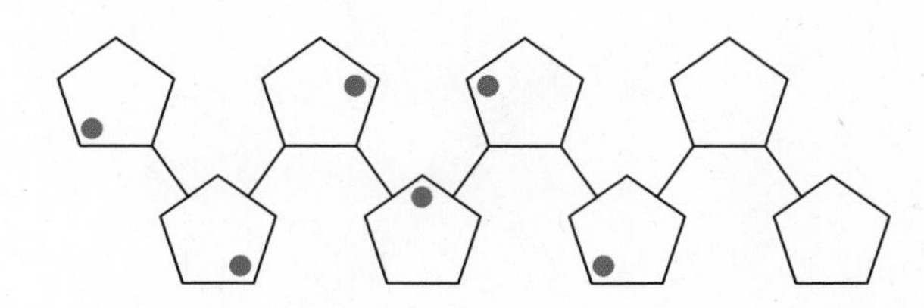

8 규칙에 따라 구슬을 꿰고 있습니다. 규칙에 맞게 색칠해 보세요.

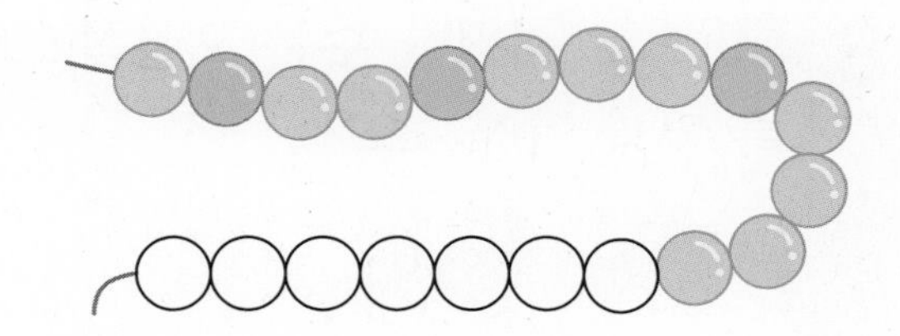

9 규칙에 따라 바둑돌을 늘어놓았습니다. □ 안에 알맞은 바둑돌을 그려 넣으세요.

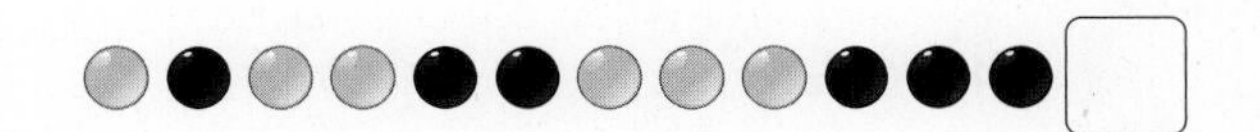

내가 만드는 문제

10 규칙을 정해 포장지의 무늬를 만들어 보세요.

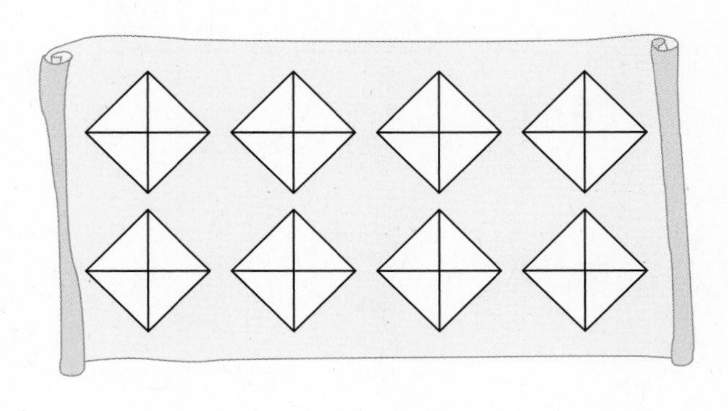

3 쌓은 모양에서 규칙 찾기

11 쌓기나무를 쌓은 모양을 보고 규칙을 바르게 설명한 것을 찾아 기호를 써 보세요.

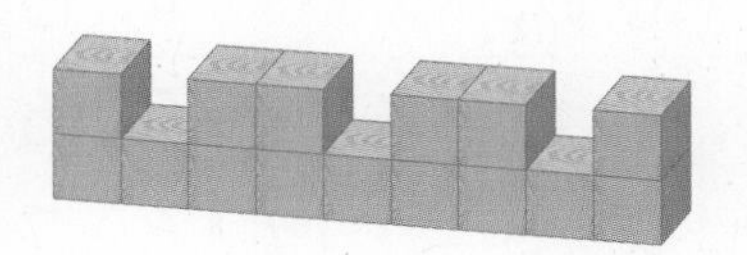

㉠ 쌓기나무가 왼쪽에서 오른쪽으로 2층, 1층, 2층이 반복됩니다.
㉡ 쌓기나무가 왼쪽에서 오른쪽으로 2층, 1층이 반복됩니다.

( )

12 규칙에 따라 쌓기나무를 쌓았습니다. 다음에 이어질 모양에 쌓을 쌓기나무는 모두 몇 개일까요?

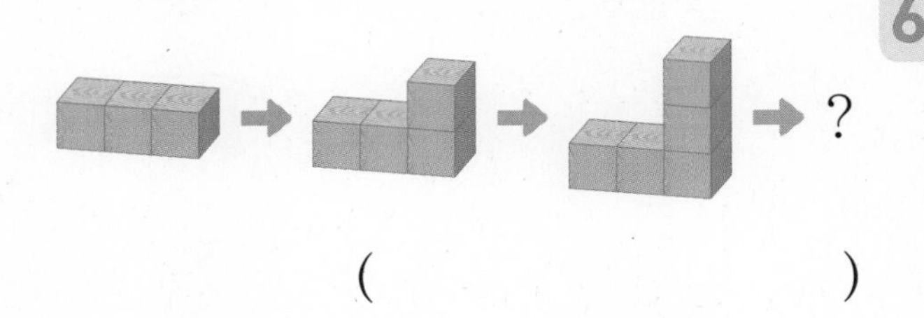

( )

13 규칙에 따라 쌓기나무를 쌓았습니다. 쌓기나무를 4층으로 쌓으려면 쌓기나무는 모두 몇 개 필요할까요?

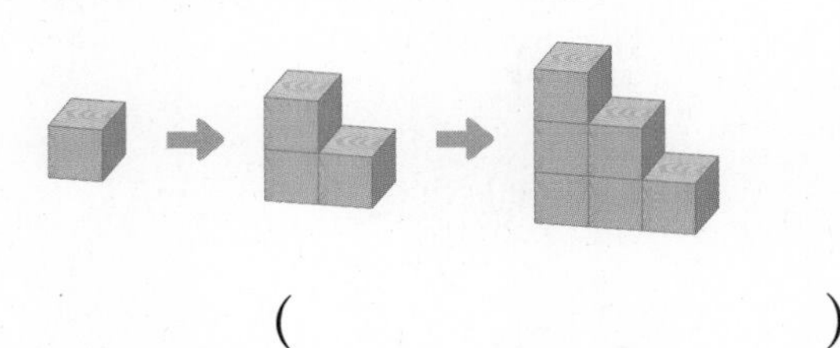

( )

4 덧셈표에서 규칙 찾기

[14~16] 덧셈표를 보고 물음에 답하세요.

+	0	1	2	3	4	5	6	7
0	0	1	2	3	4	5	6	7
1	1	2	3	4	5	6	7	8
2	2	3		5	6	7	8	9
3	3			6	7	8	9	10
4	4	5		7	8	9		
5	5	6	7	8	9			
6	6	7	8	9	10	11		
7	7	8	9	10	11	12	13	14

14 빈칸에 알맞은 수를 써넣으세요.

15 ▬으로 색칠한 수의 규칙을 찾아 써 보세요.

규칙 ....

16 규칙을 찾아 □ 안에 알맞은 수를 써넣으세요.

(1) 오른쪽으로 갈수록 □씩 커집니다.

(2) ↘ 방향으로 갈수록 □씩 커집니다.

[17~19] 덧셈표를 보고 물음에 답하세요.

+	1	3	5	7	9
1	2	4	6	8	10
3	4	6	8	10	12
5	6	8	10		
7	8	10		14	
9	10	12			18

17 빈칸에 알맞은 수를 써넣으세요.

18 ▬으로 색칠한 수는 오른쪽으로 갈수록 몇씩 커질까요?

( )

19 ▬으로 색칠한 수는 ↘ 방향으로 갈수록 몇씩 커질까요?

( )

서술형

20 덧셈표에서 찾을 수 있는 규칙을 2가지 써 보세요.

+	3	4	5	6
2	5	6	7	8
4	7	8	9	10
6	9	10	11	12
8	11	12	13	14

규칙 1 ....

규칙 2 ....

21 덧셈표의 빈칸에 알맞은 수를 써넣고, 규칙을 찾아 □ 안에 알맞은 수를 써넣으세요.

+	3			
3		9	12	
		11	14	17
	10			19
	12	15	18	

↘ 방향으로 갈수록 □씩 커집니다.

5 곱셈표에서 규칙 찾기

[22~24] 곱셈표를 보고 물음에 답하세요.

×	1	2	3	4	5
1	1	2	3	4	5
2	2	4	6	8	10
3	3	6	9	12	15
4	4	8	12	16	20
5	5	10	15	20	25

22 ▬으로 색칠한 곳과 규칙이 같은 곳을 찾아 색칠해 보세요.

23 ▬으로 색칠한 수의 규칙을 찾아 써 보세요.

규칙 ....

24 곱셈표를 한 번 접었을 때 만나는 수가 서로 같도록 선을 그어 보세요.

[25~27] 곱셈표를 보고 물음에 답하세요.

×	5	6	7	8	9
5	25	30	35	40	45
6	30	36	42	48	54
7	35	42	49	56	
8	40	48	56	64	72
9	45	54		72	81

25 빈칸에 공통으로 들어갈 수는 무엇일까요?

(　　　　　　　)

26 ▬으로 색칠한 수는 아래로 내려갈수록 몇씩 커질까요?

(　　　　　　　)

27 곱셈표에서 찾을 수 있는 규칙에 대해 잘못 설명한 사람은 누구일까요?

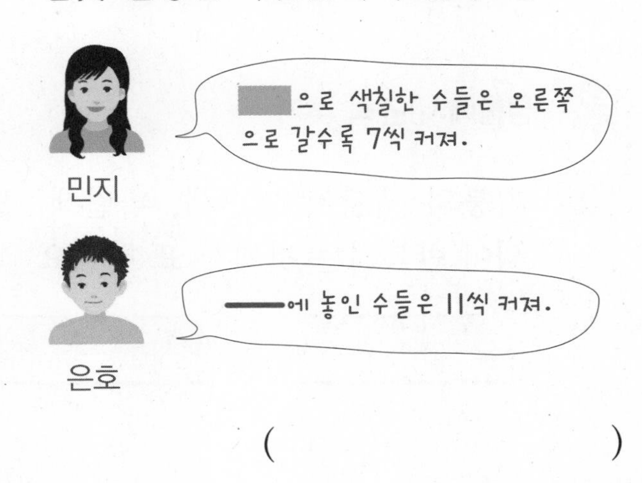

(　　　　　　　)

28 곱셈표의 빈칸에 알맞은 수를 써넣고, 규칙을 찾아 □ 안에 알맞은 수를 써넣으세요.

×	2			
2		8	12	16
	8	16		
	12		36	48
	16	32		

▬으로 색칠한 수는 오른쪽으로 갈수록 □씩 커집니다.

내가 만드는 문제

29 표 안의 수를 이용하여 곱셈표를 만들고, 규칙을 찾아 써 보세요.

×				
	6			
	12			
	18			
	24			

규칙 ....

6 생활에서 규칙 찾기

30 지붕의 색깔이 노란색, 파란색, 노란색이 반복되는 것에 ○표 하세요.

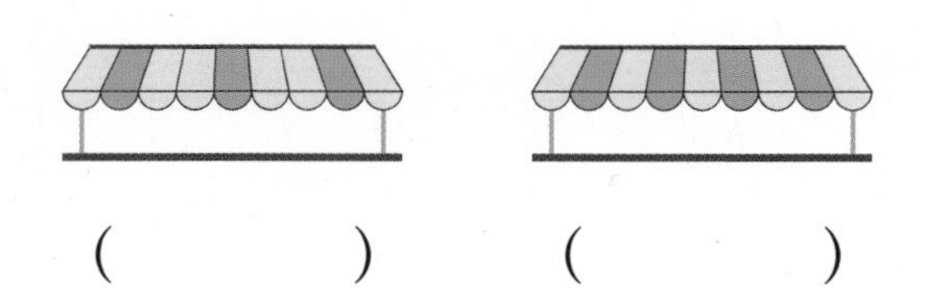

(　　　) (　　　)

31 계산기에 있는 수들을 보고 규칙을 찾아 □ 안에 알맞은 수를 써넣으세요.

(1) 오른쪽으로 갈수록 □씩 커집니다.

(2) 아래로 내려갈수록 □씩 커집니다.

32 승강기 안에 있는 버튼의 수들을 보고 찾을 수 있는 규칙을 2가지 써 보세요.

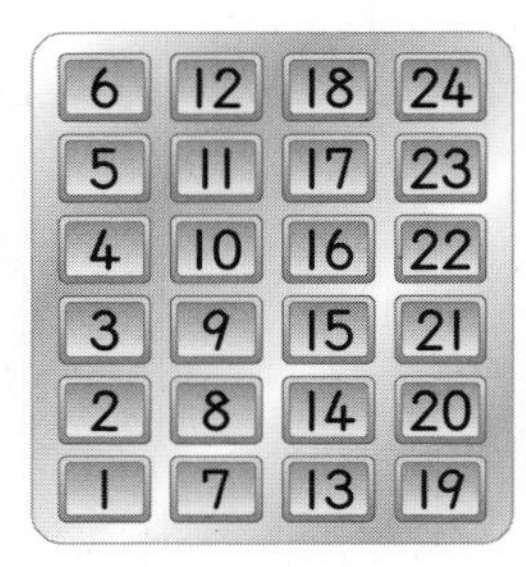

규칙 1 ....

규칙 2 ....

33 버스 출발 시각을 나타낸 표입니다. 출발 시각에서 규칙을 찾아 써 보세요.

버스 출발 시각

3시 20분	6시 20분
4시 20분	7시 20분
5시 20분	8시 20분

규칙 ....

STEP 3 # 자주 틀리는 유형

응용 유형 중 자주 틀리는 유형을 집중학습함으로써 실력을 한 단계 높여 보세요.

반복되는 것이 무엇인지 찾아봐야지!

1 규칙에 따라 전구를 놓았습니다. 14째에 놓일 전구는 무슨 색깔일까요?

주황색 노란색 초록색

( )

2 규칙에 따라 모양을 늘어놓았습니다. 20째에 놓일 모양을 빈칸에 그려 넣으세요.

→ □

3 검은색 바둑돌과 흰색 바둑돌을 규칙에 따라 늘어놓은 것입니다. 24째에 놓일 바둑돌은 무슨 색깔일까요?

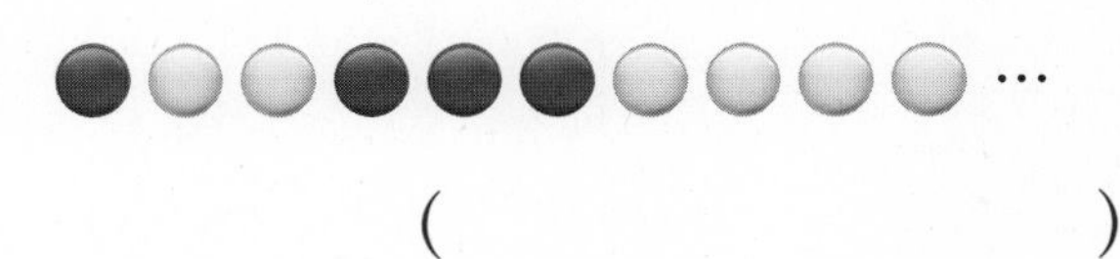

( )

어떤 규칙으로 쌓기나무를 쌓았는지 살펴봐!

4 규칙에 따라 쌓기나무를 쌓았습니다. 쌓기나무를 5층으로 쌓으려면 쌓기나무는 모두 몇 개 필요할까요?

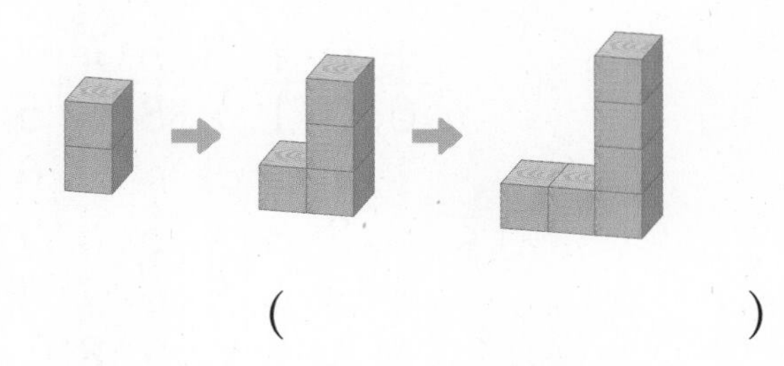

( )

5 민정이는 쌓기나무를 15개 가지고 있습니다. 다음과 같은 규칙으로 쌓기나무를 쌓을 때, 4층으로 쌓고 남은 쌓기나무는 몇 개일까요?

( )

6 규칙에 따라 쌓기나무를 쌓았습니다. 쌓기나무 25개를 모두 쌓아 만든 모양은 몇 층이 될까요?

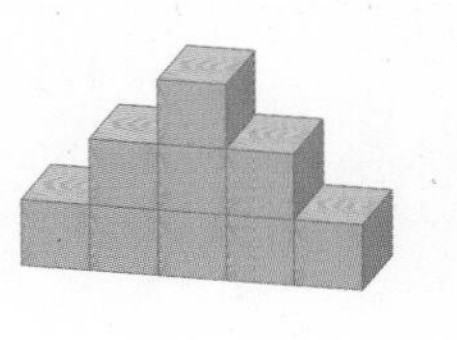

( )

덧셈표에서는 오른쪽으로, 아래로 내려갈수록 1씩 커져!

7 덧셈표에서 규칙을 찾아 빈칸에 알맞은 수를 써넣으세요.

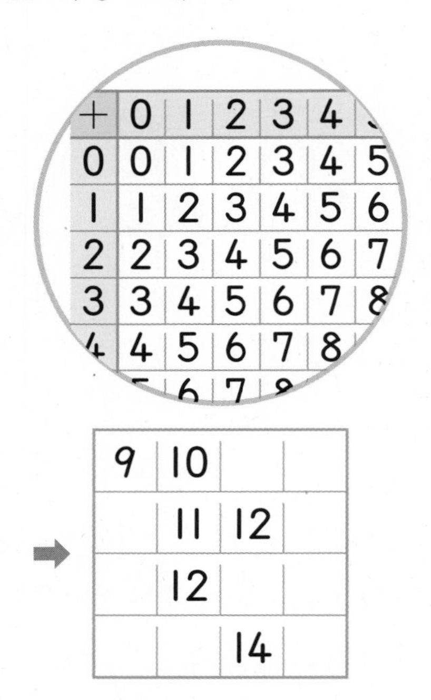

8 7의 덧셈표에서 규칙을 찾아 빈칸에 알맞은 수를 써넣으세요.

(1)
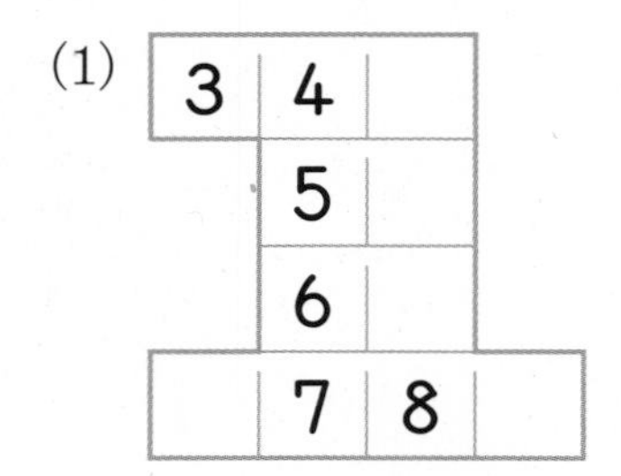

(2)
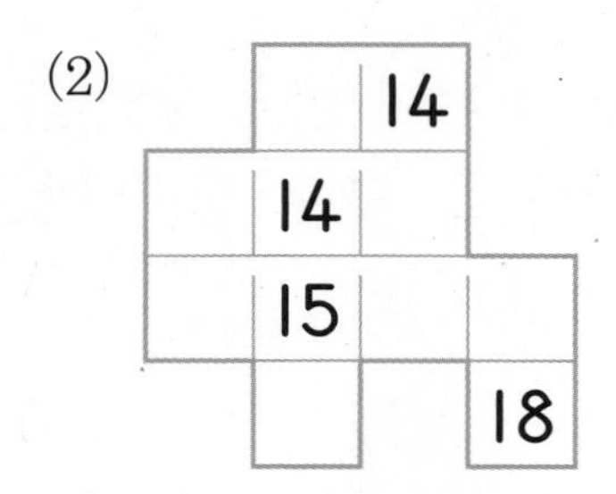

■단 곱셈구구의 곱에서 오른쪽으로, 아래로 내려갈수록 ■씩 커져!

9 곱셈표에 있는 규칙에 맞게 빈칸에 알맞은 수를 써넣으세요.

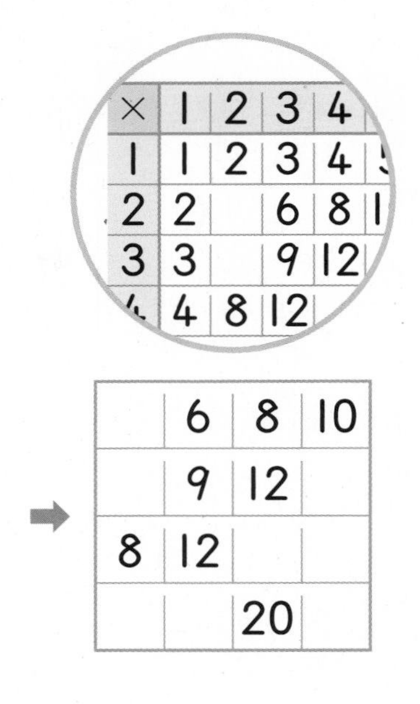

10 9의 곱셈표에서 규칙을 찾아 빈칸에 알맞은 수를 써넣으세요.

(1)
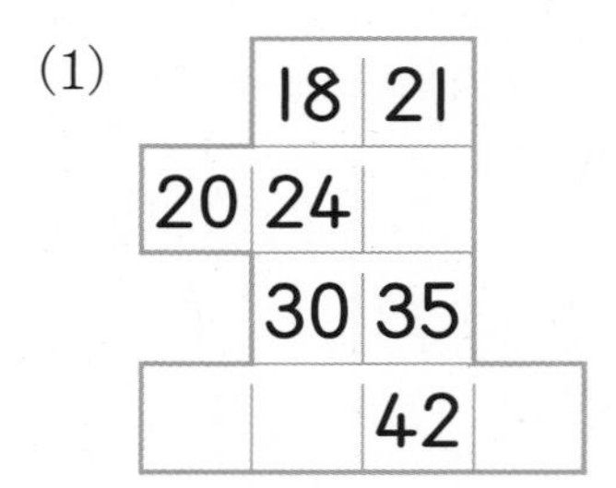

(2)
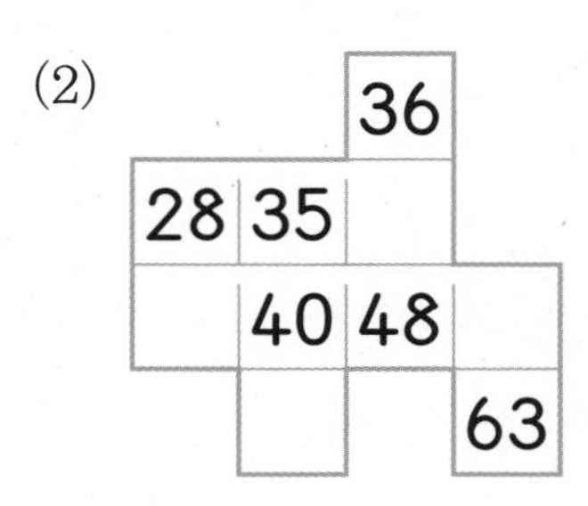

STEP 4

최상위 도전 유형

최상위 유형에 자주 나오는 문제로 학습함으로써 수학의 실력을 완성해 보세요.

정답과 풀이 49쪽

도전1 규칙에 맞게 도형 그리기

1 규칙을 찾아 □ 안에 알맞은 도형을 그리고 색칠해 보세요.

핵심 NOTE

바깥쪽과 안쪽의 모양과 색깔이 반복되는 규칙을 각각 알아봅니다.

2 규칙을 찾아 □ 안에 알맞은 도형을 그리고 색칠해 보세요.

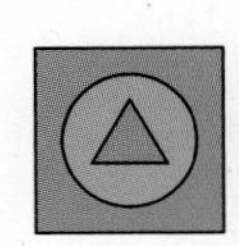 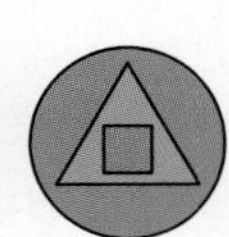 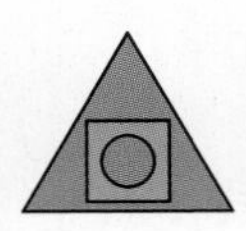 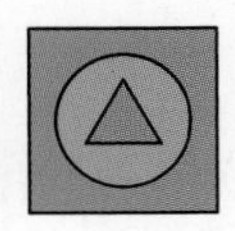

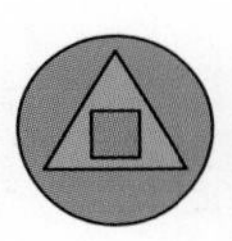 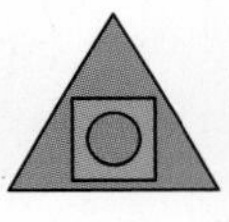 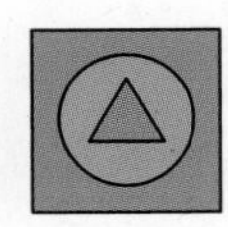 

3 규칙을 찾아 □ 안에 알맞은 도형을 그리고 색칠해 보세요.

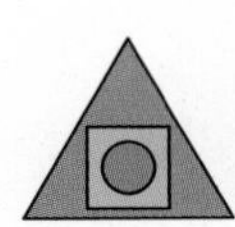 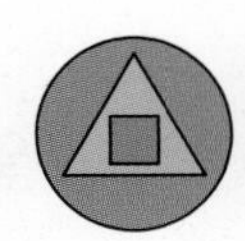 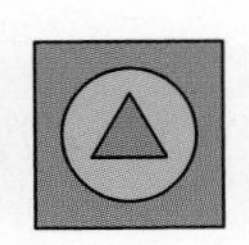 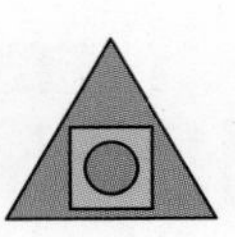

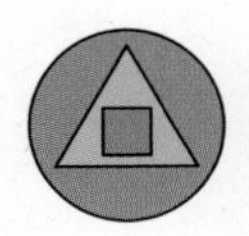 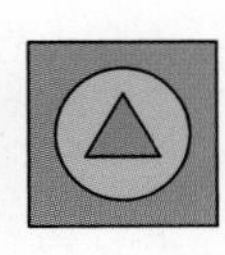  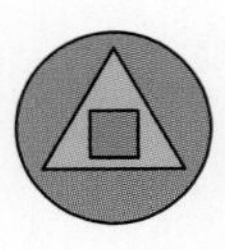

도전2 찢어진 달력의 활용

4 어느 해 12월 달력의 일부분입니다. 12월의 넷째 금요일은 며칠일까요?

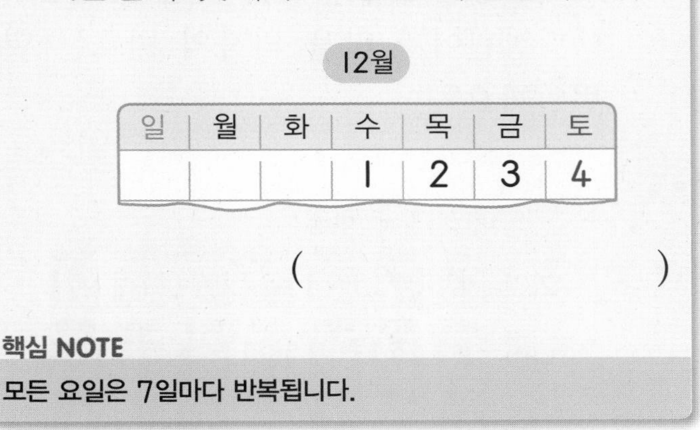

( )

핵심 NOTE

모든 요일은 7일마다 반복됩니다.

5 어느 해 6월 달력의 일부분입니다. 6월 29일은 무슨 요일일까요?

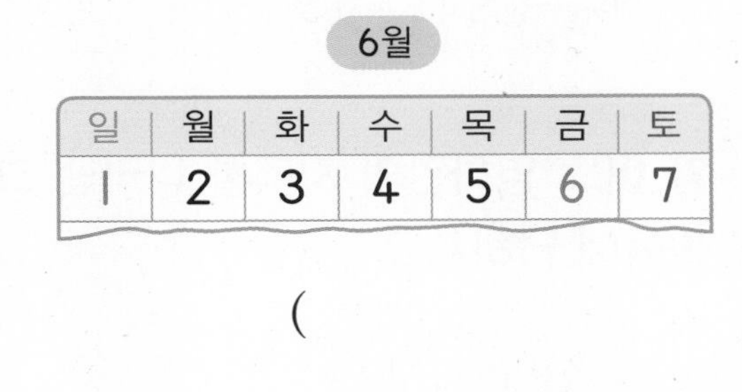

( )

6 어느 해 10월 달력의 일부분입니다. 11월 첫째 수요일은 며칠일까요?

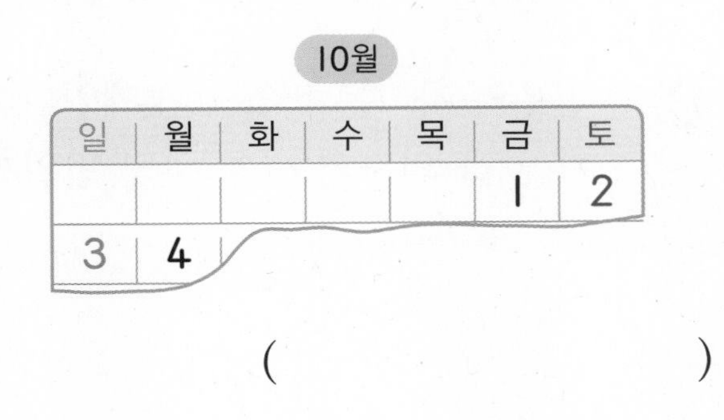

( )

도전3 앉을 의자의 번호 또는 자리 구하기

7 어느 공연장의 자리를 나타낸 그림입니다. 정원이의 자리는 다열 셋째입니다. 정원이가 앉을 의자의 번호는 몇 번일까요?

(　　　　　　　　)

핵심 NOTE
한 열에 의자가 몇 개씩 있는지 알아봅니다.

[8~9] 어느 영화관의 자리를 나타낸 그림입니다. 물음에 답하세요.

8 민우의 자리는 라열 여섯째입니다. 민우가 앉을 의자의 번호는 몇 번일까요?

(　　　　　　　　)

9 영서의 자리는 27번입니다. 어느 열 몇째 자리일까요?

(　　　　　　　　)

도전4 규칙을 찾아 빈칸에 알맞은 수 써넣기

10 규칙에 따라 계단 모양을 만든 것입니다. 빈칸에 알맞은 수를 써넣으세요.

핵심 NOTE
위에서부터 어떤 규칙으로 수가 들어가 있는지 알아봅니다.

11 규칙을 찾아 빈칸에 알맞은 수를 써넣으세요.

3					
3	3				
3	6	3			
3	9	9	3		
3	12			3	
3	15				3

도전 최상위

12 규칙을 찾아 빈칸에 알맞은 수를 써넣으세요.

					2					
				2	2	2				
			2	4	2	4	2			
		2	6	6	2	6		2		
	2	8		8	2	8		8	2	
2	10			10	2		20		10	2

수시 평가 대비 Level 1

6. 규칙 찾기

점수

확인

1 반복되는 모양을 찾아 ○표 하세요.

(　　　) (　　　) (　　　)

2 규칙에 따라 모양을 그린 것을 찾아 기호를 써 보세요.

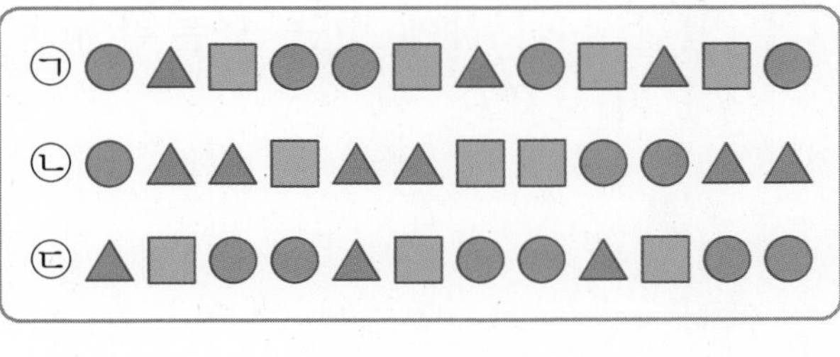

(　　　　　　)

3 규칙을 찾아 빈칸에 알맞은 모양을 그려 넣고, ◎는 1, ▷는 2, □는 3으로 바꾸어 나타내 보세요.

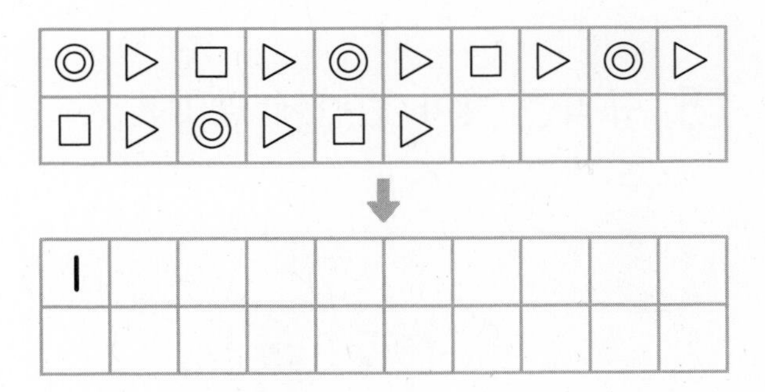

◎	▷	□	▷	◎	▷	□	▷	◎	▷
□	▷	◎	▷	□	▷				

↓

1									

4 규칙을 찾아 그림을 완성해 보세요.

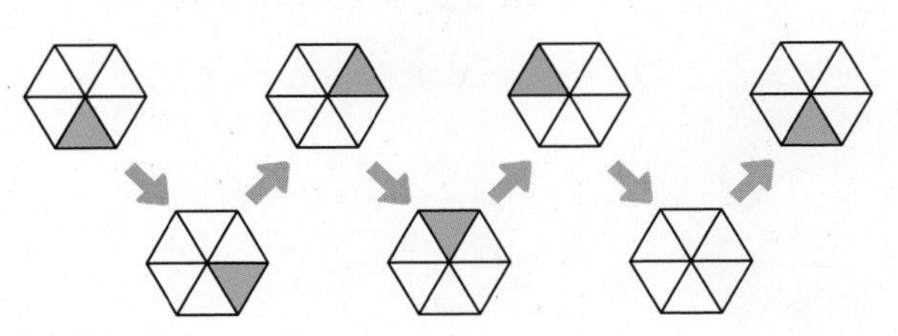

5 규칙을 찾아 □ 안에 알맞은 모양을 그리고 색칠해 보세요.

6 규칙을 찾아 빈칸에 알맞은 모양을 그려 보세요.

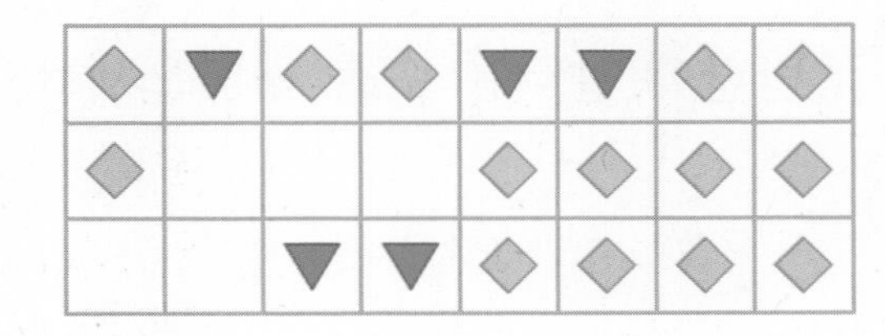

7 쌓기나무로 쌓은 모양을 보고 규칙을 찾아 써 보세요.

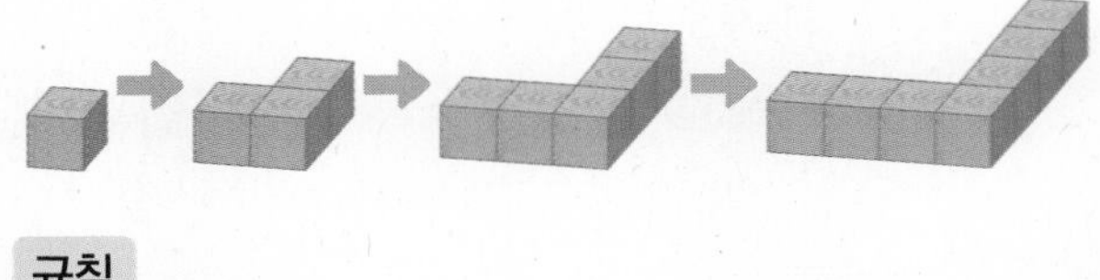

규칙 ....

....

8 규칙에 따라 쌓기나무를 쌓았습니다. 쌓기나무를 5층으로 쌓으려면 쌓기나무는 모두 몇 개 필요할까요?

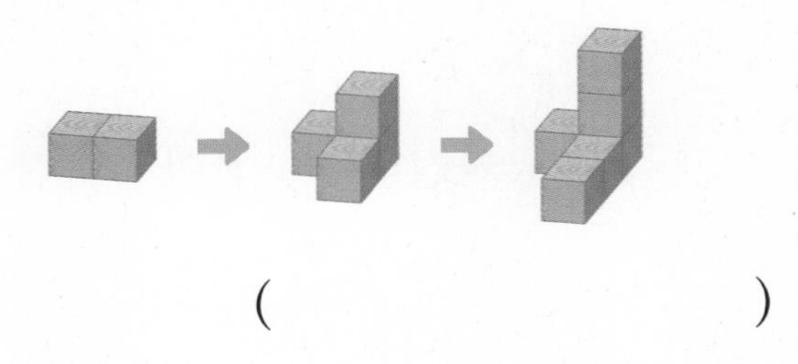

(　　　　　　)

6

[9~11] 덧셈표를 보고 물음에 답하세요.

+	0	1	2	3	4	5
0	0	1	2	3	4	5
1	1	2	3	4	5	6
2	2	3	4	5	6	7
3	3	4	5	6	7	
4	4	5	6	7		
5	5	6	7			

9 빈칸에 알맞은 수를 써넣으세요.

10 덧셈표에서 규칙을 잘못 쓴 것을 찾아 기호를 써 보세요.

㉠ 왼쪽으로 갈수록 1씩 작아집니다.
㉡ 아래로 내려갈수록 1씩 커집니다.
㉢ ↙ 방향으로 갈수록 1씩 커집니다.

( )

11 ■으로 색칠한 수의 규칙을 찾아보세요.

규칙 ↖ 방향으로 갈수록 □씩 (커집니다 , 작아집니다).

[12~14] 곱셈표를 보고 물음에 답하세요.

×	2	3	4	5	6
2	4	6	8	10	12
3		9	12	15	18
4	8	12	16		24
5	10	15	20	25	30
6	12		24	30	

12 빈칸에 알맞은 수를 써넣으세요.

13 빨간색 선 안에 있는 수들의 규칙을 찾아 써 보세요.

규칙

14 빨간색 선 안에 있는 수들과 규칙이 같은 곳을 찾아 색칠해 보세요.

15 규칙을 찾아 빈칸에 알맞은 수를 써넣으세요.

서술형 문제

정답과 풀이 50쪽

16 덧셈표에서 규칙을 찾아 빈칸에 알맞은 수를 써넣으세요.

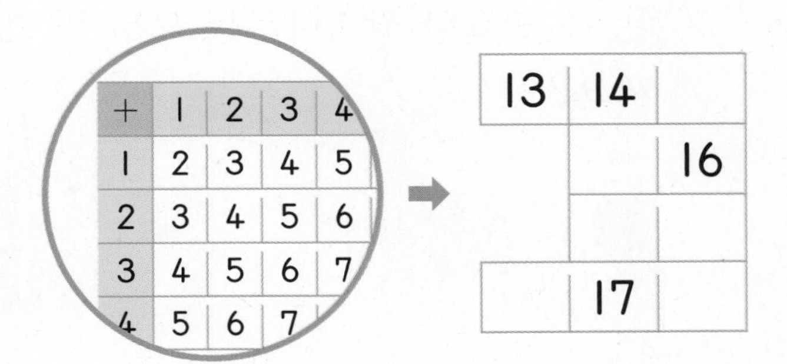

17 규칙을 찾아 □ 안에 알맞은 도형을 그리고 색칠해 보세요.

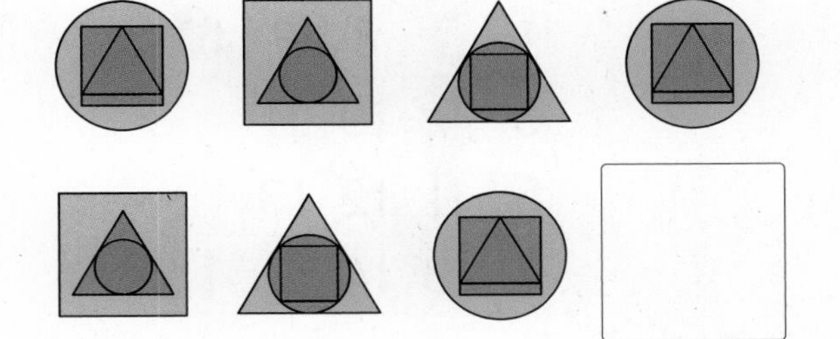

18 규칙에 따라 쌓기나무를 쌓았습니다. 쌓기나무 28개를 모두 사용하여 만든 모양은 몇째일까요?

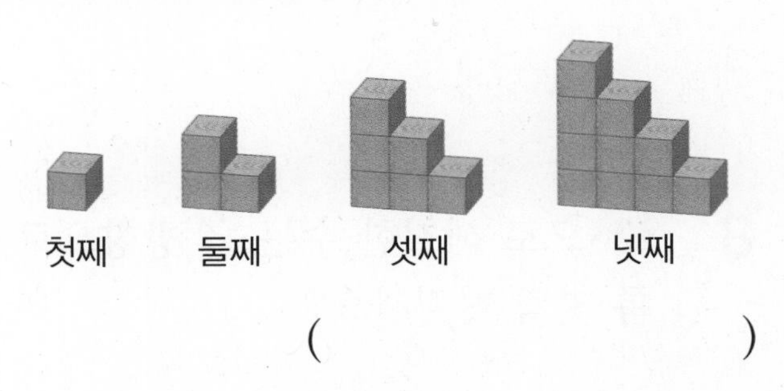

( )

19 어느 아파트 승강기 안에 있는 버튼의 수들을 보고 찾을 수 있는 규칙을 2가지 써 보세요.

규칙 1

규칙 2

20 어느 해 7월 달력의 일부분이 찢어져 보이지 않습니다. 이달 넷째 금요일은 며칠인지 풀이 과정을 쓰고 답을 구해 보세요.

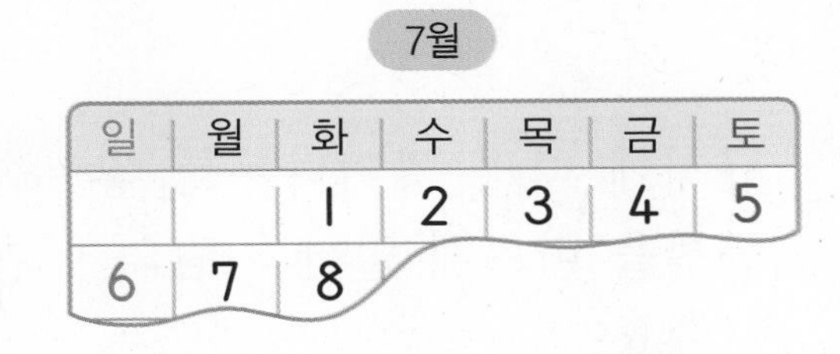

풀이

답

수시 평가 대비 Level 2

점수

확인

1 규칙을 찾아 □ 안에 알맞은 모양을 그리고 색칠해 보세요.

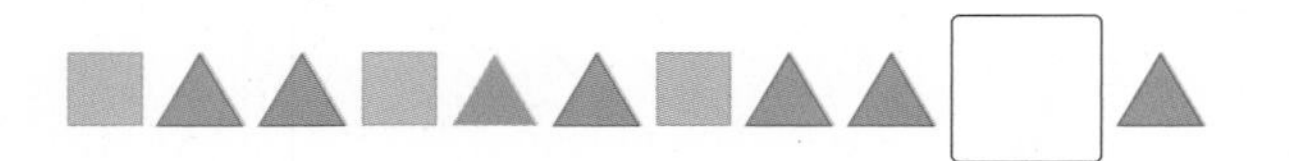

2 규칙적으로 구슬을 꿰어 목걸이를 만들었습니다. 규칙에 맞게 색칠해 보세요.

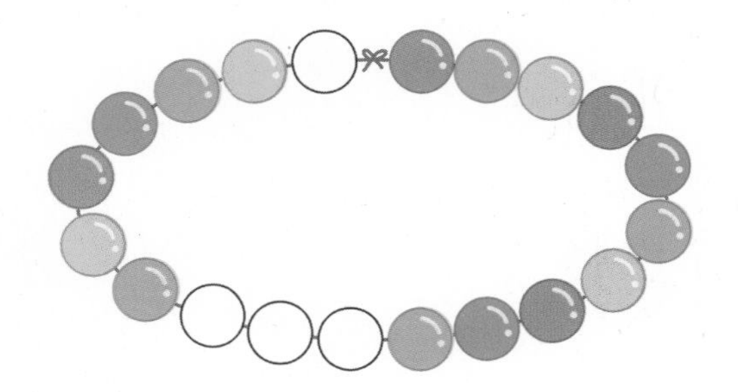

3 규칙을 찾아 ☆에 ●을 알맞게 그려 보세요.

4 규칙에 따라 쌓기나무를 쌓았습니다. 규칙을 바르게 말한 사람의 이름을 써 보세요.

유진: 쌓기나무가 왼쪽에서 오른쪽으로 1개, 3개씩 반복되고 있어.
종하: 쌓기나무가 왼쪽에서 오른쪽으로 1개, 3개, 1개씩 반복되고 있어.

(　　　　　　　　)

5 규칙에 따라 □ 안에 알맞은 모양을 쌓는 데 필요한 쌓기나무는 모두 몇 개일까요?

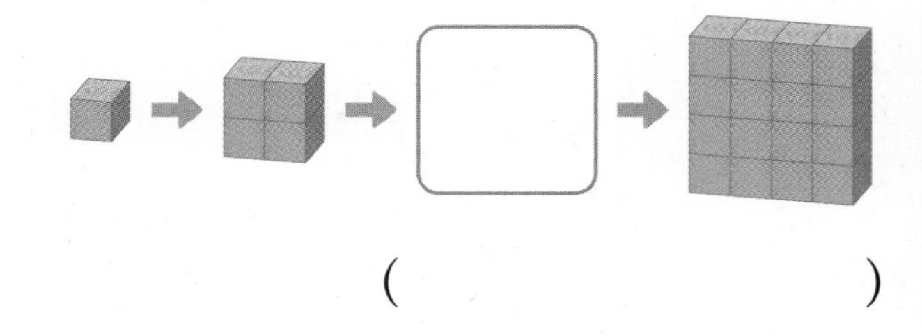

(　　　　　　　　)

[6~8] 덧셈표를 보고 물음에 답하세요.

+	6	7	8	9
1	7	8	9	10
3	9	10	11	
5	11	12	13	
7	13	14		

6 빈칸에 알맞은 수를 써넣으세요.

7 ▬으로 색칠한 수는 아래로 내려갈수록 몇씩 커질까요?

(　　　　　　　　)

8 ▬으로 색칠한 수는 ↙ 방향으로 갈수록 몇씩 커질까요?

(　　　　　　　　)

정답과 풀이 51쪽

[9~10] 곱셈표를 보고 물음에 답하세요.

×	2	3	4	5
2	4	6	8	
3	6	9	12	
4	8	12	16	20
5	10			

9 빈칸에 알맞은 수를 써넣으세요.

10 □ 안에 알맞은 수를 써넣으세요.

▬으로 색칠한 수는 오른쪽으로 갈수록 □씩 커집니다.

11 곱셈표에 있는 규칙에 맞게 빈칸에 알맞은 수를 써넣으세요.

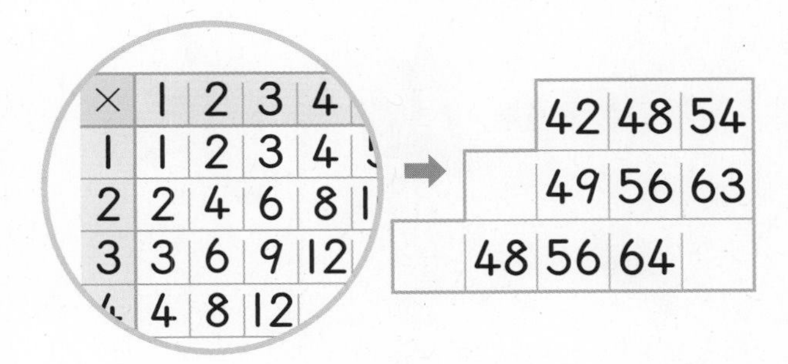

12 어느 건물 승강기 안에 있는 버튼의 수들을 보고 □ 안에 알맞은 수를 써넣으세요.

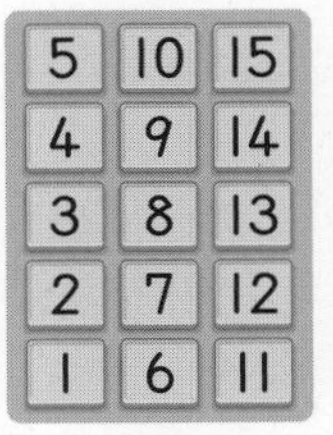

(1) 아래로 내려갈수록 □씩 작아집니다.

(2) 오른쪽으로 갈수록 □씩 커집니다.

13 규칙을 찾아 마지막 시계에 짧은바늘과 긴바늘을 알맞게 그려 보세요.

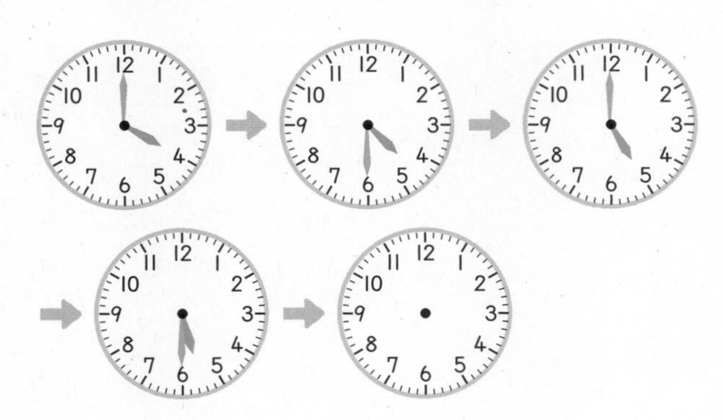

14 어느 해 4월의 달력입니다. ▬으로 색칠한 수는 ↘ 방향으로 갈수록 몇씩 커질까요?

4월

일	월	화	수	목	금	토
			1	2	3	4
5	6	7	8	9	10	11
12	13	14	15	16	17	18
19	20	21	22	23	24	25
26	27	28	29	30		

( )

15 규칙에 따라 바둑돌을 놓을 때 15째 바둑돌의 색깔은 무엇일까요?

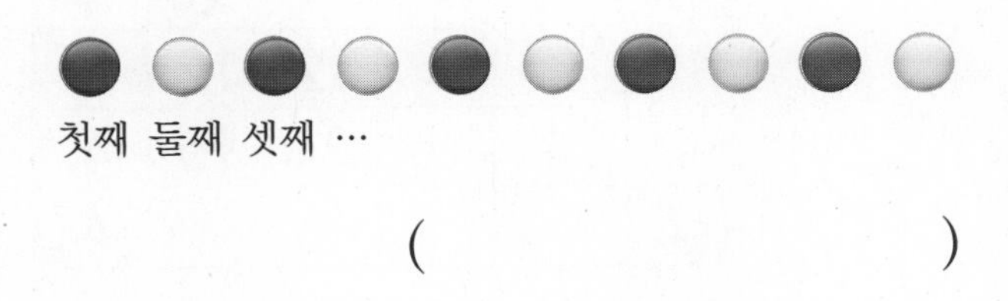

( )

서술형 문제

정답과 풀이 51쪽

16 버스 출발 시간표에서 규칙을 찾아 써 보세요.

서울 ➡ 천안					
	평일			주말	
출발 시각	9 : 00	9 : 15	9 : 30	9 : 00	9 : 20
	9 : 45	10 : 00	10 : 15	9 : 40	10 : 00
	10 : 30	10 : 45	11 : 00	10 : 20	10 : 40

규칙 ....

17 동민이의 사물함 번호는 32번입니다. 동민이의 사물함 위치는 몇 층 몇째일까요?

	첫째	둘째	셋째 …						
4층	1	2	3	4	5				
3층	10	11	12						
2층									
1층									

( )

18 규칙에 따라 계단 모양을 만든 것입니다. ◆에 알맞은 수를 구해 보세요.

					4
				4	4
			4	8	4
		4	12	12	4
	4	16	24	16	4
4			◆		4

( )

19 규칙을 찾아 빈칸에 알맞게 색칠하고, 규칙을 써 보세요.

초록색 주황색 보라색

규칙 ....

20 규칙에 따라 쌓기나무를 쌓았습니다. 쌓기나무를 5층으로 쌓으려면 쌓기나무는 모두 몇 개 필요한지 풀이 과정을 쓰고 답을 구해 보세요.

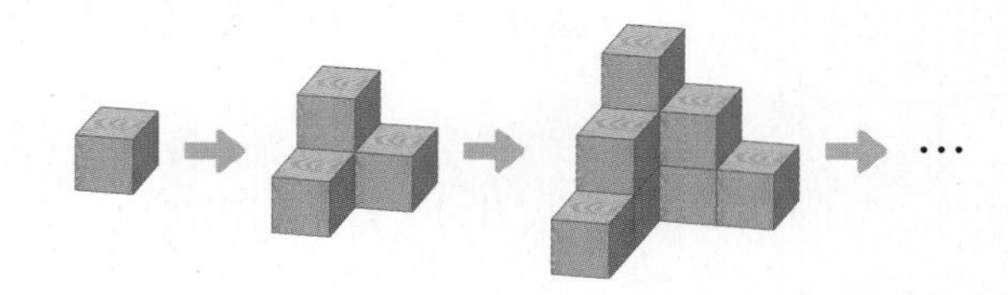

풀이 ....

답 ....